重庆母城建筑口述丛书 Ⅱ

名城有遗韵 渝州泛流辉

名城有遗韵

重庆建筑的迭代

ITERATIVE AND INCREMENTAL DEVELOPMENT OF ARCHITECTURE IN CHONGQING

图书在版编目（CIP）数据

名城有遗韵 渝州泛流辉 . 1, 名城有遗韵：重庆建筑的迭代 /《名城有遗韵 渝州泛流辉》编辑委员会编著 . -- 重庆：重庆出版社，2021.12

ISBN 978-7-229-16403-4

Ⅰ . ①名… Ⅱ . ①名… ②渝… Ⅲ . ①城市规划－研究－重庆 Ⅳ . ① TU982.271.9

中国版本图书馆 CIP 数据核字 (2021) 第 270026 号

名城有遗韵 渝州泛流辉
名城有遗韵：重庆建筑的迭代

MINGCHENG YOU YIYUN YUZHOU FAN LIUHUI
MINGCHENG YOU YIYUN : CHONGQING JIANZHU DE DIEDAI

《名城有遗韵 渝州泛流辉》编辑委员会 编著
戴 伶 策划主编

责任编辑：吴芝宇
责任校对：刘 刚
装帧设计：赵远梅 屈 莎

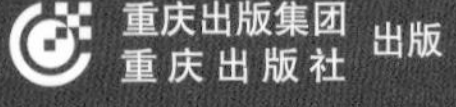
重庆出版集团
重庆出版社 出版

重庆市南岸区南滨路 162 号 1 幢 邮政编码：400061 http://www.cqph.com

重庆新金雅迪艺术印刷有限公司印制
重庆出版集团图书发行有限公司发行
E-MAIL:fxchu@cqph.com 邮购电话：023-61520646
全国新华书店经销

开本：787mm×1092mm 1/16 印张：19.5 字数：350 千
2021 年 12 月第 1 版 2021 年 12 月第 1 次印刷
ISBN 978-7-229-16403-4
定价：596.00 元

如有印装质量问题，请向本集团图书发行有限公司调换：023—61520678

重庆母城建筑口述丛书Ⅱ

名城有遗韵 渝州泛流辉

名城有遗韵

重庆建筑的迭代

重庆母城建筑口述丛书 Ⅱ

名城有遗韵 渝州泛流辉

名城有遗韵

重庆建筑的迭代

序

PREFACE

编一卷建筑珍档

Compiling a Volume of Valuable Architectural Archives

千年名城，百年建筑。重庆作为全国第二批历史文化名城，因为悠久的历史和丰厚的遗存而闻名遐迩，探索渝中近代建筑的历史细节，也是文化寻迹的一种新途径。由政协重庆市渝中区委员会编辑的《名城有遗韵》文史资料专辑，是“重庆母城建筑口述丛书”第二辑，图文并茂地生动反映重庆母城代表性建筑的历史，以规划设计、建筑专家或其后人及历史文化学者口述的形式，将一幅绚丽多彩的建筑精品画卷，徐徐展现在我们眼前。

自推出《经典越千年》之后，建筑口述历史更多关注近当代的经典建筑，既有对自民国延续下来的母城经典建筑的梳理，也有对近代大型公共空间的追忆，还有对当代优秀建筑的思考。在重庆这个山地城市之上，对建筑的营造有着天生的难度要求。优秀的先贤们从干栏式川地特色建筑到现代化建筑风格，逐一尝试，突破场域的限制，留下一栋栋物化的记忆载体。今天我们去整理它们，是为了给这个城市做出过突出贡献的人们一份记录，同时也为这个城市留下一份建筑的珍档，让后人在翻阅此书或者漫步城市中能够有所感受。正因如此，渝中区政协借力专家学者，编辑出版“重庆母城建筑口述丛书”的续集，以充分发挥文史资料存史、资政、团结、育人的独特作用。

抗战迁建，大师云集。《名城有遗韵》收录了杰出建筑大师杨廷宝的很多史料。抗战时期修建的嘉陵新村国际联欢社、圆庐、美丰银行、国民政府门廊、中国农民银行、中国滑翔总会跳伞塔、林森墓园、重庆青年会电影院，都是这位建筑大师的杰作。对杨廷宝深有研究的黎志涛等教授，为我们讲述了这位建筑大师的生平行状、美学理念、设计思想和脚踏实地的创作实践。一位可敬的实干家的形象跃然纸上。

时代变迁，很多“五老七贤”的故事已经成为了故纸，母城众多名人公馆人去楼空，有的已大大改变模样，有的甚至荡然无存。这些公馆隐藏了太多的秘密，蕴含着太多的故事，它们从远方而来，又随着时光渐渐淡去。由舒莺等专家学者口述的史料，使重庆民国名人公馆的前世今生浮出水面。他们还对挖掘、保护重庆历史名人文化资源，服务文旅发展，提出了意见和建议。

安达森洋行旧址历经百年风雨，当年川流不息的货运业务，定格在几幢残存的库房里，定格在发黄的文献里。然而，在口述者张永和等学者的叙述中，它既是重庆开埠通商时期历史建筑的代表，又是故宫南迁文物的暂存处，曾经拥有夺目的辉煌。这个堪称老古董的历史建筑，经精心修缮，现代技术的加工，作为重庆故宫文物南迁纪念馆已重现昔日耀眼的荣光。

新时代，有传承。矗立在枇杷山的中共重庆市委会办公楼旧址，2019 年被列入《第四批中国 20 世纪建筑遗产名录》，它是新中国成立初期重庆兴建的重要公共建筑之一。通过建筑师后人殷力欣等人的叙述，我们渐渐融入了画面，走进他们所描绘的意境，浮想联翩，深切感受到“建设人民的生产的新重庆”那火热时代的激情。

作为山地城市，重庆在交通建设上面临的困难和挑战都相当大。在应对这些挑战的过程中，本市科研机构和高等院校的一大批专家学者和工程师们，也在不断成长，他们积累了大量的实践经验和丰富的理论成果。《名城有遗韵》收录了上世纪兴建的凯旋路电梯、嘉陵江索道、皇冠大扶梯、长江索道等重庆立体特色交通设施史料。口述者们深刻阐释了规划建设的新理念、新方法、新技术的应用，探讨可持续绿色交通发展的经验和建议，为中国山地城市综合交通规划、重大交通基础建设提供了弥足珍贵的有益借鉴。

发展创新的目标、要求使人们加深对中国传统建筑文化的认识，产生认同感，接受设计的多样性。《名城有遗韵》收录了重庆中国三峡博物馆、国泰艺术中心设计者和参与者的口述史料，了解到他们如何精雕细琢、推陈出新，打造传世佳作。设计师们从中国传统文化中寻找灵感，参照日月星辰、“黄肠题凑”等独特手法，设计的建筑物带有典型的中国文化元素符号。两座文化地标经典建筑就这样横空出世了，怀着服务群众文化需求和娱乐的热望，携着振兴山城的欢欣，让奋进之歌在岁月里流传，让人们在知识海洋中畅游。

《名城有遗韵》一如既往，秉承文史资料亲历、亲见、亲闻的“三亲”特色，由亲历者或当事人口述，具有其他历史资料所不完全具备的丰富细节，读来生动有趣、韵味无穷。深入了解这些新旧交融的建筑及其蕴含的学术理念、艺术价值、母城故事，增强了我们的文化自信。

重庆母城的老建筑，作为历史的物质遗存，是山城历史长河、重庆历史文化名城的见证和重要载体，是寄托故乡之情的精神纽带。重庆母城的新建筑，是山城人民走向繁荣富强，追寻民族复兴中国梦的象征。《名城有遗韵》将两者联系起来，薪火相传，具有积极的现实意义。

是为序。

目录

CONTENTS

散落山城的大师遗珍

THE ARCHITECTURE DESIGNED BY TINGBAO YANG

杨廷宝在渝建筑

马峰 绘

建筑时间：

1939 年至 1946 年

建筑类型：

居住建筑、公共建筑

建筑设计者：

杨廷宝

中国近现代建筑学家中，有公认的“中国建筑四杰”——杨廷宝、童寯、梁思成、刘敦桢。这些建筑学大师，才华横溢，学贯中西，开创了中国现代建筑创作的先河，推动了中国建筑史的发展，这些建筑大师或多或少与重庆都有交集。其中，杨廷宝、刘敦桢与童寯，最后是在迁建于沙坪坝的中央大学教书，梁思成主导制定《重庆文庙修葺计划》，其中以杨廷宝大师在重庆所留建筑作品最多，这些珍贵的建筑物见证了一个时代的历史记忆。

杨廷宝 1915 年就读清华，1921 年远渡重洋，赴美国宾夕法尼亚大学建筑系就读。1927 年，学成归国，应基泰工程司创始人关颂声的邀请，赴天津基泰建筑事务所工作。

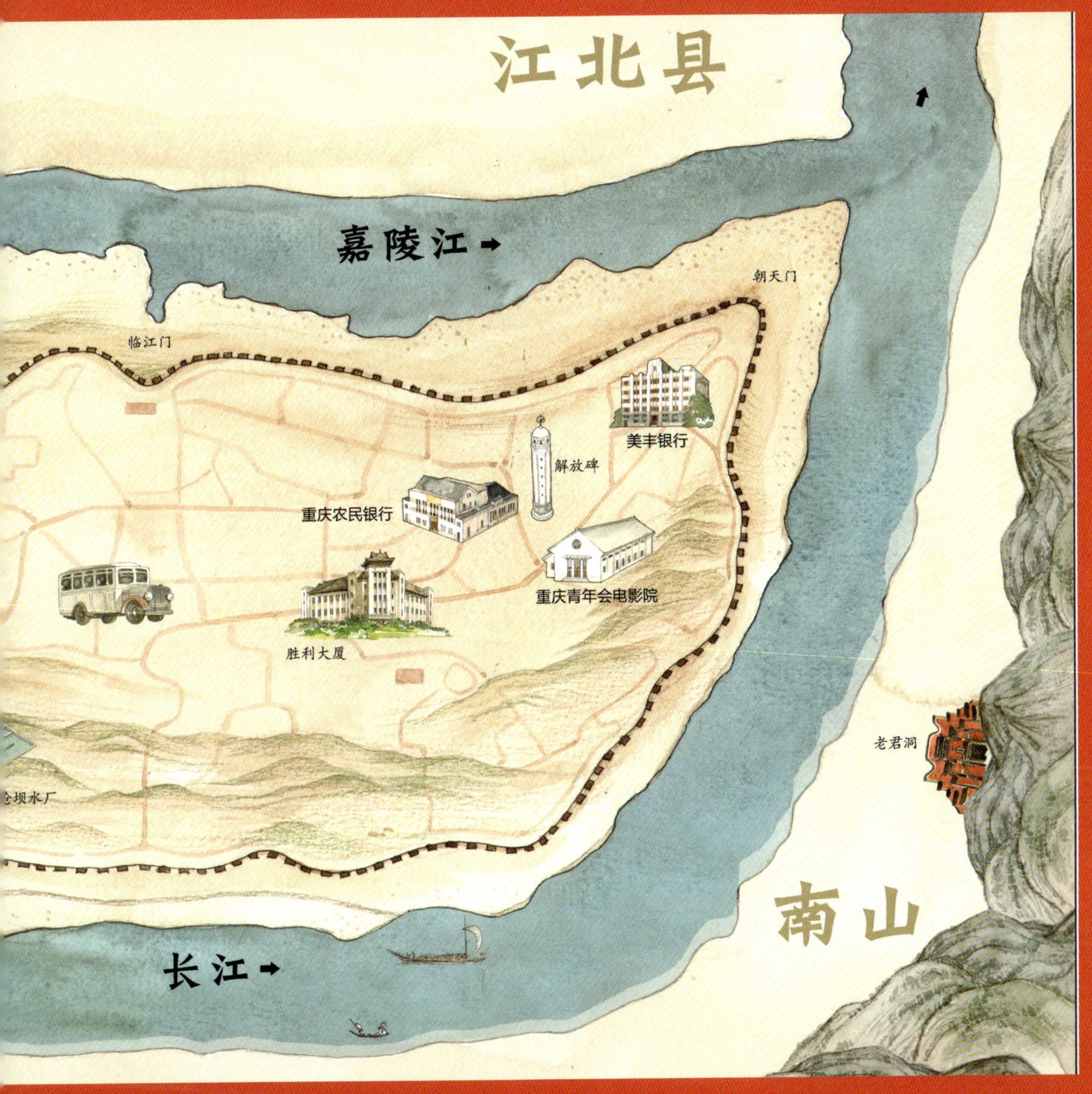

随着他参与设计的建筑，逐渐声名鹊起。20 世纪 30 年代后，基泰的业务转向上海、南京一带，其间，杨廷宝在全中国范围内建造了一系列优秀的建筑精品。

1937 年抗战全面爆发，国民党政府内迁入川，基泰总部随即迁往重庆。1939 年春，杨廷宝前往重庆。他一方面担任基泰工程司总工职务，重启建筑设计工作，先后设计了刘湘墓园、重庆美丰银行、林森墓园和青年会电影院等建筑。这些建筑在方案理念和设计手法上有很多值得圈点的地方，对当代建筑师们的参考价值极大，而更为难能可贵的是，这些优秀的历史建筑成为了城市的重要文化资产。

建筑师 杨廷宝

Architect TINGBAO YANG

杨廷宝（1901 — 1982），字仁辉，河南南阳人。1915 年考入北京清华学校，1921 年赴美国宾夕法尼亚大学建筑系留学，成绩优异，屡获全美建筑系学生设计竞赛大奖。获硕士学位并经实习之后，1926 年离美赴欧考察建筑与城市，1927 年春回国加入天津基泰工程司。1940 年入国立中央大学建筑工程系任教授。新中国成立后，历任南京工学院建筑系主任，南京工学院副院长，全国人大代表，中国建筑学会副理事长、理事长和江苏省副省长等职。1955 年当选中国科学院首届学部委员，并分别于 1957 年和 1961 年连续两届当选国际建协（UIA）副主席。

杨廷宝先生一生所设计的百余座建筑，俨然就是一部中国近现代建筑创作历史的注解，许多作品已成为传世杰作而流芳百世，不愧为我国建筑界的一代宗师。

建筑师

黎志涛

Architect

ZHITAO LI

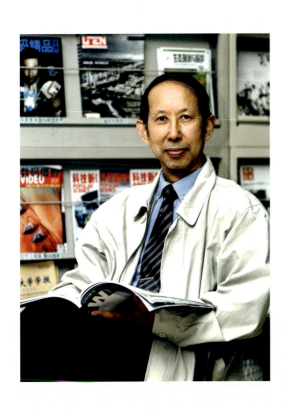

1941年7月生于重庆。1960年考入清华大学建筑系，1966年毕业后，先后在贵州安顺、湖南大庸（今张家界）参加大三线建设。1978年考入南京工学院建筑系研究生。1981年留校任教，历任教研室主任、教学系主任，二级教授、博导。曾获国家优秀教学成果二等奖、江苏省高等学校教学名师称号等表彰。完成建筑工程设计约50项，发表论文计30篇，出版编、著30部。2008年退休。

Q：杨廷宝先生是在什么情况下迁入重庆的？

A：1937 年，抗日战争全面爆发，国民政府以及大量教育、文化、医疗机构、工厂等开始大举内迁入川。当时，基泰工程司南京总部也随之迁至重庆。而此时杨廷宝一家已逃难回到老家南阳，并应母校河南留学欧美预备学校，后称河南大学的邀请担任外文教师。半年后，杨廷宝忽接重庆基泰工程司大老板关颂声急电，催他来渝，承担美国旧金山拟建一座类似承德外八庙的金亭设计任务。杨廷宝只好辞去河南大学教职，留下妻儿老小 1939 年春末只身赴渝。由于这项工程被一位留美的建筑师捷足先登，杨廷宝出国之行便作罢，就此留下指导张镈设计成都刘湘墓园了。

Q：杨廷宝先生在重庆一共生活了几年？

A：从 1939 年到 1946 年期间，杨廷宝先生一家在重庆共生活了六年，而杨廷宝自己却在重庆只生活了五年。这是因为，在 1944 年国民政府资源委员会拟选派一批政府人员出国考察工业建设，以备抗战即将胜利的战后重建工作。杨廷宝作为民间代表也在被邀请参团出国考察之列，并承担主要考察建筑方面的任务。

1944 年底，来自国内工业各部数十人的考察团先后飞抵美国、加拿大、英国进行了为时近一年的考察，参观了各类型的工业建设。杨廷宝还特地访问了一些建筑事务所，材料中心、实验中学和大学建筑系，以及英国皇家建筑学会。等到考察结束回国时，已是 1945 年秋天，日本刚投降，二战刚结束不久。此时，国民政府内迁重庆的各单位正忙着收拾行装准备复员南京，而先期回到南京的基泰大老板关颂声又是一个急电，要召回杨廷宝赶紧来南京设计五处公教新村，以解决南京出现的房荒之急。没办法，杨廷宝刚从国外考察回来，便离开生活了五年的重庆，马不停蹄地只身飞回南京去了。

1925 年，杨廷宝赴美留学获硕士学位。

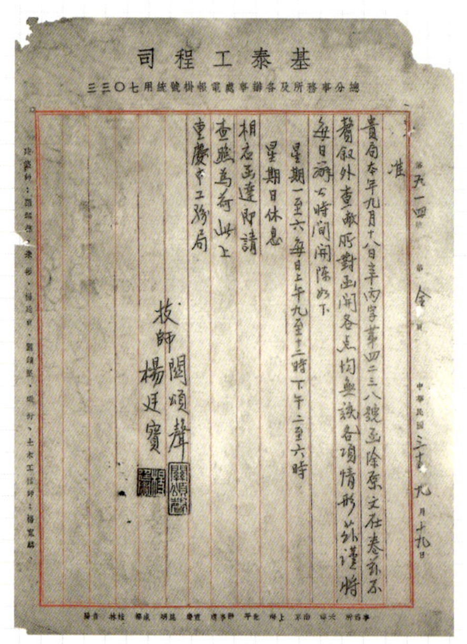

基泰工程司

總事務所及各辦事處電報掛號統用七〇三三

貴局本年九月十八日字第四二三八號函除原文在卷茲不贅敘外查敝所對函開各点均無該各項情形茲謹將每日辦公時間開陳如下

星期一至六每日上午九至十二時下午二至六時

星期日休息

相應函達即請

查照為荷此上

重慶市工務局

技師 關頌聲 楊廷寶

中華民國三十年九月十九日

基泰公司内部考勤文件。东南大学 供图

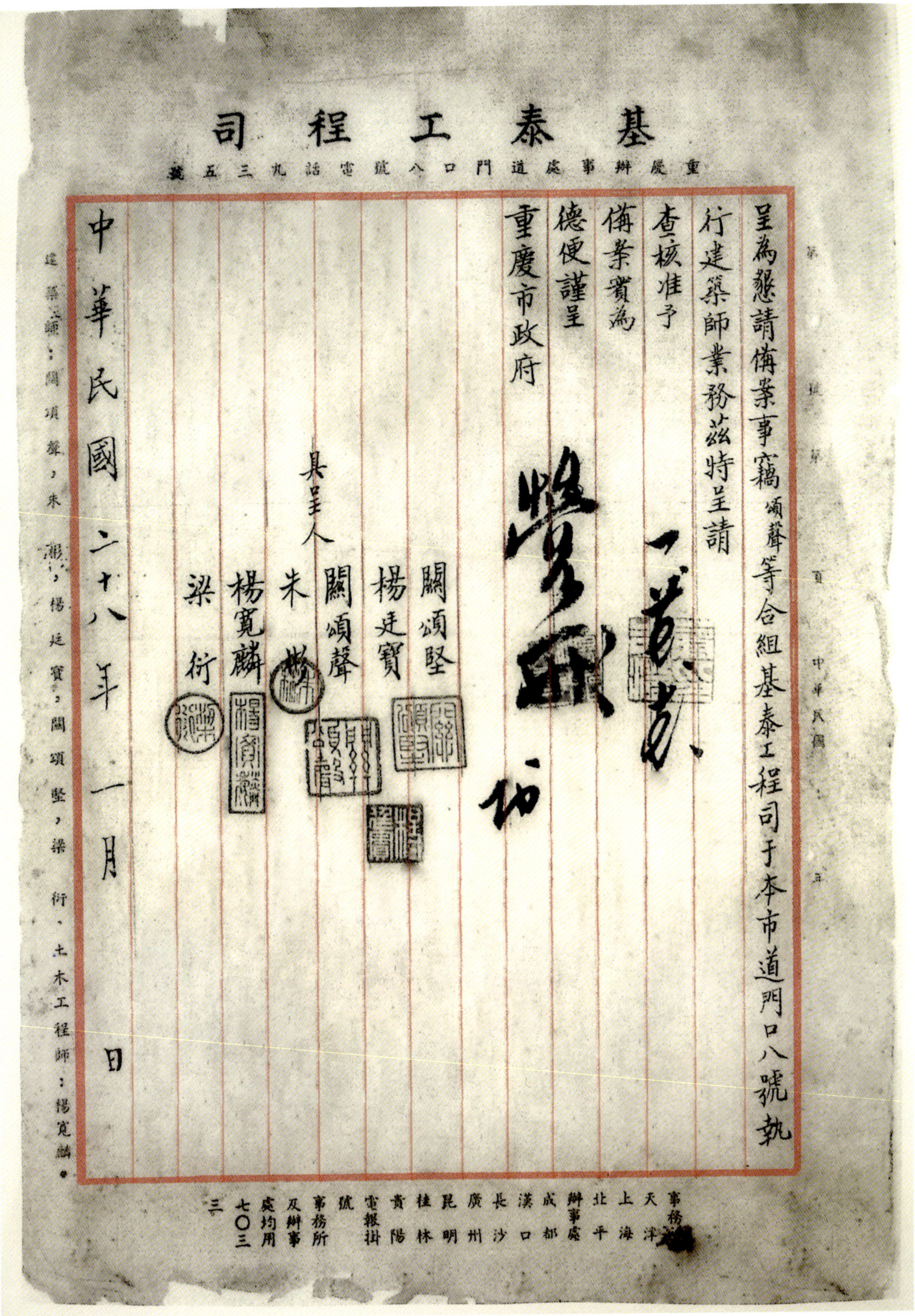

基泰工程司

重慶辦事處道門口八號電話九三五號

呈為懇請備案事竊頌聲等合組基泰工程司于本市道門口八號執行建築師業務茲特呈請

查核准予

備案實為

德便謹呈

重慶市政府

具呈人

關頌堅

楊廷寶

關頌聲

朱彬

楊寬麟

梁衍

中華民國二十八年一月　日

建築師：關頌聲，朱彬，楊廷寶，關頌堅，梁衍、土木工程師：楊寬麟。

事務所：天津　上海　北平

辦事處：成都　漢口　長沙　廣州　昆明　桂林　貴陽

電報掛號事務所及辦事處均用七〇三三

基泰公司总部迁至重庆，公司地址申请文件。 张真飞 供图

杨廷宝在修缮天坛祈年殿的工地上。东南大学 供图

杨廷宝与陈法青结婚照。
图片来源：黎智涛著．中国建筑名师丛书．北京：中国建筑工业出版社，2012.2

Q：杨廷宝先生在重庆时，生活条件如何？

A：和众多内迁重庆的人一样，生活非常差。

在重庆，杨廷宝一家住在歌乐山上，为了躲避日机轰炸，杨家与邻居合资凿了一个小防空洞，以备日机轰炸重庆时躲避，可见，杨廷宝一家虽然又团聚了，但时常还得提防日机空袭的来临，日子过得提心吊胆。

在歌乐山上，最初是两家合住一座小屋，各居一半。这一半的面积也只有十二三平方米，如同一间卧室那么大。一家七口人挤在这么一个鸽子笼里，吃喝拉撒睡全在里面，再加上重庆夏天又是一个大火炉，可想而知，抗战时期的重庆民众生活在水深火热中备受煎熬。

好在后来邻居搬走了，住房才稍为宽松一点。而且，杨廷宝平时租住在距基泰工作地点不远的一间九平方米的小屋。吃饭只能在附近的小饭馆吃便餐，有时在街上烤红薯摊上买两个红薯，还拣小的挑，凑合着对付一顿午饭。全家七口人就靠他一个人微薄的工资维持生活，他只能自己处处省着点。后来不得已又在中央大学和重庆大学兼两份教职以补贴生活开支，但这样一来，杨廷宝就得两头跑，每周一到周五在城里基泰工作，周六上午去沙坪坝中央大学教书，有时当天下午回到歌乐山家中。如果下午有水彩画辅导课，只能在学校住一夜，第二天周日早上才能回家，待上大半天。因为，那时重庆的交通状况非常糟糕，公共汽车又很少，加上山路多，车速如同蜗牛慢慢爬，回家一趟真不容易。周六下午要想回家，就得一大清早先去车站排队领号，下午才能买票上车。这种车简直像罐头沙丁鱼一样，人挤人，前胸贴后

民国时期，重庆拥挤的公共汽车。 杰克·威尔克斯 摄

背，一路颠簸，慢慢腾腾地在山路上爬。遇到夏天，挤在这样的公共汽车里，真要把人热晕过去。而且，车到站后，杨廷宝还得步行爬十多里的山路，才能到达在山顶的家里，到了家，杨廷宝已精疲力尽，累得连说话都没有力气。就这样，抗战时期的艰辛生活，渐渐透支着杨廷宝的健康，且精神压力也日益增大。

好在儿女们先后长大，考入中学，住到学校学习去了。家中只剩下陈法青一人料理家务。因交通不便，又不能轻易进城，她就利用山上闲置土地较多的条件，没事找事地在房前屋后辟地种菜，再喂几只母鸡，随它们遍地觅食。周边的邻居也都是从各地逃难来此暂避，大家命运相同，坎坷皆此，因此还能说到一块儿，算是患难之交吧。这里没有也不可能有什么文化生活，陈法青平日一人在家很寂寞。只有周末才是她开心的日子，丈夫杨廷宝劳累一周回来，子女们也都要每周回家一趟。于是，陈法青从早晨就开始准备，菜是地里现成的，有时前一天下山去买点肉，有时当天杀只鸡，把周六的丰盛晚餐搞得满满一小桌。在那个艰苦的年代，算是丰盛的宴会了。一家子围坐一起吃得开心，做的人也高兴，每个人一周的吃喝苦日子得到一点补偿。饭后无事，孩子们唱歌游戏，夫妻二人坐在一旁观看助兴，倒也是阖家团圆，其乐融融。

抗战结束后，陈法青也带着她的五个子女于 1946 年底离开生活了六年的重庆，回到南京，住在杨廷宝自己设计的成贤小筑安乐窝，从此结束了他们将近半个世纪的颠沛流离的生活。

杨廷宝先生全家合影，1980 年摄于家中。
图片来源：杨廷宝建筑论述与作品选集 / 王建国主编 . 北京：中国建筑工业出版社，1997.10

Q：据您所知，杨廷宝先生在重庆设计了哪些建筑？

A：杨廷宝自 1934 年至 1944 年十年间，前后断断续续设计了 8 座大小不等的建筑，大致分为两个阶段：一是迁居重庆前于 1934 年设计了美丰银行，它是重庆金融巨子康心如为了显示美丰银行的实力，聘请基泰工程司杨廷宝设计的。这座高六层（局部七层）的钢筋混凝土建筑，其坚固的结构抵御了抗战期间日机的轰炸和 1949 年“9·2”火灾中的火势蔓延。另一座建筑是重庆陪都时期国民政府办公楼改造，并在正中入口加建一座抱阁，仅用一周时间即告竣工。1939 年日机曾六次炸毁办公楼，馥记营造厂便六次义务抢修。这是一座因陋就简改造旧建筑的成功案例。

二是杨廷宝一家迁居重庆后设计的六座小建筑：

1939 年设计了嘉陵新村国际联欢社，它是抗战期间，国民政府为安排各国使馆人员在重庆的娱乐社交活动而建，曾云集众多中外显赫政要、名流嘉宾。

同年还设计了嘉陵新村圆庐，它是孙科的寓所。

1941 年杨廷宝又设计了两座建筑：一座是农民银行，建在重庆市中心解放碑广场附近。建筑造型简洁，朴实无华，与左邻右舍紧贴而混为一体。另一座是重庆中国滑翔总会 v。它是抗战期间，国民政府为了培养空军，促进航空建设，发展国民体育而建。1941 年 10 月开建，1942 年 3 月完工，4 月 4 日正式投入使用，塔身为钢筋混凝土结构，塔头至地面 40 米，实际跳距 28 米，是当时中国乃至亚洲第一座跳伞塔。

1943 年杨廷宝设计重庆林森墓园。因经济拮据，没有建成规划中的所有建筑和设施，仅建造了墓地部分。该墓“文革”中被毁，1979 年按原样恢复重建。

1944 年杨廷宝出国考察前设计了重庆青年会电影院。该建筑虽因陋就简，采用地方材料砌筑，但功能符合视听和放映要求及疏散、通风技术条件。

由于战时建筑行业受到极大制约，因此基泰工程司承接工程项目不多，杨廷宝设计作品为数有限。

Q：这八处建筑，哪几处比较有特点？

A：首先是美丰银行，杨廷宝考虑到这是一座金融建筑，必须强调建筑的安全性和突出形象特征。在安全性设计上，将金库设于地下室，大门入口设钢卷帘门、板门、玻璃门三重保障安全，将内外人流严格分离，各自进出；主体结构采用耐火性强的钢筋混凝土建造。

另一座改扩建的国民政府办公楼，因财力有限，时间紧迫，虽是因陋就简的小项目，但杨廷宝仍然将原为一座不起眼的普通教学楼，改造为重庆陪都国民政府。抗日战争时期，虽国破家亡，但中国传统文化不能丢的建筑形象，仍挺立在祖国的大地上。

还有一座小建筑也很有特色，这就是孙科的公寓圆庐。因为孙科崇尚西方生活方式，经常邀请宾客来家跳舞，因此，杨廷宝一生按为人而设计的理念，为孙科设计了内、外同心圆的新颖建筑。底层平面内圆的圆厅，就兼作舞厅，空间形态与功能内容非常吻合，但圆厅无直接通风，因此，杨廷宝在天花板上均匀设置了 6 个通风口，经上层管道拔风换气，设计十分独特而巧妙。

至于重庆嘉陵新村国际联欢社设计的突出特点就是因地制宜，就地取材。杨廷宝一生的设计向来是尊重环境、利用环境，尤其是在重庆设计山地建筑，极少大动土方。这座建筑就是傍依在山坡而建，利用地形高差，主入口设在临道路的二层，而一层却在坡下挡土墙一侧。故正面看只有两层，背面从嘉陵江方向看却是三层。另外，由于地块狭小，平面采用“L”形，其间以八边形体量作为衔接，自然和谐。而“L”的长边又因山坡地势，分段形成叠落式组合，加上大小层顶穿插起伏，主面素瓦粉墙，用材砖、石、竹笆就地取材，总体效果与自然环境相协调，具有山地建筑的特点。

而跳伞塔的特点，由于功能的要求，塔的形式与建筑物就大相径庭，从而形象给人以新颖感。但杨廷宝设计中仍然考虑它的特殊要求，以钢筋混凝土结构作为塔身，以加强塔的坚固性和稳定性；以内外部不加任何装饰，利用混凝土本色作为防空保护色；塔内粉白以增强光的反射性提高塔内亮度；塔顶设有避雷针、夜航等设置作必要的安全保护，塔下铺有 0.3 米厚、直径约 100 米的细沙垫层，以减少跳伞塔者着陆时的震动等等，杨廷宝对各细节设计考虑十分周全。

Q：杨廷宝先生在重庆的这些作品，与国内的建筑差异性是不是特别大？

A：杨廷宝先生在重庆设计的八个项目，除了美丰银行建筑性质和老板财力雄厚，以及跳伞塔造型的特殊性外，其他建筑与国内的建筑差异性还是很大的，但这不能从设计的好坏来讲，更不能从建筑造型的差异来评论。因为地理环境、社会背景、经济条件等各方面都是不一样的。

抗战时期，经历大轰炸的美丰银行依然坚固屹立。哈里森·福尔曼 摄

一是社会背景发生了极大的转变，杨廷宝来重庆之前十年，正是他学成回国建筑创作的黄金十年，也是当时建筑事业大发展的十年，加上大老板关颂声与上层人士关系密切，项目来源颇多，又是杨廷宝初出茅庐大显身手时期，在这个大的创作舞台上，杨廷宝设计作品频现，精品众多。但1937年后由于日本侵华，中国的建筑事业大受抑制，基泰项目来源受限，所以嘛，杨廷宝在重庆生活5年，仅做了8个项目。

二是由于抗战，从国民政府到各单位经济困难，财力不足，所以建设规模缩小，要求降低，以至于杨廷宝在重庆设计的工程项目（除美丰银行外）普遍小而低档，与此前国内其他城市的建筑没有可比性。

三是战时生存是首位，至于其他无过高要求，所以杨廷宝在重庆设计的小建筑无论建筑造型，还是建筑用材都比此前国内其他城市的建筑较为简陋。

四是由于重庆多为山地，不像其他城市为平地，其建筑特点当然差异就大。

尽管杨廷宝在重庆设计的项目与国内其他城市的建筑，有如此大的差异，但是杨廷宝在重庆设计的水平与此前在其他城市设计的水平并无太大差异，主要体现在杨廷宝坚持为人而设计，强调环境设计、注重设计的经济性，以及对待任何项目设计的理念、态度没有差异，因此这8个项目都各具不同的特点。归根结底，杨廷宝在设计中不独这个主义，那个风格，而是坚持现实主义创作的精神，力求融合中西方建筑文化，不断探索创作中国特色建筑新文化的道路。

抗战时期，重庆普通民房条件很差。新南威尔士大学 供图

重庆美丰银行

美丰银行旧址现状。黄祖伟 摄

重庆美丰银行始建于 1922 年 4 月，为中美合资银行。1927 年中方买下因大革命而即将撤离的美方全部股份成为华资银行。1934 年重庆金融巨子康心如为了显示美丰的实力，聘请上海基泰工程司建筑师杨廷宝设计重庆美丰银行大厦。1935 年 8 月正式落成剪彩。

美丰银行是一座高六层（局部七层）的钢筋混凝土建筑，其坚固的结构抵御了抗战期间日机的轰炸和 1949 年“9·2”火灾中的火势蔓延。

入口大门。 图片来源：南京工学院建筑研究所编．杨廷宝建筑设计作品集．北京：中国建筑工业出版社，1983:123

营业厅内景。 图片来源：南京工学院建筑研究所编．杨廷宝建筑设计作品集．北京：中国建筑工业出版社，1983:123

美丰银行旧时全景。 图片来源：王建国主编．杨廷宝建筑论述与作品选集．北京：中国建筑工业出版社，1997:71

美丰银行剖面图（上）；美丰银行南立面图（下）。
东南大学 供图

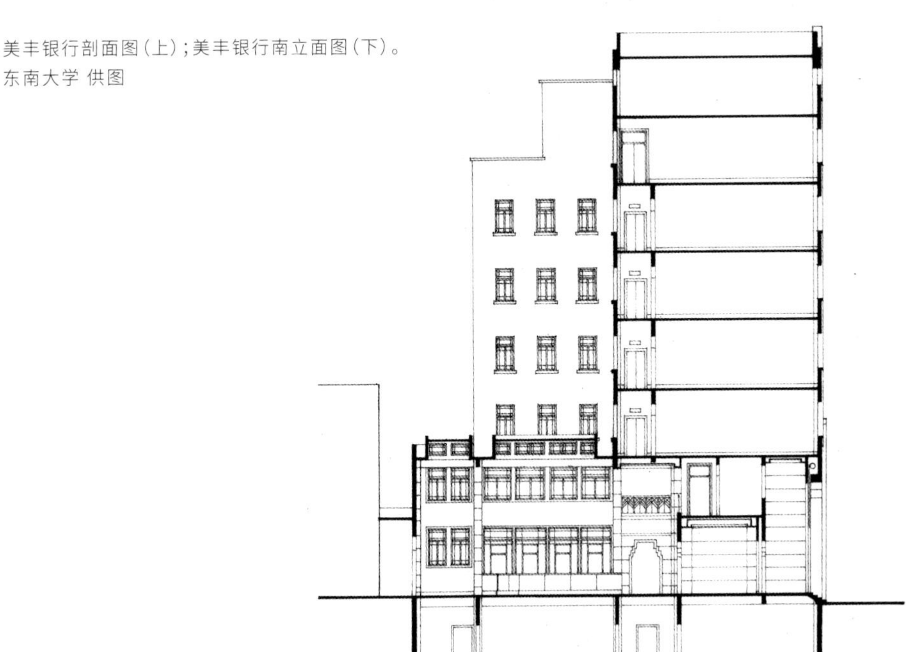

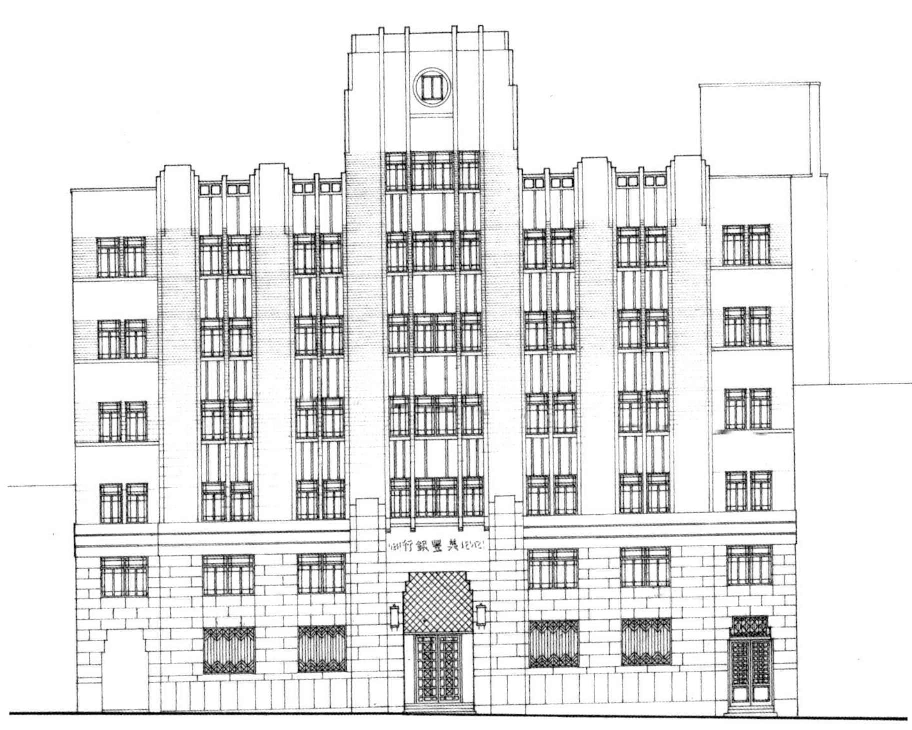

汪晓茜

建筑史学者

Architectural Historian

XIAOQIAN WANG

杨廷宝先生教诲道：一个理想的建筑师应该是一个熟悉建筑历史，富于想象力、善于分析事物、掌握绘图技巧、了解工程技术、具有广泛常识的综合协调者，既是一位应用科学家，又是一位应用美术家。

博士，东南大学建筑学院建筑历史与理论研究所副教授，硕士生导师。

教育部高等学校建筑学专业教学指导委员会建筑历史与理论教学工作分委会委员暨轮值主任，南京市历史文化名城研究会理事，南京古都学会理事，主要从事世界建筑史、中国近代建筑、建筑遗产保护与更新、可持续人居环境等方面的教学、研究和实践工作。主持和参与出版著作和教材18部，包括《大匠筑迹——民国时期的南京职业建筑师》、《外国建筑简史》（国家精品教材）、《中国近代建筑史（五卷集）》（国家出版奖）、《叠合与融通：近世中西合璧建筑艺术》（中英文两版）、《杨廷宝全集·文言卷》、《南京历代经典建筑》等，在国内外专业核心刊物上发表论文50余篇，两次被评为“东南大学最受喜爱的十佳研究生导师”。

Q：寓居重庆时期，杨廷宝是怎么开始从事建筑教育的？

A：抗战之前杨廷宝先生就是中国建筑师中的佼佼者，内迁重庆期间，他担任了基泰工程司重庆分部的负责人，先后主持设计了成都的刘湘墓园、四川大学校园规划设计，重庆美丰银行、农民银行、林森墓园、嘉陵新村国际联欢社、青年会电影院等项目。

正因为业绩斐然，他收到时迁重庆沙坪坝的中央大学建筑系主任鲍鼎的盛情邀请，开始兼职受聘于中大建筑系，从此便与教育事业结下了不解之缘。

当时中央大学建筑系可谓是人才济济，当时和杨廷宝一起执教的，还有李汝骅、鲍鼎、谭垣、刘敦桢、童寯、徐中等知名建筑师和学者。杨廷宝主要教授设计课和建筑初步概论，业余时间还指导学生画水彩画。

虽然战火纷飞，但是这一时期中央大学建筑系学风优良，人才辈出，被称作中国建筑教育的“沙坪坝时期”。我国著名第二代建筑师，如戴念慈、吴良镛、汪坦、陈其宽等，都出于当时的中央大学建筑系，都曾在这些先生的耳濡目染下学习受教。

抗战期间后方的教育条件极端艰苦，生活压力巨大，但杨老和其他知名建筑家和美术家一道坚持了下来，使得中大建筑系办学不致中断，而且越办越好，对培养国家建设人才确实发挥了极其重要的作用。他的学生戴念慈在《回忆杨廷宝老师》一文中，深情地写道：“抗日战争期间，当教授很清苦，很多建筑师宁愿多做几个工程，大都不愿意教书，杨老在那时已经是有名的建筑师了，手上做的工程特别多，他却欣然接受中央大学建筑系的聘请，挤出时间来学校教课，每次上课，从城里到学校要坐一个多小时挤得像沙丁鱼一样的市郊公共汽车，然而他风雨无阻，从不缺课。”

抗战时期，国立中央大学在重庆沙坪坝的校园。百年南大老建筑，南京大学出版社 供图

杨廷宝设计的南京农业大学主教学楼。图虫创意 供图

Q:请问如何看待杨廷宝先生最初的建筑教育?

A:杨廷宝先生是从1940年开始他的教学生涯,而在此之前,他已从事建筑设计十余年,积累了丰富的设计经验,并在全国拥有大量优秀作品,已经算是建筑界的知名人士了。当中央大学建筑系的学生得知学校邀请他兼职任教后,都欢欣鼓舞,他和同时期受聘的另外三名国内著名建筑师童寯、李惠伯和陆谦受被学生戏称为建筑界“四大名旦”。在事务所工作之外,他每周去学校两次,在学生赶图期间有时就住在学校,与学生一同赶图,向学生示范如何渲染。他不仅有着扎实的专业技巧和深厚的美学素养,而且实践经验充足,善于结合学生作业的特点因势利导,帮助解决问题,令学生心服口服。

他的学生汪坦在“回忆恩师”的文章中写道:“我做学生时,听说最好跟杨老做古典的设计题,我做了一个哥特的设计题,他替我改图那么严格,我想现在的学生可能会受不了。改图时平立剖全后才改,有时还画出透视图,从进门厅一直到走廊,他用古典手法把铺地都画得十分细致,他曾分析罗马大教堂的图形设计,以经典示范,鞭策我们努力,令人终生难忘,他的古典艺术手法,功底很深,同时他对渲染也很重视,有一次与我们一起野外画水彩写生时,杨老总是先十分仔细地观察,然后谨慎地下笔,他的为人,有点老庄哲学,那时老师之间在评图时争分数,他从不在乎,认为只要让学生学到东西就可以了。”

他的另一位学生戴念慈回忆说:“杨老是我的老师,他教过我,而且很会育人,我印象比较深的是他上课时经常讲他的学习经历,使我得益匪浅,主要是争取学习的主动性,他常说,在老师改作业之前,你应该把你的设计准备好,最好多拿出几个方案,这样,老师就可以根据你的图多提出意见,有的同学不这样做,往往老师在修改别人作业时他还在画自己的方

威尼斯圣马可大教堂 1926.11.7 绘（上）
威尼斯大运河（速写）1926.11.8 绘（下）
图片来源：杨廷宝建筑论述与作品选集 / 王建国主编．北京：中国建筑工业出版社，1997.10

(上)杨廷宝设计的大华电影院大厅旧照。东南大学 供图
(下)修复后的大华大戏院厅堂。图虫创意 供图

案，太被动了，如果你的方案做好了，那你就可以听听老师对别的同学的方案有什么意见。甚至你还可以从老师改第一个方案的时候，就站在旁边听，这样你学的、看的、听的就多得多了，反之，急于抱佛脚，你就失去了学习的主动性……”

一些老建筑师还记得杨廷宝先生的其他事情，比如重庆时期杨廷宝虽然自己生活也不宽裕，为了鼓励学生们画好水彩画，仍节衣缩食与另一位老师，在系里发起了水彩画比赛。大家都踊跃报名参加，奖品除了发点奖金外，杨老师还赠送自己的水彩画，以资鼓励，此事一时传为佳话。

Q：从重庆回到南京后，杨廷宝先生主要做什么？

A：1945 年抗战胜利后，杨廷宝回南京后，除了在中央大学建筑系继续其教学生涯外，其职业创作也进入一个新阶段。这期间他在南京共主持设计了 20 余项工程，代表作品有：北极阁宋子文公馆、中央研究院总办事处和化学研究所、延晖馆（中山陵孙科公馆）、招商局候船厅及办公楼、国民政府资源委员会办公楼、新生俱乐部、公教新村等，从这些作品明显可以感受到杨廷宝结合现实条件，向简洁经济而合理的现代主义建筑转型的特点。

新中国成立后，中央大学建筑系先后更名为南京大学工学院建筑系和南京工学院建筑系，1949 至 1959 年间杨廷宝担任系主任。1957 年以前他还带设计课，随着行政和公共事务的增多，1957 年后主要从事教学研究，负责设计初步知识的教学。

Q：杨廷宝先生在建筑教育上，有哪些好的经验？

A：杨廷宝先生是中国现代建筑教育的一代宗师。他以其在美留学所受学院派教育和自己丰富的实践经验为基础，与其他同仁一道逐渐塑造出“中大体系”“南工风格”的教育思想、方法和内容。他对培养学生成为一名合格的建筑师有着自己独特的见解。他所提出的要求是：“一个理想的建筑师应该是一个熟悉建筑历史，富于想象力、善于分析事物、掌握绘图技巧、了解工程技术、具有广泛常识的综合协调者，既是一位应用科学家，又是一位应用美术家。”

他十分注重学生基本功的训练，重视艺术修养的培养，鼓励学生多动手、画图；也强调仔细观察，掌握建筑的比例、尺度和构图；要求学生做建筑一定要注意与周围环境的协调，要学会利用环境和地形，避免经济上的浪费。

他始终认为建筑学是个实践性、应用性极强的专业，建筑设计是为人民的生产、生活服务的。建筑师要考虑到问题的方方面面，绝不是画几张图就能解决的，它需要建筑师具有广阔的知识、要在实践中不断地积累经验。

从各种回忆录中我们不难发现，杨廷宝先生送给学生们的七字金言是“处处留心皆学问”。上世纪 30 年代，杨廷宝应北平文物管理委员会的委托，主持北平包括天坛圜丘、天坛祈年殿、中南海紫光阁、东南角楼、国子监辟雍等处古建筑的修缮工程。工作中他虚心向老匠师学习，其间多次请侯良臣和郭松泉两位老木匠师傅一起到东来顺吃饭，在酒酣茶兴之际，共同探讨古建筑修缮的奥妙和口诀。杨廷宝不断总结工匠师傅的经验，结合平时的观察分析，对中国古建筑的设计要点、施工技术、构造等进行了深刻独到的研究，很快成为古建筑修缮行家，这不仅有助于在当年顺利完成修缮任务，也为日后他设计中国古典式样的新建筑提供了宝贵的经验。

国府路上的国民政府旧址。
重庆红岩联线文化发展管理中心 供图

国民政府办公楼改造后的门柱灯座。
图片来源：南京工学院建筑研究所编．杨廷宝建筑设计作品集．北京：中国建筑工业出版社，1983:125·

重庆陪都国民政府办公楼改造

国府路上的国民政府旧址。杰克·威尔克斯 摄

1937 年国民政府内迁重庆，以北区干路北侧的原四川省立重庆高级工业职业学校校舍为驻渝府址，并改名为国府路，由杨廷宝进行改造设计，于 1937 年 11 月 25 日竣工。

改造设计针对职业学校原一幢建筑面积为 2080 平方米的外廊式两层建筑展开，将中部入口扩建成三开间歇山顶抱厦，利用地形高差，做室外大台阶直达入口，以烘托庄重气势，廊前大门两侧门墩柱上立四角攒尖亭形门灯，组合比例适度。1939 年日机曾六次炸毁大楼，馥记营造厂六次义务抢修。1979 年，该楼被拆除，原址另建为重庆市人民政府办公楼。

童明

建筑师

Architect

MING TONG

杨廷宝是一位实干家，用作品说话，从来不讲什么玄妙的道理，虽然没有留下太多的理论著述，但是实则学贯中西、才华横溢的童寯却称他为『一代哲人』。

东南大学建筑学院教授，博士生导师。上海梓耘斋建筑工作室主持建筑师。1990 和 1993 年于东南大学建筑学专业毕业，获得本科与硕士学位，1999 年于同济大学建筑与城市规划学院城市规划理论与设计专业毕业，获博士学位。1999 年留同济大学建筑与城市规划学院任教，同时兼任上海市规划委员会专业委员会专家，上海同济城市规划设计研究院总规划师、中国城市规划学会城市设计分会委员。研究领域涉及城市设计、城市更新、城市公共政策理论与方法、建筑设计与理论。德国魏玛包豪斯大学欧洲城市研究所高级访问学者；美国纽约哥伦比亚大学访问学者。发表学术论文 90 余篇，出版著作有《政府视角的城市规划》，译著有《拼贴城市》《明日之城》《中国城市密码》等。

Q:童寯和杨廷宝两位老先生关系如何?

A:童寯和杨廷宝两位老先生,同在清华和美国宾大求学,只是时间相差两三年。归国后,杨廷宝进了基泰工程司,童寯后进入华盖建筑事务所,解放后同在南京工学院执教,两人在学术上互相尊重,互相求教,是建筑学界皆知的老前辈。

他们俩作为中国近现代建筑的一代宗师,非常巧合的是他们同月同日生,我祖父生于1900年,比杨廷宝先生大1岁,他们都号称世纪的同龄人。他们的渊源关系很早就已经开始,大学时期他们是清华的校友,但由于我祖父所在的东北在教育方面开化较晚,当他1921年考入清华学校时,杨廷宝已于同年毕业前往美国留学。当祖父1925年去美国留学时,他们所在的又是同一所大学,费城的宾夕法尼亚大学,并且都是在建筑系。只是那时杨廷宝已经毕业,并在费城实习工作。那一交接时期,他们时常见面。

他们俩都有家学渊源,自幼均勤于读、擅于画。在清华时,他们都以素描、水彩成绩优良而引人注目,杨老参与创立了美术社,而我祖父也曾担任过美术编辑。在美国宾大留学时期,他们也是中国留学生中的佼佼者,分别多次荣获全美建筑系设计竞赛的各类奖项。

后来回国时,杨廷宝于1927年前往天津的基泰工程司做建筑设计工作,我祖父则于1930年应梁思成之邀在沈阳东北大学建筑系任教。

1931年九一八事变后,我祖父离开沈阳前往上海,与他在清华和宾大时期的校友赵深、陈植合作成立华盖建筑师事务所,专职建筑设计。在这一时期,基泰工程司的业务也由天津发展到南京、上海,从1934年起,杨廷宝因业务关系常到上海,一住便是几个月。

当时的上海建筑师人才济济,以江浙与广东的南方人居多,但我祖父和杨廷宝这两个北方人过从最密。他们几乎每星期日都会见面,经常同游上海附近城镇,浏览古迹名胜,曾数次到甪直保圣寺看唐代雕塑,或者观览南翔古猗园,结束后一般都是一同回沪到我祖父家吃晚饭。那段时期,杨廷宝是我们家的一位常客,有时他也亲自下厨房,用面条加鸡蛋煮成汤面,我祖母也戏称这为"杨廷宝面"。晚饭后他们闲谈,我祖父有时拿出买到的画册和旧书共同欣赏。那时期的每个星期日都是快乐的日子。

这段经历奠定了他们一生的诚挚友谊。

当时他们一个在基泰工程司,一个在华盖建筑师事务所,都是作为最重要的建筑师,各为其主。虽然这两家事务所作为当时中国规模最大、业务最强的设计公司,并且也是最为直接、最为激烈的竞争对手,但丝毫不影响他们之间的个人情谊。这一珍贵的情谊一直延续到其他领域,并且延续到解放后,他们在同一所大学任教,同一个研究所工作,历经风雨,直至两人都于1983年之交时差不多同时离世,从未有过任何不睦。

Q:您祖父和杨廷宝在重庆有着怎样的交集?

A:他们俩真正开始联手合作,实际上始于1939年在重庆中央大学建筑系兼课的过程中,两人同样广见博闻,潜心学术,艺高德馨,这是逐渐形成莫逆之交的基础。

他们俩是在1938年底和1939年初经不同渠道先后来到重庆的。当时重庆的下江人很多,杨廷宝和我祖父又是挚友,所以走得更近一些。

他们来到重庆后,开始时仍然各自在他们的事务所继续从事建筑设计工作。我祖父应当

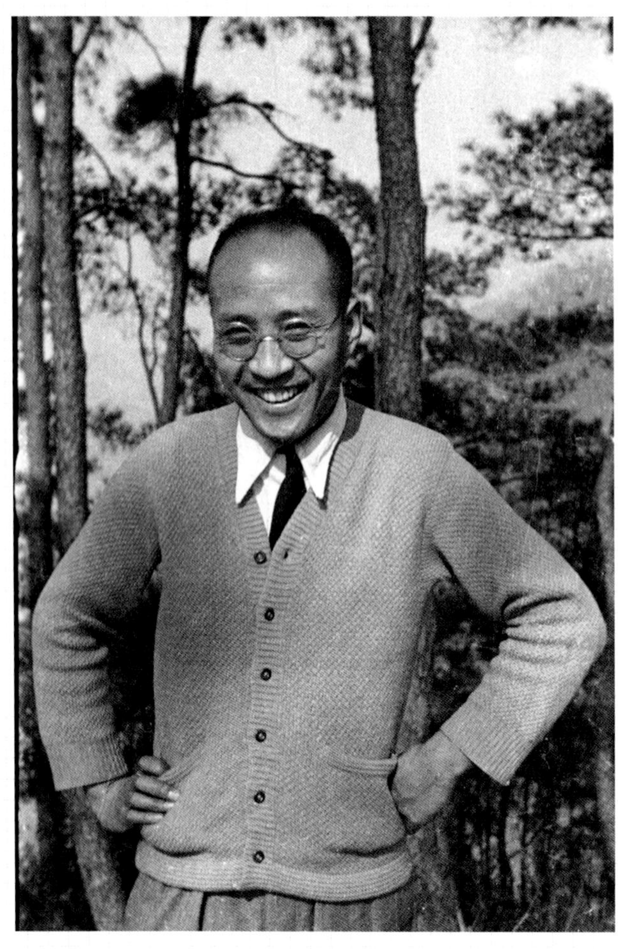

1940 年，童寯在重庆南山老君洞。
东南大学 供图

时资源委员会之托，负责规划设计了重庆炼铜厂、资江酒精厂、綦江炼铁厂等重要的战略设施，杨廷宝则负责设计了许多政府办公、银行寓所等建筑。这对于战时的重庆起到了十分重要的支撑作用。

1940 年，我祖父暂离开重庆前往贵阳，负责华盖当时在贵阳和昆明的项目，1944 年又回到重庆，并且受聘于在沙坪坝的中央大学建筑系。此时杨廷宝也在中央大学兼课，这期间他们来往频繁。但是由于这时正处于抗战最为艰难的一段时期，他们并没有留下太多的相关资料。

从所留下的一些不多的老照片中，我发现了他们曾经有一次前往长江南岸的老君洞游历。对于同是流落异乡并且生境动荡的人而言，这应当是一次非常轻松而愉快的郊游，在同一位置，我祖父还创作了一幅水彩画。

1945 年抗战胜利后，他们俩先后离开重庆。我祖父是先回到上海，然后又因事务所的项目前往南京，并且继续受聘在中央大学建筑系授课。 杨廷宝则是先随资源委员会出国考察，然后回到南京主持事务所的工作。非常巧合的是，他们又一次延续了先前的工作状态和交往方式，并且，来往更为密切了。

1933 年，上海，中国建筑师学会会员合影。到会会员有：陆谦受、吴景奇、杨锡镠、薛次莘、巫振英、奚福泉、杨廷宝、罗邦杰、孙立己、董大酉、林澍民、范文照、徐敬直、庄敬、黄耀伟、李锦沛、赵深、童寯、陈植。
文仕博档馆 /FOTOE 供图

Q：您祖父回忆中的杨老是什么样子？

A：1982 年，杨老的噩耗传到北京肿瘤医院，当时还在住院治疗的祖父悲痛欲绝，饱含着热泪写了唁函。

在杨老逝世后的第二年 1983 年 1 月 15 日，祖父在病榻上写下了《一代哲人今已矣，更于何处觅知音》的回忆文章，他在文中是这样评价他的这位终身挚友的："杨廷宝特有独到的设计才能，业务上靡洁公正一丝不苟，为人更是品德高尚、文质彬彬的君子。"

祖父以为，杨廷宝是一位实干家，用作品说话，从来不讲什么玄妙的道理，虽然没有留下太多的理论著述，但是实则学贯中西、才华横溢的童寯却称他为"一代哲人"，这是因为杨廷宝那些看似朴素的话语里蕴含深刻的哲理。杨老生前常讲"这也行，那也行，做好都行"，"处处留心皆学问"，也许是杨老敢于直面现实，跨越了人生的重重浪峰，始终走在行业的最前端，勇挑历史赋予的重任，身居"庙堂之高"，心处"江湖之远"；也许是杨老用自己的行动来解读着人生的哲理，在种种苛刻的现实条件中，仍创作了一座座赏心悦目的建筑精品，是一位"戴着脚链仍能跳舞的建筑师"。

1979 年南京工学院（东南大学前身）成立"建筑研究所"，年逾八旬的杨老担任所长，并邀请我祖父任副所长。在杨老"招贤纳才，谦让和睦"的带动下，研究所老、中、青三代人精诚团结，在随后的几十年中一直不断地创造着各种奇迹。也可以说这是一建筑界的传奇宗师所传下的最珍贵的遗产吧。

重庆嘉陵新村国际联欢社

重庆嘉陵新村国际联欢社。杰克·威尔克斯 摄

国际联欢社位于重庆渝中区李子坝嘉陵新村，又称嘉陵宾馆。抗战时期，国民政府为安排各国使馆人员在重庆的娱乐社交活动而建。1939 年落成，曾云集众多中外显赫政要、名流嘉宾。

联欢社建筑面积 1700 平方米，依山就势，大小屋顶穿插起伏，立面素瓦粉墙，用材砖、石、竹笆就地取材，总体效果与自然环境协调，具有山地建筑特点。后因年久失修，受白蚁虫害，于上世纪七八十年代拆除。

重庆嘉陵新村国际联欢社侧影。
图片来源：南京工学院建筑研究所编．杨廷宝建筑设计作品集．北京：中国建筑工业出版社，1983:114

重庆嘉陵新村国际联欢社整体建筑呈“L”形排布。
图片来源：南京工学院建筑研究所编．杨廷宝建筑设计作品集．北京：中国建筑工业出版社，1983:113

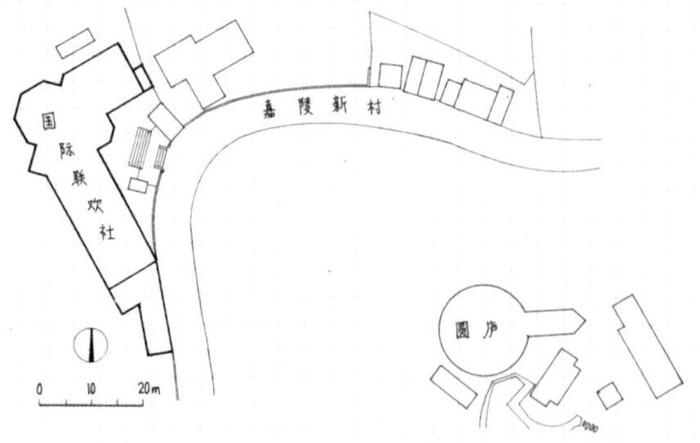

重庆嘉陵新村国际联欢社总平面图。
东南大学 供图

(上)抗战期间，嘉陵新村旧照。
杰克·威尔克斯 摄
(下)如今三层马路还在，但嘉陵新村国际联欢社已经消失了。
赵爽 摄

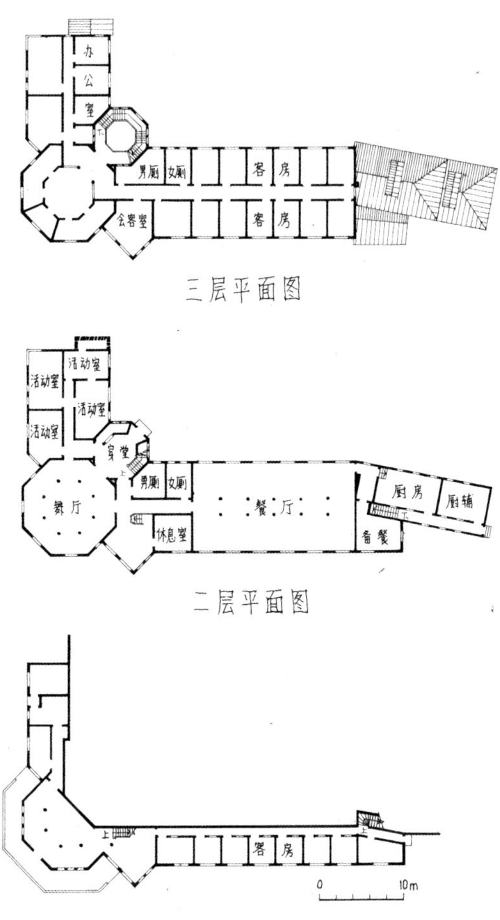

重庆嘉陵新村国际联欢社楼层平面图。
东南大学 供图

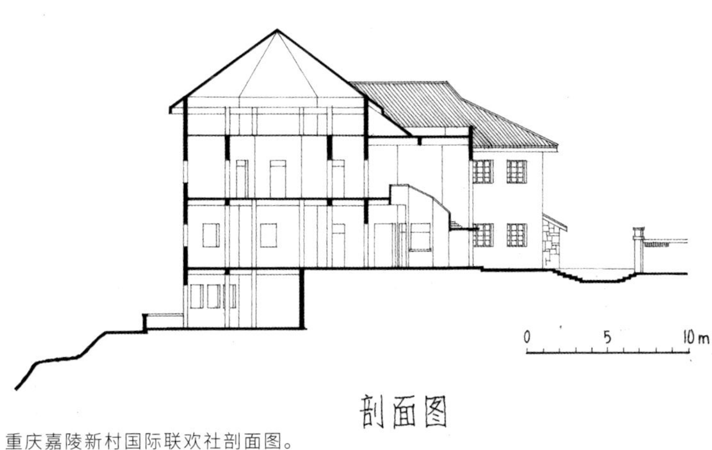

重庆嘉陵新村国际联欢社剖面图。
东南大学 供图

西立面图

抗战期间，嘉陵新村国际联欢社侧影。杰克·威尔克斯 摄

杨廷宝先生抗战八年在重庆，积累了诸多战争时期的建筑体验，1946年回到南京后的建筑实践，也展示了他更加尊重建筑环境，因地制宜，勤俭节约，关注现代建筑的特征。

建筑师

周琦

Architect

QI ZHOU

东南大学建筑学院教授，博士生导师；美国伊利诺理工学院建筑学博士。长期从事中国近代建筑史研究及遗产保护工作，主持修缮了三十余个保护项目，近百栋历史建筑。同时进行建筑理论研究及创作，主持设计的人民日报新大楼获得国际国内一系列大奖。主要著作有《回归建筑本源》《南京近现代建筑修缮技术指南》《南京近现代建筑史》等。

Q:随着国民政府还都,杨廷宝大师从重庆回到南京,新中国成立之前,他主要设计的这些建筑和重庆的战时建筑是否具有关联性?

A:1946 年国民政府从重庆还都以后,当时整个国民政府雄心勃勃、百废待兴,希望重振首都的繁荣和景象,但现实情况没有想象中那么美好,因为当时处在解放战争时期,国民政府财力非常弱,建设时间又很短。

这个时期,杨廷宝还是做了一些设计的,其中有几个我知道的,第一个比较大的公共建设就是南京下关码头处招商局大楼,建筑一共三到四层,钢筋混凝土结构,做得比较现代,但比较简单,从这个建筑的设计思路可以看出他在重庆做建筑设计的一些特点。

重庆八年抗战时期,因为国力衰弱、战争频繁,根本没有大规模、高标准的建筑,杨廷宝先生在重庆抗战期间的建筑有几个特点:一就是重庆是山城环境跟平原地区很不一样,尊重环境,巧妙地处理建筑的高度、大小和地形,因地制宜是比较重要的;二在材料选择上都是一些便宜的材料和旧料;三因为现代建筑的兴起,从过去做复杂的大屋顶到用新型、简洁现代的造型来做建筑,使得整体的建筑风格倾向于现代,同时功能好用,造价也比较低,这些都是他比较重要的经验,也被带回南京。

招商局大楼就是一个典型案例,框架结构很现代,没有任何多余的装饰,条形窗户很简洁,同时,招商局办公建筑,一方面流线型跟长江的关系比较好,另一方面材料用得很经济比如钢筋混凝土的构建,门窗楼板都很极简和精致,材料用料少,延续了重庆战争时期节约朴素的风格。

Q:南京现在遗留有杨廷宝大师的大量建筑,也有他自己的小屋,这个房子有什么特点?

A:他自己居住的房子,在一个废墟上,原来那里就有一个小房子,杨廷宝成贤小筑十分简单,连地基都没有重新做,我们在打开墙体后,发现里面材料很陈旧,收了一些旧木料和砖头,用这些旧的材料就把房子建起来了,用极其简单极其朴素的一种方式,造出了一个适宜生活的空间,他们家在这里居住了很多年。

修复之后的杨廷宝故居,宅院占地面积 1000 平方米左右,院内植有松树、椿树、枇杷树等,高大苍翠,浓荫如盖,故居主楼坐北朝南,为西式三开间二层楼房,砖混结构,木门窗,内楼梯,红色平瓦屋面,米色灰粉外墙,建筑面积 164 平方米,依旧是造型简洁,经济实用。

Q:民国期间,杨廷宝大师在南京还有哪些遗珍?

A:这个期间,杨廷宝大师在南京还有一个重要建筑,就是位于南京新街口的原国民党的中央电台,现在已经升级为国保单位了,这房子是 1948 年开始设计的,刚刚开始动工就解放了,一直到 1952 年才完成,这个建筑是杨廷宝先生少有的大规模办公建筑。

地面有十层左右,因为在新街口,地理位置非常重要,做了对称式的格局,造型里有古典的比例关系,但是没有任何古典的装饰,脱离过去的西洋古典和中国传统装饰,做得非常干净,一个全钢筋混凝土的框架结构,坐北朝南、中规中矩,楼板门窗都很简洁,属于民国时期南京最大的办公建筑。但就是这样一个建筑,依旧十分注意造价节约、朴实无华,这种现代主义的思想和风格,是杨廷宝先生受西方教育和战争时期的影响,加上当时自己已经到达中年,思想比较成熟,所以才能做得更加符合实际,简单而实用。

1947 年，建筑大师杨廷宝设计的南京下关火车站扩建草图。
刘建华 /FOTOE 供图

Q：以您的工作经验，在维修杨廷宝大师的建筑时，是如何考虑活化利用的？

A：杨廷宝先生的一系列作品，包括他本人的旧居，我们都陆续进行了改造修缮，目前用于展览，对公众开放，让它教育后人和建筑学相关专业的后人，都可以到里面去参观和学习。

比如招商局大楼十年前修缮后，变成了办公楼，现在使用效率非常好，既可以展示，同时又发挥它的历史作用，他的大华影戏院，也是保留它最重要的历史痕迹，现在的电影院还在继续使用，老百姓也很喜欢。

在谈及杨廷宝建筑保护的时候，主要抓住他最主要的思想特征、理念、布局空间等等，然后传承好他的传统，服务当下，面向未来，让更多杨老的作品继续发挥它的社会效应和使用效应。

其实南京政府还是很重视这些大师的作品，杨廷宝修的所有房子都被列入文物了，其实不一定每个建筑都是那么经典，对于建筑师来讲，很多因素如时间、造价不能平均对待，所以会导致作品差异。杨廷宝在南京的房子都被列入文物保护单位后，以后肯定会精心仔细地保存下来，这些建筑一方面记载着杨廷宝本人的建筑思想，同时记载着中国近代史里面所表达的东西。

我们最近做了一个南京近代建筑博物馆，主要由我策划，已经开馆了，里面就展示了很多杨廷宝先生的生平事迹介绍和作品。

重庆林森墓园

林森墓园墓圹旧照。
图片来源：南京工学院建筑研究所编．杨廷宝建筑设计作品集．北京：中国建筑工业出版社，1983：128

林森墓位于重庆市沙坪坝区林森官邸右前方。1943年8月1日林森病逝。8月28日国民政府决定修建林森墓，次年7月落成。

原墓园设计运用中国传统建筑手法，由广场、牌坊、墓道、陵门、碑亭、祭堂、墓室等组成，布局严谨。后因经济拮据，原设计未能全部实现，仅建造了墓圹部分。墓圹占地976平方米，为圆柱形钢筋混凝土结构。墓室坐北朝南；墓顶覆土种植草皮；墓冢左右弧形转角各18级台阶，前立扇形墓碑；墓台四周有圆形石栏杆。墓园曾一度被毁，1979年按原样恢复重建。

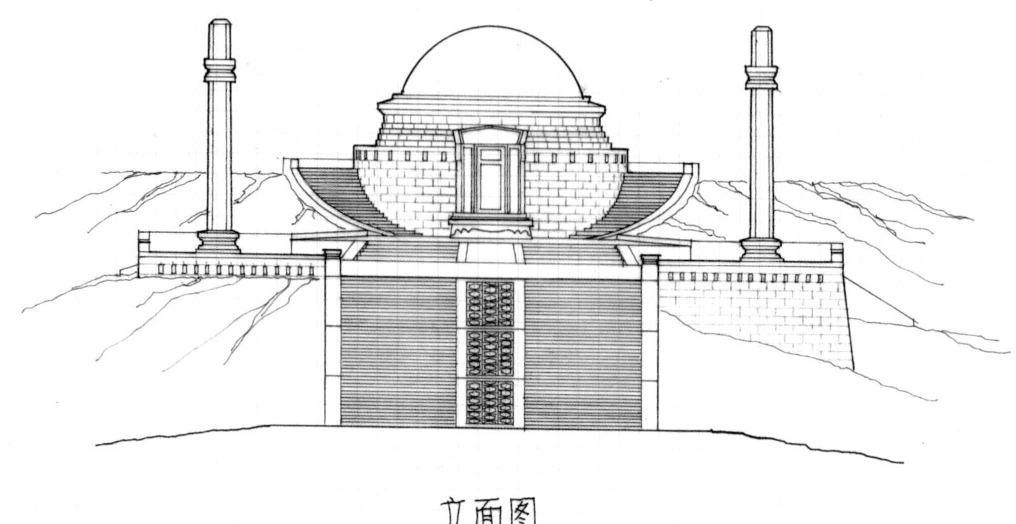

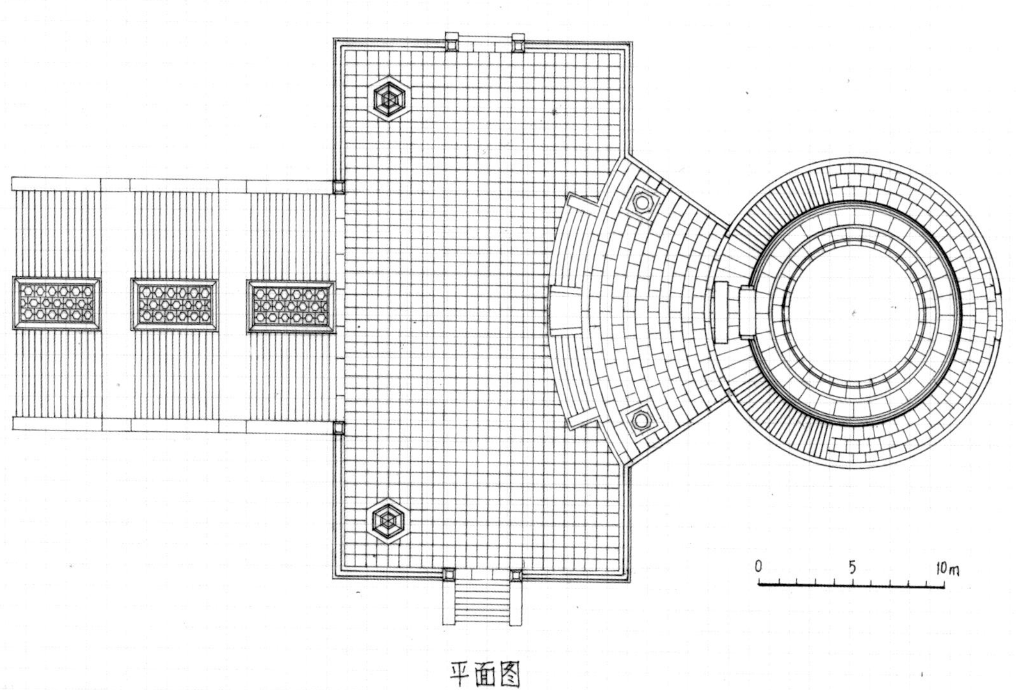

重庆林森墓园立面图、平面图。
东南大学 供图

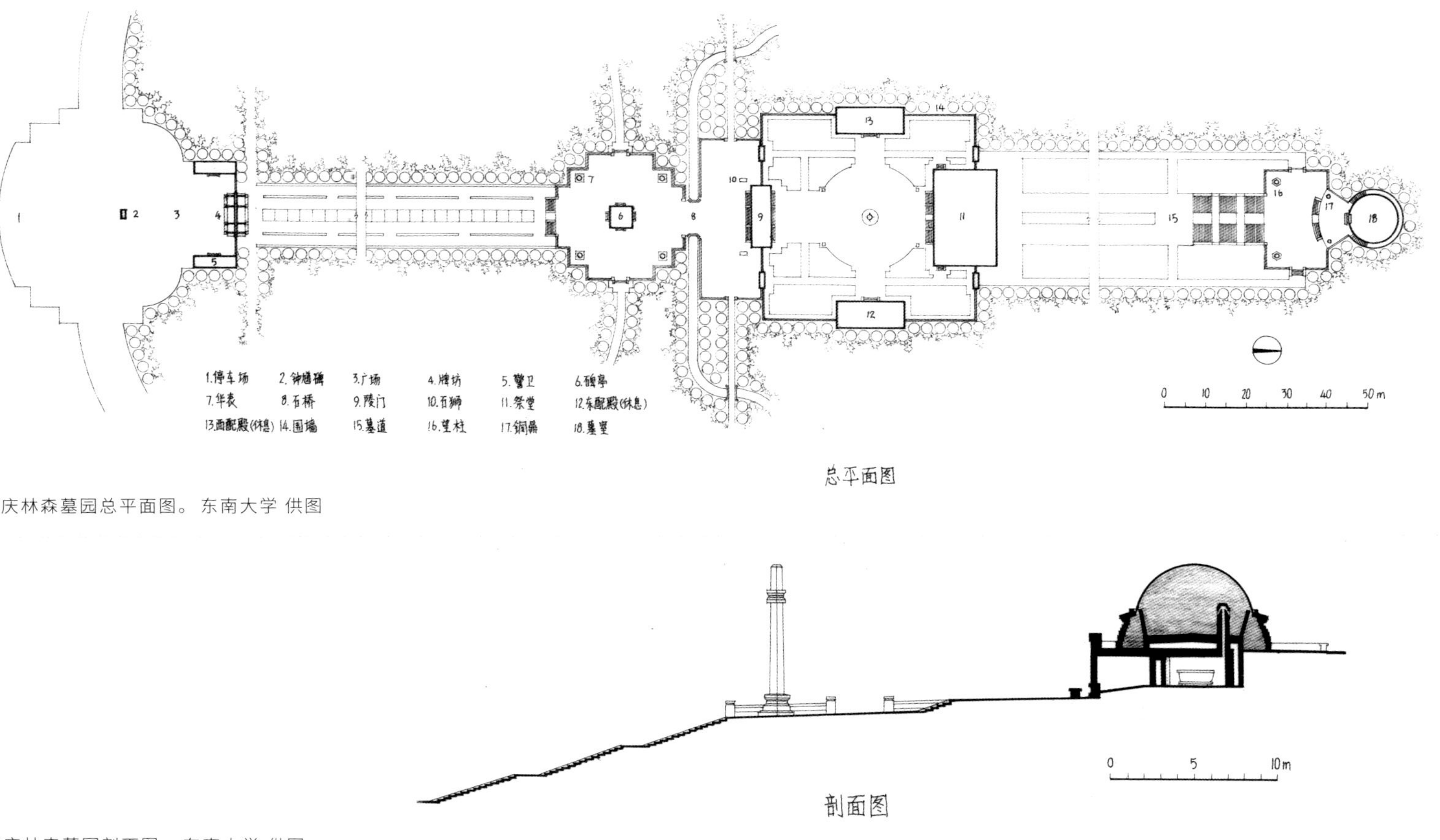

重庆林森墓园总平面图。东南大学 供图

重庆林森墓园剖面图。东南大学 供图

重庆农民银行

重庆农民银行旧照。
图片来源：南京工学院建筑研究所编．杨廷宝建筑设计作品集．北京：中国建筑工业出版社，1983：126

农民银行位于重庆市中心解放碑广场附近，建于抗战期间。建筑造型简洁，重实用性，朴实无华。

该银行规模较小，门面宽约 23 米，进深较大，达 56 米。前部临街高三层，进深 14 米。顾客入口位于门面居中，右端为内部人员进出的过街楼通道。一层平面中心为对私营业厅，左侧为办公室，后部为小金库。二层为对公营业厅及各办公室。三层为办公室和文娱室等用房。用地后半部为食堂、厨房、库房等后勤用房，三面围合成内院，亦可作为篮球场使用。

重庆农民银行立面图。
东南大学 供图

立面图

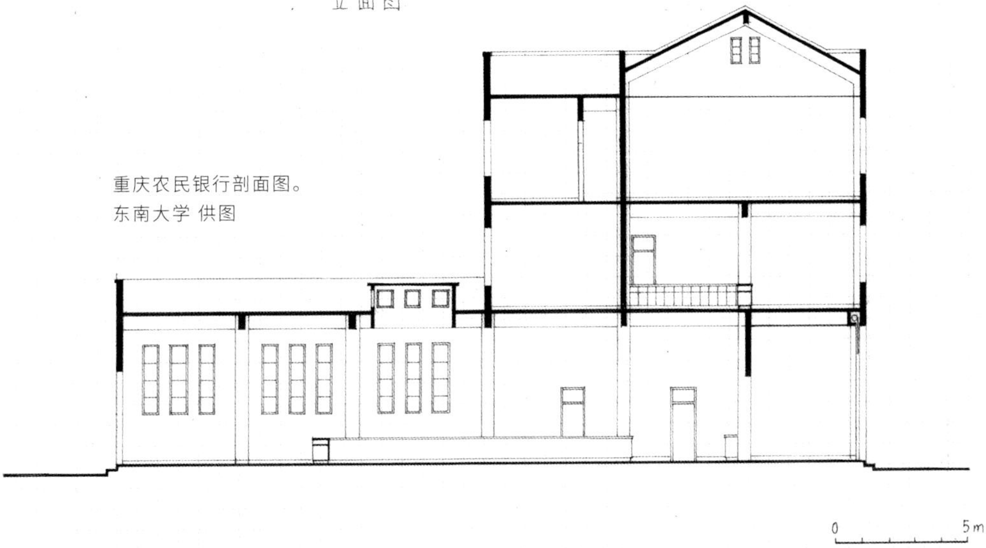

重庆农民银行剖面图。
东南大学 供图

0 5m

剖面图

一层平面图

二层平面图

三层平面图

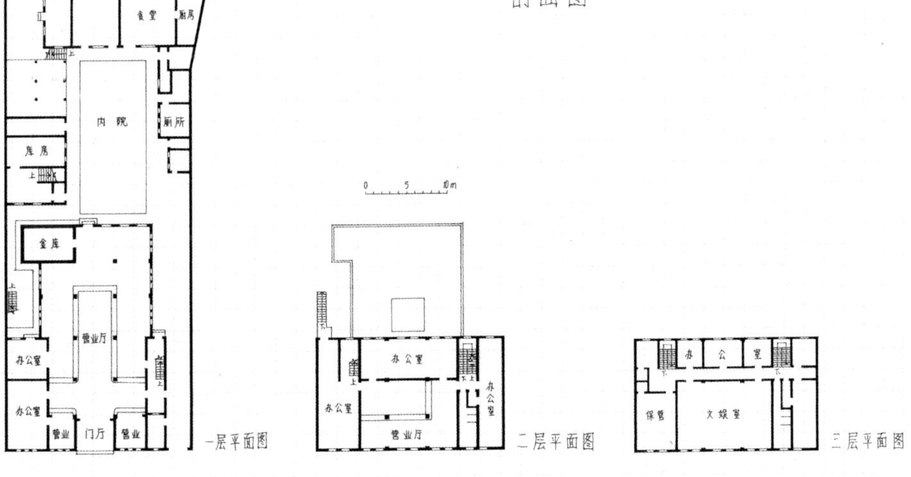

重庆农民银行楼层平面图。东南大学 供图

建筑本身就是中国近现代建筑史的鲜活教材，在这方面，重庆本身有特别好的条件，因为抗战前后大量国内一流的建筑营造、设计机构都在重庆留下了很多优秀的作品。

建筑师

龙灏

Architect

HAO LONG

博士，重庆大学城规学院教授、博士生导师、建筑系系主任，重庆大学医疗与住居建筑研究所所长。兼任中国建筑学会医疗建筑分会副主任委员、中国城市科学研究会健康城市专业委员会副主任委员、中国建筑学会建筑策划与后评估委员会常务理事、中国土木工程学会住宅工程指导委员会委员等职。在医疗建筑、居住建筑设计与理论等研究方向之外，对重庆大学及中国近代建筑教育办学历史和与之相关的重庆城建史有所涉猎。

1993 年版《中国近代建筑总览重庆篇》封面。
龙灏 供图

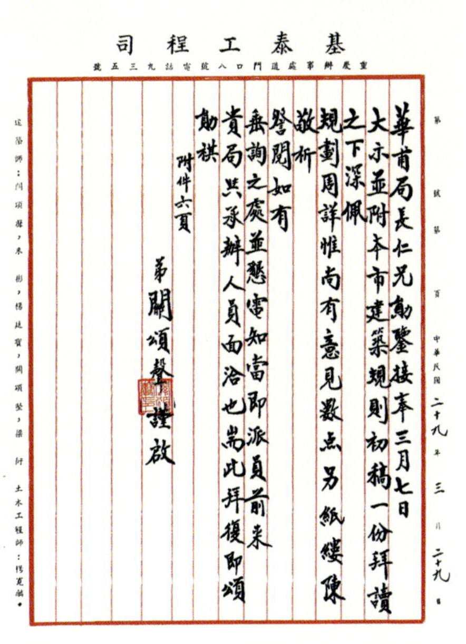
基泰工程司
重慶辦事處道門口八號電話九三五號

華首局長仁兄勛鑒接奉三月七日
大示並附本市建築規則初稿一份拜讀
之下深佩
規劃周詳惟尚有意見數点另紙縷陳
敬祈
鑒閱如有
垂詢之處並懇電知當即派員前来
貴局與承辦人員面洽也耑此拜復即頌
勛祺
附件六頁
弟關頌聲謹啟

第 號 第 頁 中華民國二十九年三月二十九日

建築師：關頌聲，朱彬，楊廷寶，關頌堅，梁衍 土木工程師：楊寬麟。

基泰工程司对重庆建筑规则提出的调整意见。
张真飞 供图

Q：您是缘何对抗战时期的重庆建设领域开展研究的？

A：在这个领域，我个人真的谈不上有研究。主要还是因为 2017 年我们重庆大学建筑城规学院纪念了自己办学 80 周年（自 1937 年起）之后，我机缘巧合地在中国建筑教育研究领域的大咖如美国路易维尔大学教授赖德霖老师、东南大学建筑学院教授单踊老师等的“撺掇”和鼓励下，对原国立重庆大学的早期建筑教育办学历史进行了还算是深入的研究。这个过程中，不免会牵涉相关人士的经历［其中首次发现有证据显示杨廷宝、童寯先生确曾是国立重庆大学建筑系（包括早期的土木系建筑组）的兼职教授］以及建筑教育以外的其他工作，前辈们、如我大学时代的老师之一杨嵩林先生曾经参与国家自然科学基金项目、1993 年编撰出版的《中国近代建筑总览·重庆篇》等都有所涉及，算是对建筑教育之外的情况“顺便”有一些了解吧。

Q：杨廷宝所在的基泰工程司来到重庆时，如何立足？

A：1937 年 11 月，基泰工程司的创始人关颂声跟随国民政府西迁、乘车入川。在此之前，基泰已经在重庆设立了办事处，当时的主任叫阮展帆，主要任务是监造道门口中央银行的大楼工程。

客观说，国民政府迁渝之前，起步不久的我国现代建筑的主要设计、建设力量是集中在上海、南京、广州等几个“发达城市”，西南地区是真的还很落后。上世纪 30 年代，作为可以说中国近代最著名建筑设计公司，基泰工程司已经声名远播，但在四川地区影响力还不够大。关颂声为公司迁渝，事先安排了办事处在重庆城道门口附近自建一幢基泰办公楼，底层是经理室及一般业务部门，二层是大图房，可容二十多张图桌，三至六层为职工宿舍。这幢楼是“标准”的重庆 “假洋楼”，采用 38 厘米见方的砖柱，开间进深均为 6 米柱距，平面开间 4 跨 24 米，进深 3 跨 12 米，楼板采用本地沙松龙骨，企口地板，外围护结构则全部采用内外双层竹篱笆加抹灰的墙体，室内不见柱角，空间完整。

这幢新楼是个典型的“形象工程”——为公司业务做个广告：重庆是个山城，坡陡平地少，无台风、无地震，市区狭小，有寸土尺金之称，只有巨商才有综合能力去建砖石结构或钢筋混凝土结构房屋。而当时这个基泰工程司的“新总部”采用的设计策略是因地制宜、就地取材、因材设计（如木屋架结构、竹篱笆抹灰做墙体就是本地常用结构形式、材料与做法），并用竖向高差做出了巧妙的设计，令人耳目一新，也起到了招揽生意的作用。

这个过去仅作为只管现场配合的办事处在关颂声来渝后改为了基泰总所、新建了上述办公楼，并向当时的重庆市政府报备后于 1939 年初开业。当时西迁而来的政府各种新建项目业务源源不断，关颂声通过朋友胡光镛的华西兴业公司的关系，在银行界金融界和成渝铁路筹建处等拉来不少生意，基泰公司业务一度出现应接不暇之势。据 1983 年 8 月出版的《杨廷宝建筑设计作品集》记载，杨先生以基泰工程司的名义在重庆留下的重要作品包括了“嘉陵新村

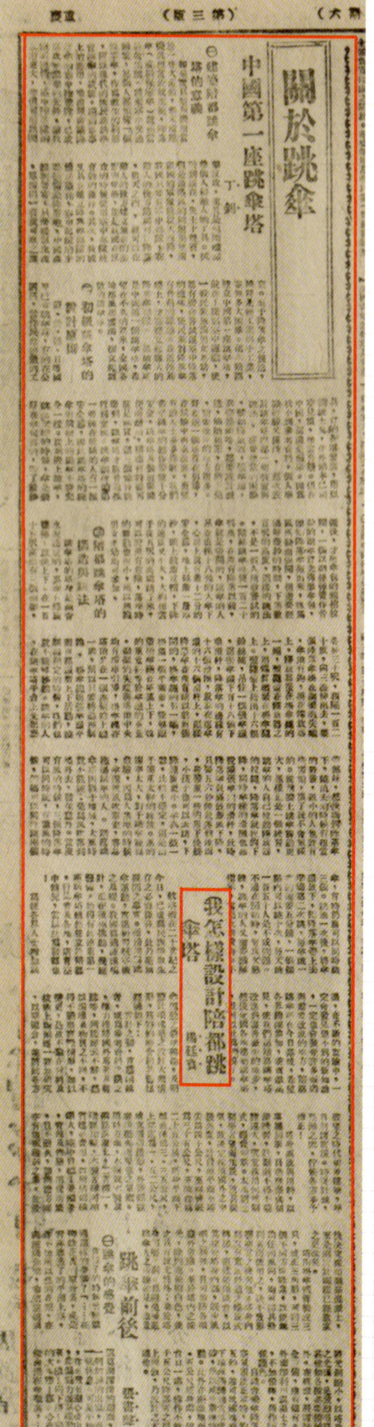
關於跳傘

中國第一座跳傘塔 丁釗

我怎樣設計陪都跳傘塔 楊廷寶

跳傘前後

杨廷宝撰文《我怎样设计陪都跳伞塔》，大公报民国三十一年四月四日第三版。龙灏 供图

（‘圆庐’‘国际联欢社’在其中）”“美丰银行”“农民银行”“林森墓园”“青年会电影院”“中国滑翔总会跳伞塔”等多项。

这里可以顺便说一下位于现重庆渝中区两路口的跳伞塔。我收集到一份1942年4月4日跳伞塔落成开幕当天重庆出版的《大公报》，在第三版上不仅有“跳伞塔今日开幕”的新闻报道，更有占了超过三分之一版面的“关于跳伞”专版（插图）——用三篇文章详细介绍了这座钢筋混凝土结构的亚洲第一座跳伞塔的建设缘由、设计情况及使用要领：一篇署名丁钊、题为“中国第一座跳伞塔”，论述了抗战背景下建设跳伞塔的意义、设计原则以及建筑构造与使用方法；一篇署名杨廷宝、题为“我怎样设计陪都跳伞塔”，是杨廷宝先生在重庆的现存设计作品中存世且罕见的署名“设计说明书”，弥足珍贵！杨先生在文中较为详细地从建筑设计的角度介绍了设计构思、难点、建筑材料选择以及建筑的基本功能与形式，具体在本书中东南大学的《杨廷宝传》作者黎志涛教授对此有详细介绍，就不赘述了；还有一篇是署名张书声、题为“跳伞前后”的文章，主要是讨论了跳伞者跳伞前后的准备与技巧等问题。

重庆跳伞塔落成后，不仅在抗战时期训练了空军将士、为抗战胜利做出了贡献，新中国成立以后也成为我国培养国防体育运动员以及普及跳伞运动的重要基地，到1980年代才逐渐停止使用。该塔2000年被列为重庆市级文物保护单位，2003年险些因商业开发而遭拆除，幸得市内专家学者强烈呼吁而保留，2012年11月经过保护性修缮，因年久失修曾经被拆除的外挑9米的三个挂伞钢架得以重装，恢复了跳伞塔昔日的英姿。

Q：除了杨廷宝以外，当时还有哪些建筑大师也在重庆？

A：重庆作为战时首都，1937年之后随国民政府西迁而来的各行各业的文化、科技精英那就太多了，很多国内著名的建筑设计机构都转向了大后方，中央大学建筑系、中国营造学社等著名建筑教育和研究的学术机构也曾在重庆留下浓墨重彩的印记，一时间可谓冠盖云集、大师满座。童寯（华盖）、徐敬直（兴业）、哈雄文、陆谦受、张镈（基泰）、重庆大学建筑教育的开创者黄家骅、首任建筑系主任陈伯齐、教授夏昌世、抗战后期任中央大学建筑系系主任同时也任重庆大学建筑系兼职教授的刘敦桢等等，都曾在重庆留下不少设计作品或研究成果。有档案显示，杨廷宝、童寯、谭垣、鲍鼎、胡德元、汪定曾等先生也都曾在重庆大学建筑系（或建筑系成立前的土木系建筑组）任兼职教授参与教学，为当时兴办不久的重庆大学建筑教育提供了坚强的支撑。

在重庆市档案馆查资料时，我曾经发现一套1939年7月10日重庆市政府发给梁思成、刘敦桢、杨廷宝、陈明达、刘致平、莫宗江等六人每人一份的护照存根，每人护照上除姓名、年龄和籍贯等内容外文字均相同。刘敦桢的护照全文是：

“重庆市政府护照

为发给护照事。兹有中国营造学社社员刘登桢（有趣的是护照上姓名明显有误），现年四十二岁，湖南新宁县人，由重庆到　　调查古建筑遗迹，特发给护照，希沿途军警查验放行勿阻。该持照人亦不得携带违禁物品致干查究。此照。右给刘登桢。市长贺　中华民国廿八年七月十六日发”。

以上述护照为“护身符”，从当年9月起梁思成、刘敦桢他们开始了长达半年的川康地

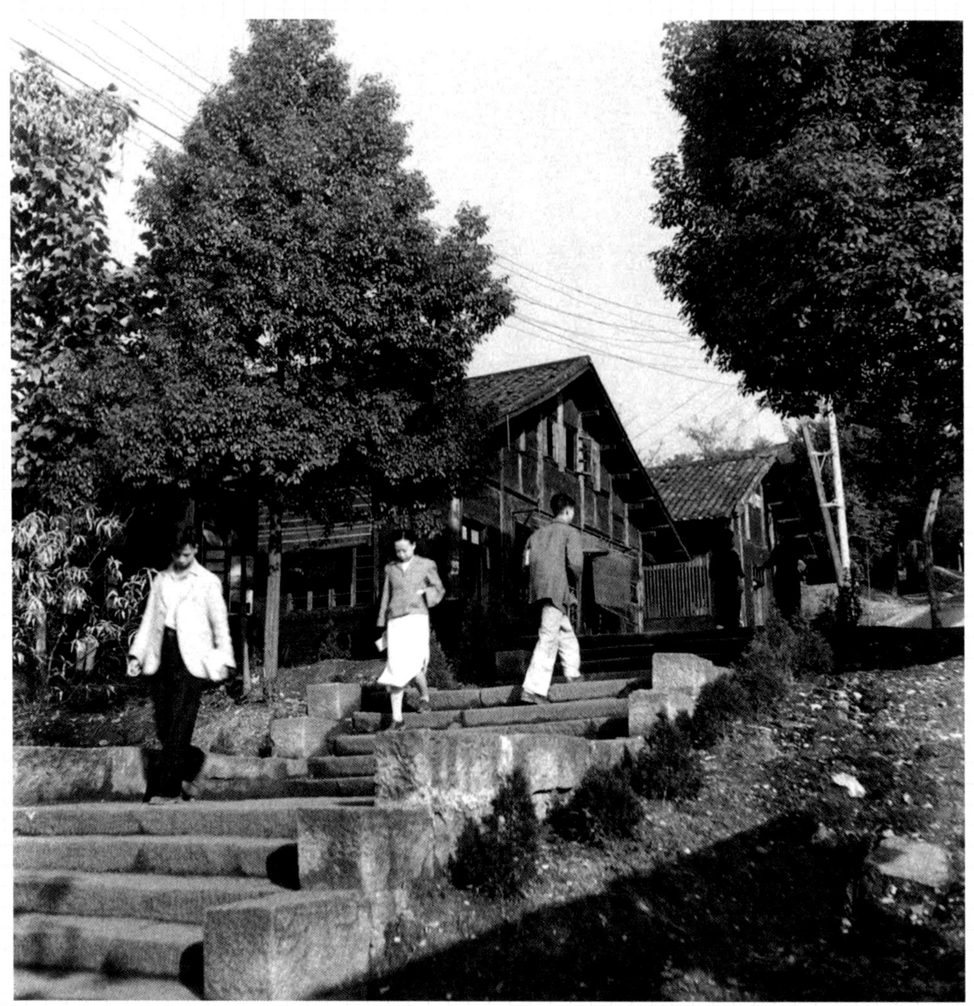

国立中央大学迁至重庆，位于沙坪坝重庆大学校园内的校舍。 杰克·威尔克斯 摄

区古建筑遗迹调查。但根据《杨廷宝传》等资料对这段时间杨的活动记载，虽然杨本人很可能并未参与这次调查活动，但从一个侧面反映了杨廷宝除了作为建筑师在基泰执业之外，对中国建筑史的挖掘研究应该也是十分重视的。

梁思成抗战时期虽然多在宜宾李庄，但其工作与重庆仍有交集。例如，1941 年夏，梁思成曾受委托根据基泰工程司测绘的孔庙现状图，并结合他自己的实地查勘和国家的现实背景，制定过一份“重庆文庙修葺计划”，可惜最终因为财力匮乏且各部门互相掣肘未能实施。

杨廷宝先生一生的至交、当时开办华盖事务所的童寯则在贵阳和重庆之间穿梭，从他亲笔写给重庆市警察局的居住证申请书中可见华盖事务所是在重庆有业务的。童寯先生曾回忆:“抗战时期，杨和我先后都到重庆，也时常见面，又在兼管建筑事务所以外，先后同在沙坪坝中央大学建筑系教课。”

当年，另一家著名的持有甲等开业证的（上海、重庆、南京）兴业建筑师事务所业务重心也转向西南，其总经理兼建筑师是留学美国密歇根大学和匡溪艺术学院建筑系的徐敬直。

徐原本正在设计督造南京近郊国立中央大学新校区，在 1937 年 9 月战火逼近、中央大学确定迁渝后，他受校长罗家伦委派与水利系主任原素欣一起来到重庆，负责办理西迁校舍的规划和建造事宜，仅用 42 天就在今天的重庆大学校园内的松林坡建成了一批竹笆泥墙的教室和宿舍，保证了迁渝的国立中央大学在 11 月初即开始上课。罗家伦后来在回忆录中直言：“这个速度，不能不算一个纪录”！顺便说一句，南京的中央博物院（现南京博物院）就是徐敬直的作品。

哈雄文、黄家骅设计了最初位于重庆佛图关、砖柱土墙木屋架、可容 2000 人的“国民大会堂”，仅使用一次即被日军炸毁，后又在重庆南岸区小泉的“中央政治学校”中重新设计建造并沿用至解放后。

此外，著名桥梁专家茅以升还在重庆设计建造了著名的望龙门缆车及车站。

Q：除了建筑设计事务所外，还有哪些营造机构曾经在重庆活动？

A：这当然也很多，有资料显示：1925 年重庆只有 15 家营造厂，而 1939 年在政府登记的营造厂达到了 250 家，其中持甲级执照的就有 60 家。其中，最有名的迁渝营造厂当数“馥记”了。

1938 年春，重庆美丰银行门前出现了一块新挂的招牌：上海馥记营造厂重庆办事处。这个大楼本身是由基泰工程司（杨廷宝）设计、上海馥记营造厂修建的，大楼一共七层，钢筋混凝土框架结构，内外装修比较高级。

馥记承建过广州中山纪念堂、南京中山陵第三期工程（牌楼、拱门和碑亭）、上海国际

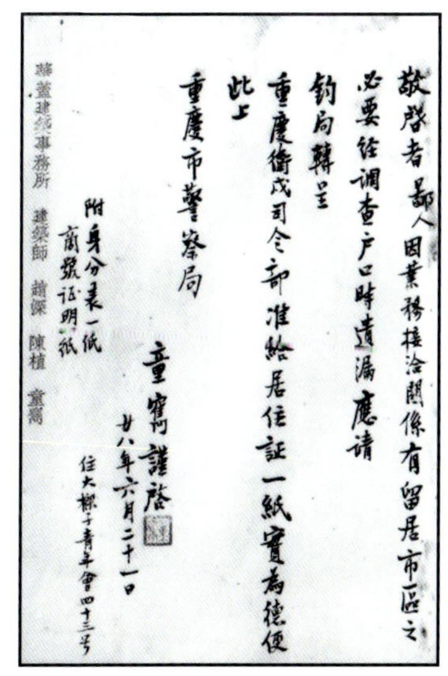

敬啟者 鄙人因業務接洽關係有留居市區之必要 經調查戶口時遺漏 應請
鈞局轉呈
重慶衛戍司令部准給居住証一紙 實為德便
此上
重慶市警察局
童寯謹啟 廿八年六月二十一日
附身分表一紙 商號証明一紙
住大樑子青年會四十三号

華蓋建築事務所 建築師 趙深 陳植 童寯

1939 年 6 月 21 日童寯为申请居住证给重庆市警察局的报告。 龙颢 供图

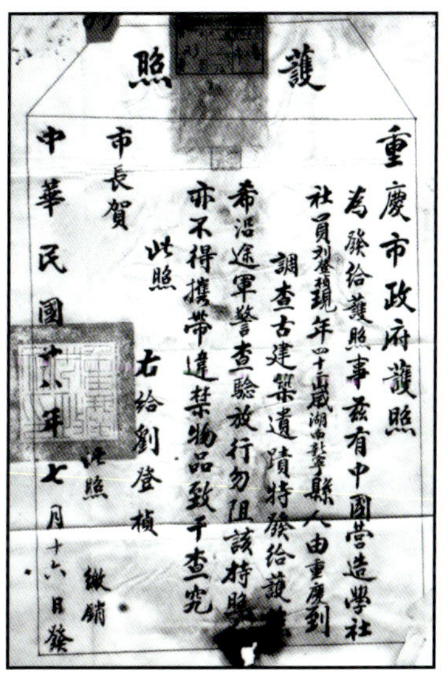

護照

重慶市政府護照
為發給護照事 茲有中國營造學社社員劉登楨現年四十三歲湖南新寧縣人 由重慶到 調查古建築遺蹟 特發給護照 希沿途軍警查驗放行勿阻 該持照人亦不得攜帶違禁物品致干查究
此照
右給劉登楨
市長賀
中華民國廿八年七月十六日發
此照繳銷

1939 年 7 月 16 日重庆市政府发给中国营造学社社员刘敦桢的古建筑调查护照。龙颢 供图

饭店等著名项目，但初来重庆时还是历经艰难，这从后来馥记老板陶桂林的自述中可以明显感受到："暂时接不到工程，然而每月一万二千元的职工工资是必须付的。总共带来五万元，几个月一过，所剩无几，银行不贷，只有靠变卖由潼关黄河大桥拆回来的一千多吨钢材来维持生计。"

甫一入渝，馥记承建了几个兵工厂工程。当时某些建材供应十分困难，陶桂林只能让馥记员工在陕西街开办了五金建材店，从香港进口一批建材供本公司使用，同时也为同行服务。他还在重庆郊区化龙桥买了 14 亩荒地，派人建造大小房屋一百多间，自办铁工厂加工铁件，还办了源盛木行经营木材生意。

除了前述"国民大会堂"等大型政府项目和军事项目（重庆市区大部分防空洞都是由馥记建造），馥记营造厂在重庆最著名的民用项目是"整体开发建设"的嘉陵新村。位于现在上清寺一带的嘉陵新村依山傍水，上通两路口，下临嘉陵江，紧靠成渝公路，位置很好。馥记营造厂在此开通了汽车公路，建造二十多幢 2—3 层小楼、带有防空洞的傍山住宅，分幢出售，其中 "圆庐"的业主是孙中山的儿子、行政院院长孙科。同时，馥记营造厂还在嘉陵新村建造了国际联欢社（后"嘉陵宾馆"）、时事新闻社、四联总行宿舍楼、觉园等，大量国民政府要人、银行家、盟军驻渝人员都曾住在这里。

馥记营造厂 1941 年曾专门出版了《馥记营造厂重庆分厂成立三周年纪念册》对重庆分厂参与的项目做了详细的介绍，可见其对在重庆完成项目的重视。

Q：当时的重庆市政府是否也让建筑师参与城市设计或管理？

A：那也是肯定的，毕竟这是需要专业知识的事情。

抗战时期，重庆颁布了一系列的建筑法规，包括国家法和地方法。其中，最重要的地方法是 1941 年颁布的《重庆市建筑规则》，涵盖了建筑、防空洞等建设的诸多细节。

时任重庆市工务局局长吴华甫在序言中坦言："重庆市过去对于营造管理尚无较完善的法规，以任市民自由兴建，徒重表面之粉饰，而忽视构造之谨严"，应"拟订《重庆市建筑规则》并广征在渝建筑界之意见" ——有档案显示，在《重庆市建筑规则》初稿出台后，重庆市工务局专门致函陆谦受、肖鼎华、黄家骅、李祖贤、基泰公司（关颂声、杨廷宝）（档案中，杨廷宝姓名后被划去）、顾授书、朱士圭、安记（戴志昂）、黄覆如、汪和玺等十人（公司），将初稿检送上述人等征求意见。关颂声非常重视吴华甫的来信，手写了 6 页信笺、绘图多幅，逐一对《重庆市建筑规则》提出了许多意见。

此外，为建设重庆这个"永久陪都"而成立的陪都建设计划委员会中，也有夏昌世等建筑师的任职，他们从事的就是技术管理工作。前面提到的梁思成"重庆文庙修葺计划"的"陪都建设计划委员会甲方建筑师"就是夏昌世。

Q：对于遗留在重庆的建筑大师作品的当代利用，您有什么建议？

A：首先这些建筑本身就是中国近现代建筑史的鲜活教材，让这些大师遗留下来的作品发挥建筑教育的功能是最容易做到的。在这方面，重庆本身有特别好的条件，因为抗战前后大量国内一流的建筑营造、设计机构都在重庆留下了很多优秀的作品。虽然由于整个社会

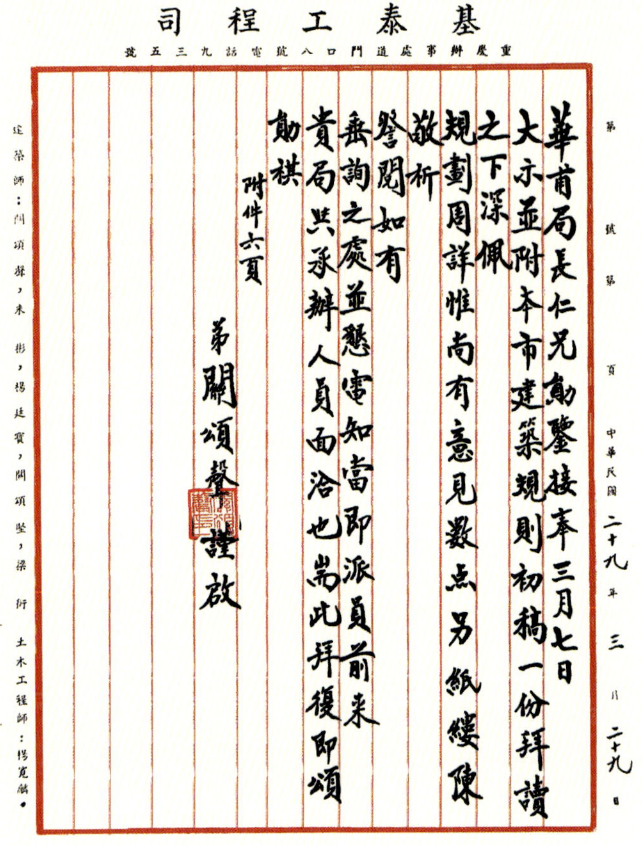

基泰工程司

重慶辦事處道門口八號電話九三五號

第　號第　頁　中華民國二十九年三月二十九日

華甫局長仁兄勛鑒接奉三月七日
大示並附本市建築規則初稿一份拜讀
之下深佩
規劃周詳惟尚有意見數点另紙縷陳
敬祈
詧閱如有
垂詢之處並懇電知當即派員前来
貴局與承辦人員面洽也耑此拜復即頌
勛祺
附件六頁
弟關頌聲謹啟

建築師：關頌聲，朱彬，楊廷寶，關頌堅，梁衍　土木工程師：楊寬麟。

基泰公司关颂声对《重庆建筑规则》提出建议的回信。
张真飞 供图

的保护意识薄弱在过去二十多年的大建设中有些损失，但所幸仍然有不少历史遗珠。这些作品不仅仅有建筑专业属性，到今天也具有了很强的历史属性，承载了太多的人文价值。通过这些建筑实物，让更多的后辈建筑专业学生以及普通老百姓去了解并实地感受我国建筑的发展历程、感受建筑的魅力。

建筑教育本身应该是多元且面向全社会的。西方很多报纸上有专业的建筑评论板块用专业与通俗相结合的语言介绍建筑学、建筑界的问题，而我们的建筑教育目前还更多地停留在专业的范畴，面向社会似乎就只有“美丑建筑”之说了。近些年来兴起的建筑口述历史也是建筑教育的一种突破，但是如果能够把这些大师的作品当成教材，甚至是现场课堂，对我们全社会对建筑本体、对建筑设计这个职业的合理认知也将是大有裨益的。

其次，建筑物只有在使用中方能得到“永生”，“一动不动的保护”不应该是终极目的。如何让这些承载了技术、历史与人文信息的近代优秀建筑物在使用中活化，也应该是未来相关管理、技术、研究和运营机构应该共同形成合力的方向，特别是在国家已经在提倡“存量更新”的城市建设新理念的背景之下。

重庆中国滑翔总会跳伞塔

跳伞塔全景。重庆红岩联线文化发展管理中心 供图

抗日战争时期，国民政府为培养空军，促进航空建设，发展国民体育，令重庆原中国滑翔总会修建跳伞塔。跳伞塔 1941 年 10 月开建，1942 年 3 月完工，4 月 4 日正式投入使用，是中国乃至亚洲第一座跳伞塔。

跳伞塔高 40 米，实际跳距 28 米，塔身为钢筋混凝土结构，内部粉刷白色，以增强光反射，外部不加粉饰，利用钢筋混凝土本色作为防空保护色，塔顶设有避雷针、夜航等安全装置，并装设挂伞铁臂三只，臂下挂有张伞环，借助滑车、平衡锤等机械装置，可供 3 人同时开展跳伞训练。

从跳伞塔上俯视训练跳伞的人。
重庆三代一生文化传媒 供图

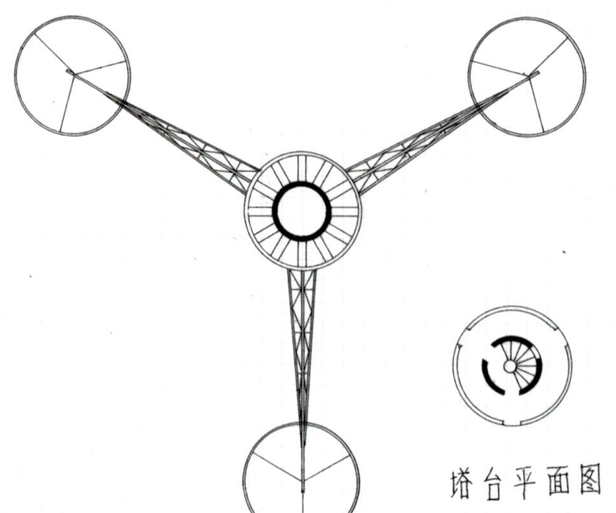

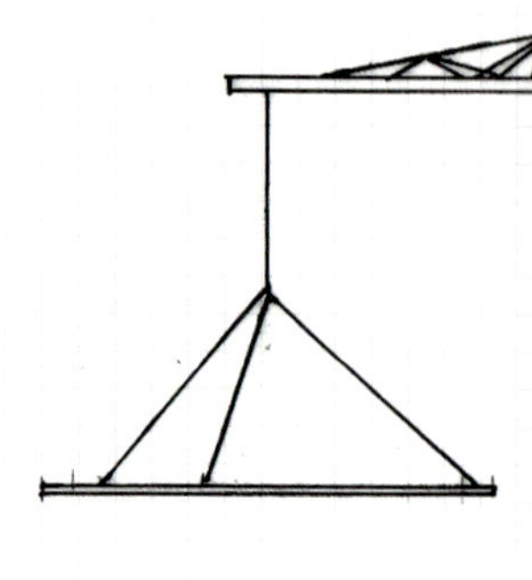

跳伞塔塔台平面图
东南大学 供图

跳伞证。
重庆三代一生文化传媒 供图

跳伞塔现状。
黄祖伟 摄

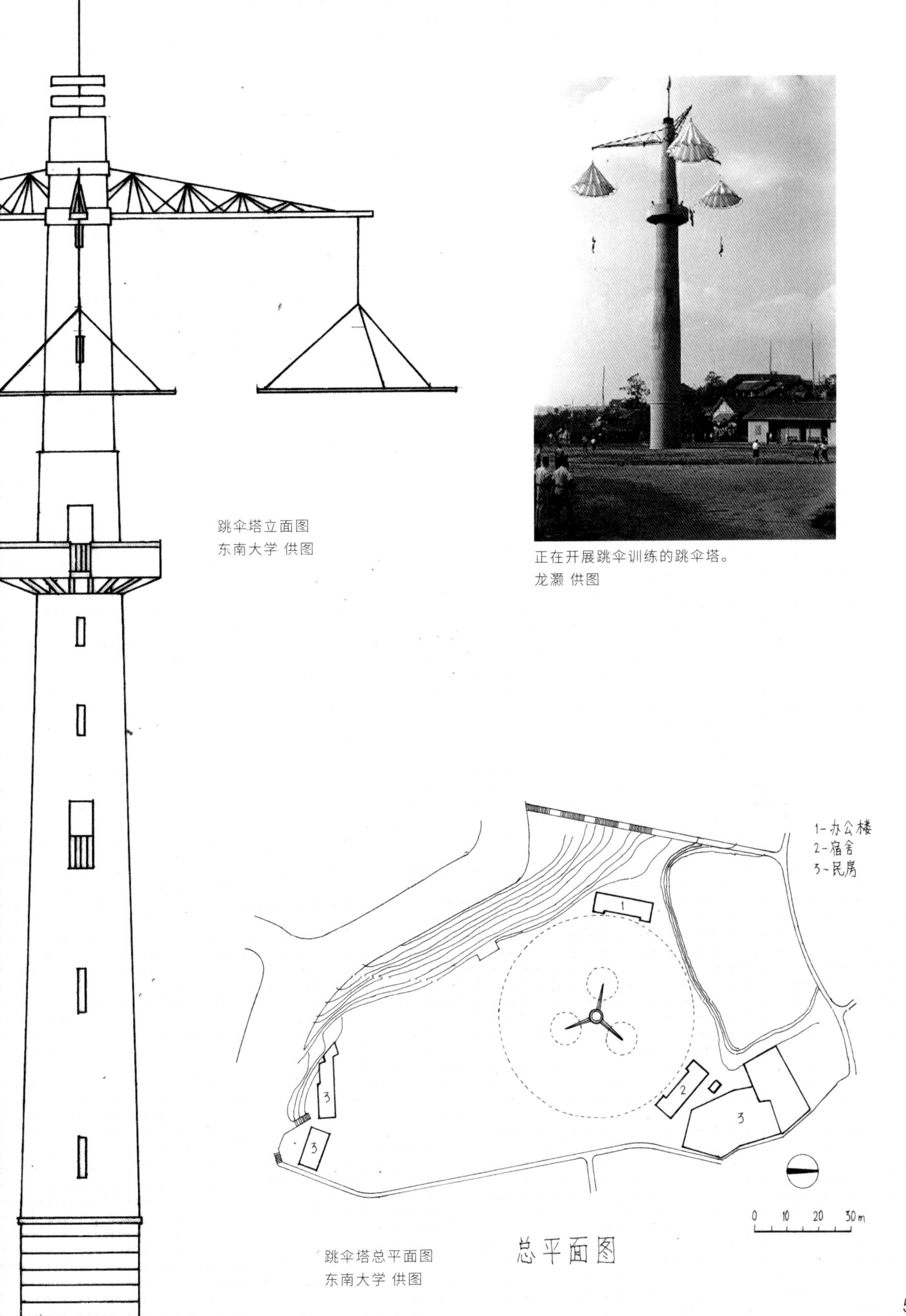

跳伞塔立面图
东南大学 供图

正在开展跳伞训练的跳伞塔。
龙灏 供图

跳伞塔总平面图
东南大学 供图

随着跳伞塔的新生，它别致的外形和构造成为摄影师们热衷打卡的新景点。

（上）黄祖伟 摄

（下）图虫创意 供图

跳伞塔内部旋转楼梯
黄祖伟 摄

重庆青年会电影院

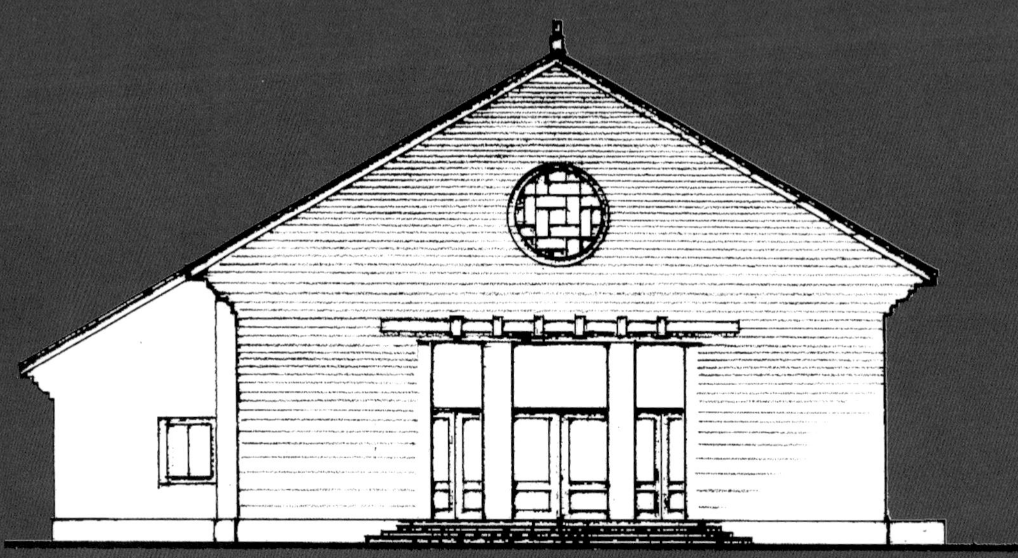

重庆青年会电影院西立面图。 东南大学 供图

青年会电影院于抗战时期建于重庆青年会内，建筑面积约 640 平方米。现已拆除。

平面呈矩形，长 36 米，九开间，跨度 15 米。观众厅面积约 420 平方米，两侧外墙设九处疏散门及高窗。地面前后起坡。放映用房设于观众厅后部夹层。因此，该电影院符合观看、放映功能及疏散、通风技术条件。电影院采用砖柱、夯土墙、双竹笆墙、砖砌空斗墙相结合的材料运用与施工方法，而观众厅中则采用两列木柱支撑木屋架，构造简单，施工简便。

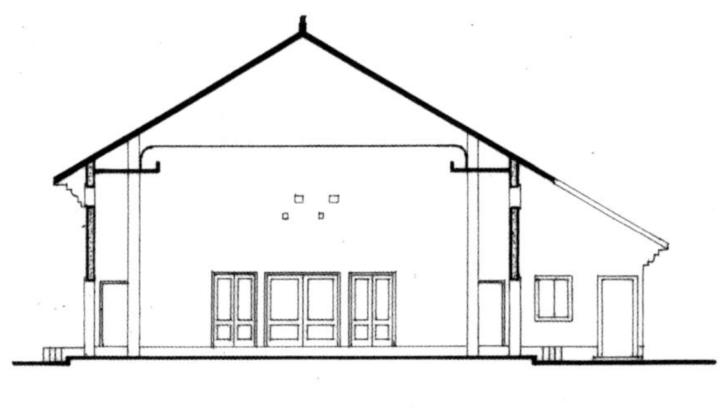

剖面图

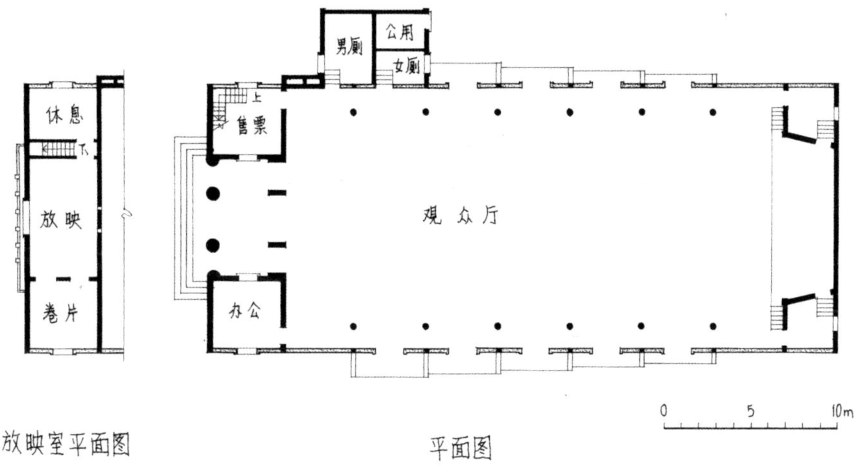

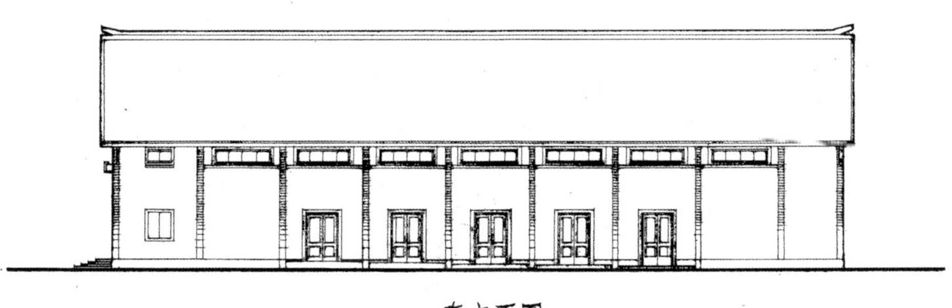

南立面图

重庆青年会电影院剖面图、放映室平面图、南立面图。
东南大学 供图

圆庐

圆庐俯视照。黄祖伟 摄

圆庐因其主体建筑为圆形而得名。此建筑为砖木结构，地上二层，充分运用几何形式与地形贴合，依山而筑，平面依等高线布置。设计上将等高线与圆心放射状结合，整个建筑平面由内外两个同心圆组成，内圆直径 7 米，为起居室，外圆直径 17 米，四周分隔为扇形内室，分别作为卧室、书房、会客室、卫生间、传达室等，均围绕中心起居室布置。

其中，建筑顶部设一排气窗，自然光线穿透顶层小楼直射底楼，形成特殊的光影效果，有利于除湿通风，底层天花板均匀设置 6 个通风口，经由上层管道拔风换气，保持室内空气清新。

主体立面采取三段式布局，简洁和谐，底楼圆厅住宅延伸出匕形柄辅助用房，建筑为坡屋顶，自然融于山地环境之中，是重庆民国期间嘉陵新村的代表性建筑。

圆庐修复者 李明

Restorer of the Yuanlu

MING LI

杨廷宝先生参照了民国时期的建筑风格，但又别具创意，圆形布局、青瓦粉墙、灵动自然。

1971 年出生，重庆交通大学建筑工程管理专业毕业，工程师。曾在渝中区房管局任职多年。2016 年至 2020 年任重庆康翔集团第一房地产经营公司监事。参与化龙桥、十八梯片区、戴家巷片区等拆迁、修复改造项目。

圆庐修复者 吴琛

Restorer of the Yuanlu

CHEN WU

圆庐以较低的标准材料求得较高的建筑效果，极大地丰富了当地的建筑形式与结构。

1987 年出生甘肃张掖，毕业于重庆师范大学历史与文博学院。现任重庆正朗古建筑维护有限公司总经理，工程师、文物保护工程责任设计师。一直从事文物保护工程修缮设计工作，参与、主持文物保护设计工程超过 100 项。

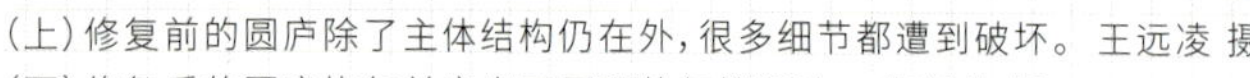

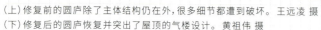

（上）修复前的圆庐除了主体结构仍在外，很多细节都遭到破坏。王远凌 摄

（下）修复后的圆庐恢复并突出了屋顶的气楼设计。黄祖伟 摄

孙科朋友傅秉常在圆庐前留影。英国布里斯托大学亚洲影像研究中心 供图

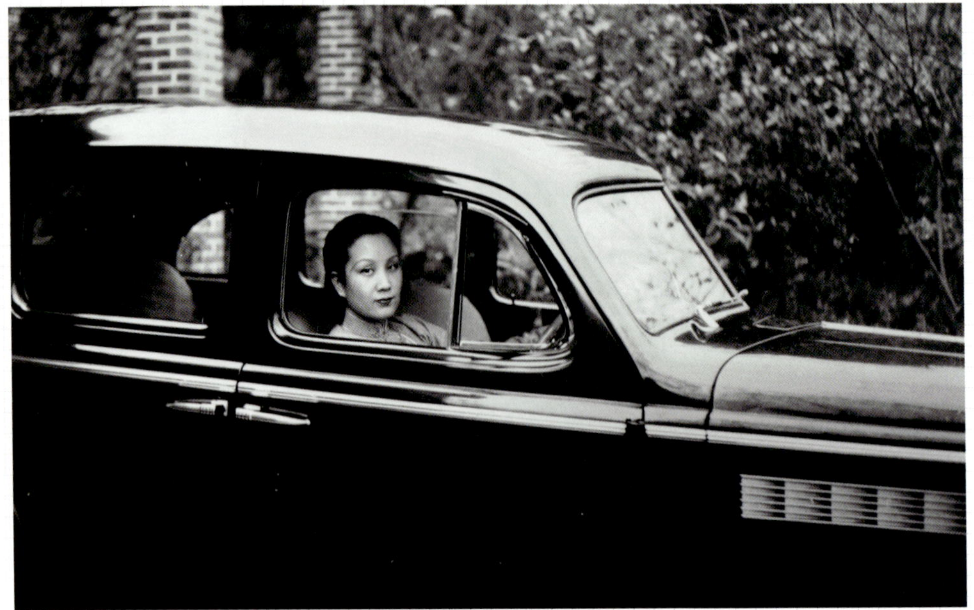

蓝业珍（蓝妮）在重庆上清寺春森路。英国布里斯托大学亚洲影像研究中心 供图

Q：您参与了圆庐修缮的工作，能谈谈修缮的前期工作吗？

A：吴琛

我们修缮工作一般分两个部分进行。首先主要是数据和历史资料的搜集，这个部分主要包括对历史文献、历史照片以及对周围群众的采访。其次是对现场的一个勘测，主要是根据现有建筑的情况、建筑的结构、建筑的材料，包括它的残损情况进行梳理和了解。

我们在走访调研时，从周边群众处得知了一些关于圆庐的趣闻，例如孙科和蓝妮的故事。但历史资料上面我们是没有发现有这种描写的，所以我们不太确定，也许在那个抗战时期会有这么一段让人觉得很欣慰的爱情故事吧。

Q：您能否从建筑角度详细地介绍一下圆庐呢？

A：吴琛

圆庐位于山腰，临嘉陵江而建，设计师因地制宜，巧妙地利用山地地形地势修建建筑，并利用建筑空间将一层隐藏于地面以下，不仅将建筑空间最大化，而且保证了整座建筑体量的合理性，体现了设计师高超的建筑设计和规划水平。

圆庐从建筑结构来说，它属于一个砖石木结构，我们从勘察过程中了解到，他利用山地的地形做了错层处理。我们的负一层，它基本上采用的是条石砌筑。而二层采用的是青砖砌筑。从建筑形制来说，它属于一个同心圆，建筑总面积是 564 ㎡，占地面积是 275 ㎡，建筑通高有 10.8 米，算是一个小型建筑。

在当时国家经济条件极度困难的情况下，以较低的标准材料求得较高的建筑效果，极大地丰富了当地的建筑形式与结构，是重庆近代建筑技术史发展的重要见证，也体现了建筑设计师求实精神与建筑创作相辅相成、融合而一。

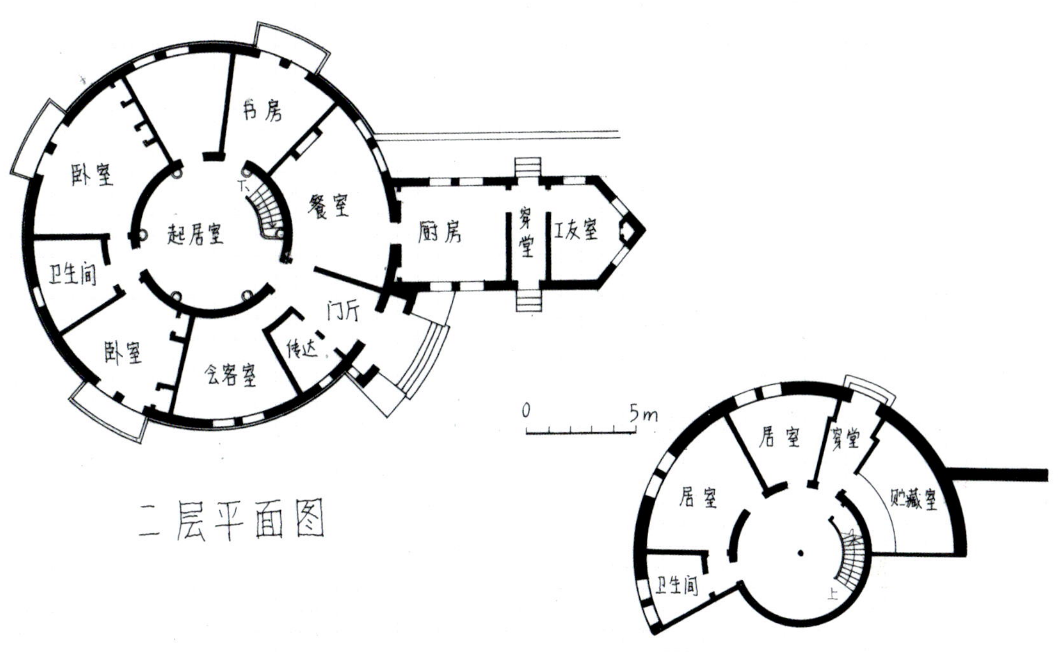

圆庐楼层平面图。东南大学 供图

修复后的圆庐藏在众多居民楼中。黄祖伟 摄

修缮前的圆庐旧貌，内部结构已遭严重破坏。 重庆康翔实业集团有限公司 供图

Q：请问从哪些细节上能够体现出设计师的用心？

A：李明

我觉得从建筑功能来讲，这个建筑功能比较齐全。其实这个建筑的规模并不大，但在有限的空间内，建筑师通过空间的分配做了一个非常合理的布局。像入口处的工人房，它主要是作为一个厨房和用人的一个使用空间。建筑除同心圆作为公共空间外，其余的都作为卧室或者书房，或者是接待室这块来处理。在大门入口的位置处，还设了一个门卫室，也就是为体现主人的一个身份地位。而在每个卧室当中，都有一个眺台，在那个年代其实圆庐是典型的江景房，居住的人起床之后或者是平时闲暇时间可以通过眺台远眺，可以提高建筑的舒适度。另外在一些重要的卧室里，杨老先生用传统的方法做了很多壁柜，也是和我们现在的建筑装饰有异曲同工之处。

修复后的圆庐一侧。黄祖伟 摄

再说到圆庐的旋转楼梯，那个年代的建筑受西方近现代建筑风格的影响。西式建筑多采用旋转楼梯，开放式楼梯，而我们中国的传统建筑多为直走式楼梯，形状简单。圆庐的整体风格实际上是一种中西合璧式建筑，所以内部采用了旋转楼梯。

当时西学东渐，我们建筑类其实也是迎来了一个建筑的发展时期，最主要的是中西合璧式建筑大量诞生，包括在重庆作为陪都时，迎来了建筑的黄金发展期。大量的设计师都到重庆来，参与到建设中。在这个过程中产生了大量的优秀建筑作品，包括圆庐。在我们建筑史上有一个说法叫做北梁南杨，就是梁思成和杨廷宝，这两位建筑师是我们中国建筑界的巨匠。总的来说，杨廷宝先生参照了民国时期的建筑风格，但又别具创意，打破民国建筑青砖灰瓦的风格，圆形布局、青瓦粉墙、灵动自然。建筑的采光功能则由二楼的高窗解决。对于重庆这样一座阴湿多雨的城市，杨廷宝先生通过对这些细节的改动，恰恰使建筑在功能性与美学性上有了最佳结合。

Q：当您接手圆庐这座建筑的时候，它是一个什么样的情况呢？

A：李明

圆庐建于1939年，由基泰工程司主持修建。解放后，圆庐收归国有，成为重庆印刷厂的职工宿舍，建筑功能及布局未发生变化。20世纪90年代，由于入住的人增多，建筑木结构部分由于年久失修，残损较为严重，由重庆印刷厂出资对圆庐进行改造。原室内木楼梯及

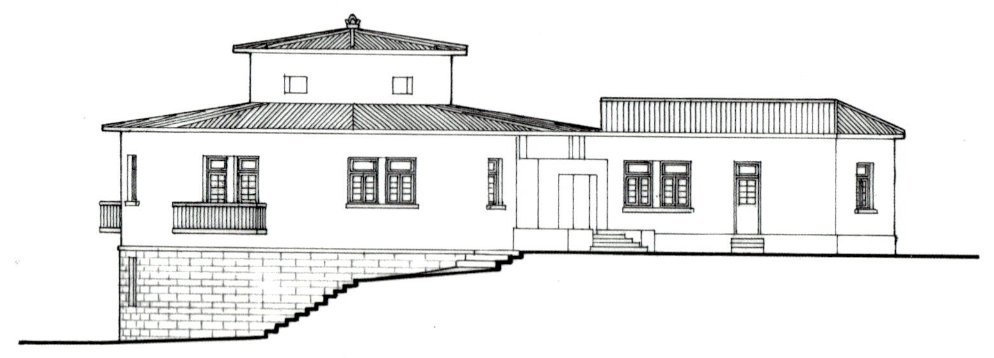

圆庐南立面图。东南大学 供图

外阳台被拆除，一层与二层连接通道被阻断，原楼盖木结构部分被改为混凝土结构，建筑二层内圆心空间被改为公共厨房，建筑局部室内空间功能被改造。由于屋面长期渗漏导致木结构长期受雨水侵蚀、糟朽，于是 90 年代便将原木结构部分全部改为现浇混凝土屋面板。所以我们刚开始接触时，是比较失望的，因为建筑破损得很严重。

Q：能谈谈你们的修复设计理念吗？

A：李明

我们按照文物保护法进行了设计，第一个是不改变文物原状的一个原则，坚持在文物原真性的基础上尽量地使用原材料。第二个是保护建筑形制的完整性和它的真实性。第三个是在修缮当中我们尽可能地减少对建筑的干预，这种最低限度的干预原则，采用的措施主要是以延缓残损现状的发展，保持建筑的历史传承。

Q：我们现在看到圆庐已经基本上修复完善，它哪些部分是按照文物修复的原则新建的，哪些部分是保留它原本的那个样子呢？

A：吴琛

我们在修复当中也是不断探索、不断研究。在这个修复过程当中，我们文物修缮其实是有这个特殊性的，就是在我们做方案阶段其实很多东西可能是我们未知的，有待我们在修缮当中去验证的，包括有些墙体我们现在看着它是完整的，但是剔除抹灰之后，我们才发现其

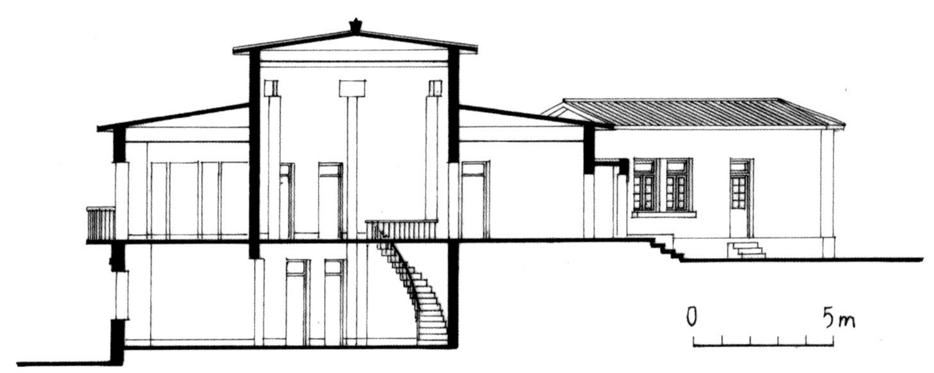

圆庐剖面图。东南大学 供图

实并不是特别完整，包括墙体也出现了一些倾斜、破损、裂缝。

1968 年对这栋建筑进行了大修之后，对很多墙体包括它的结构做了比较大改变和调整，所立的隔墙在房间的结构中和最初设计完全不一样，屋顶也变为了现浇平顶的。于是我们通过查找杨廷宝先生的图纸以及建筑外立面的规制来进行修缮，这样一来现在的建筑功能布局是有据可依的。

第一个根据建筑平面图，对整座建筑做出分析和处理，首先判定哪些建筑结构是原有的，哪些是新的。于是我们对建筑的部分墙体和布局做出调整，二是根据建筑现有的门窗位置，再对应原有的平面图，通过对比和研究来确定整个建筑的布局和外立面。

对圆庐最大的更改主要是发生在木结构方面，我刚刚提到了这栋建筑，原本建筑结构是砖石木结构。而在我们调查当中发现它的木结构保存状况特别差，除了装饰性的门窗之外的木结构部分荡然无存。1986 年房管所将二楼的地面改为现浇板结构。而木结构和现浇板的舒适度其实是完全不一样的，包括它的时代体现性也是完全不一样的。我们现在看到的蒋介石公馆，林森公馆，包括大量的建筑其实都是采用木结构来完成的。为了符合时代特征，我们根据一些木结构的设计规范，包括结合类似建筑的一个结构的形制，对圆庐进行了一个合理的设计。比如卧室的眺台，我们沿用了原始的木结构眺台设计，在木材料上使用了水磨石地面，并用新的工艺处理防水与承重的问题。这样可达到外观与性质原真性的保障，同时解决了安全问题。

在印刷厂职工居民使用期间，通风孔成为了居民的烟道。于是我们参考了很多建筑的通

圆庐的气楼设计特别而精致。黄祖伟 摄

风孔的形式来进行复原，我们采用的材料是板条抹灰，这种材料有几个优点，一是它制作成本比较低，二是施工的难度比较小，三是它的荷载比较轻，正好对我们木地板的荷载不会产生较大的影响，保证了我们建筑楼面的一个安全性。而且在这个通风孔的设计当中，我们当时考虑过采用一个比较先进的材料，叫做导光管技术。这个技术现在大量运用于地下车库采光环境比较差的环境，所以我们根据现有的建筑形制也考虑到负一层的采光并不好，所以我们觉得可以采用导光管技术来进行一个创新。但是因为经济上的原因，这个想法没有实现。

最后说到楼面荷载，这是关乎后期使用安全的重要问题。于是在修缮过程当中屋顶这一块儿，在原有的木屋架上增加了一个托盘、两个槽钢，也是为后期的使用安全作了考虑。

Q：在修缮圆庐的历程当中，您对这座建筑有着怎样的感受？您认为修缮圆庐从建筑工程的角度又有着什么样的意义与思考呢？

A：吴琛

因为这种建筑被改建得特别严重，所以我们需要站在与大师同步的一个角度上面去判断哪些东西是合理的，哪些会这样考虑，为什么会这样处理，我们现在应该怎么样处理才能达到大师的高度。这块一是文字资料，二是要充分地结合现场的实际情况来进行慎重的处理。

总的来说最大的感触，我觉得还是拥有“敬畏心”。从对它的一个调查、对它的复原和它后期在施工过程中一些细节的处理，其实我们都是非常谨慎的。因为我们不想在我们手中对大师的作品有任何的玷污或者是破坏，而是在有充分的历史资料的印证之下去小心地复原它。而修复圆庐的工作就像隔着时空，隔着这个空间在和大师进行一个对话。

南京行手札

时间回到2020年12月，在梳理重庆民国建筑的时候，我们发现了杨廷宝大师居然在重庆留下了不少作品，这是值得浓墨重彩的一笔，于是我们开始各方收集资料，希望还原出杨廷宝先生在重庆的生活和工作经历，并给这些无声的建筑赋予新的色彩。

基于第一本书的经验，渝中区政协和我们开始多方联络杨廷宝先生的后人以及他的学生们，可碍于疫情的缘故，这一工作推动极其缓慢。2021年4月一天，东南大学规划学院副院长董卫先生前来重庆参加一个论坛，机缘巧合得以认识。随后，渝中区政协副主席戴伶约上董院长一行举行了简短的交流，我开始问及和杨廷宝先生相关的资料，并希望他能够给予帮助，恰好董卫先生熟知的几位教授也有类似的研究，于是欣然答应了我们的请求。

半个月不到的时间，我们就与东南大学建筑学院建立了联系，在拜读完几本与杨廷宝教授的相关书籍后，我在重庆档案馆里查到了一些和杨廷宝、基泰工程司相关的文献，寥寥几页却也包含时代信息，我们寄了几本《重庆母城建筑口述历史》（第一辑）后，渝中区政协副主席戴伶、渝中区政协文史委主任孙俊和我一起，开始了陌生的拜访之旅，好事从来多磨，我们的航班从下午两点延迟到晚上九点，到酒店已经凌晨，其间只能一次次婉拒董卫教授的面晤。

第二天早晨，阳光穿过梧桐树，晒在东南大学民国时期的建筑上，让我们仿佛在翻开历史的某个章节，来到建筑学院的纪念馆，略作参观之后，迎接我们的是黎志涛、单踊、汪晓茜、周琦等多位教授，黎志涛先生已经80岁高龄，花了9年时间，正在统筹即将出版的《杨廷宝全集》，他为我们讲述了杨廷宝先生在重庆的各个作品，并介绍了杨老在重庆时的一些生活趣事，单踊、汪晓

黎志涛教授手写的口述内容修改稿

茜教授正在积极筹备杨廷宝先生诞辰120周年的纪念活动，他们站在研究的角度，给了我们一些口述历史的方向；我们事后得知，周琦先生才是实践派，杨老在南京的很多建筑都是由他主导设计修复的，并主动约稿采访。

一上午的时间太短，我们接纳了太多和重庆西迁、基泰工程司、杨廷宝大师的相关信息，南京和重庆从来没有这么亲近过。其间，单踊教授再次给我们提供了一个重要信息，说同为“民国建筑四大家”（梁思成、杨廷宝、刘敦桢、童寯）童寯的孙子童明教授手上还有不少信息，童和杨一直是好朋友，两位大家在西迁重庆之前的交际很多，到重庆后，因为同为北方人，依旧来往密切，并透露童明教授正在由同济大学转入东南大学，明天也将来南京，这无疑又是一个重要线索。

时下，疫情的影响也没有散去，我们出差管控很严，为了获得更多的好材料，不得不向组织（渝中区政协）再次申请延长出差时间，就是为了见童明教授一面，并渴望了解更多和杨廷宝大师、童寯大师的宝贵信息。童明教授如期而至，温文尔雅地诉说，并给我们看了一些童寯和杨廷宝先生互拍的照片，是时国破山河在，两位先生四处奔波劳作，他们在位于重庆南岸老君洞留下的影像，脸上微微带有笑意，难能可贵。

回到重庆，我赶紧组稿，中途不断麻烦汪晓茜教授提供资料和文献。成稿之后，迅速给黎志涛、单踊、汪晓茜、童明、董卫诸位审阅，单教授、董教授两位治学严谨，自以为对杨老师所知甚少，所有采访内容皆以其他几位教授为准。童明在上海、南京两地奔波，稍有空隙，就帮我们修改稿件，并附上童寯老先生在重庆期间作品的手绘图和重庆街巷的水彩画，通远门人来人往、龙门浩堤坎曲折，大大丰富了我们的采访内容。

黎志涛教授其间正在完善《杨廷宝全集》的最后出版工作，在辛辛苦苦改完我们的稿件后，电脑发生小问题，无法开机，于是他们用建筑师独有的铅笔，写下了密密麻麻的四页纸，对我们的采访内容进行了细节更正。南京疫情突然加重，对于想二次采访的我们，只能退而止步，黎志涛教授所住区域管控很严，因为要去学校办事，才得以将手稿寄给我们。拿到手稿的一瞬间，我们都沉默了，并拍照给了我们同仁，大家大为鼓舞，老先生如此认真，我们年轻人还有什么理由不努力呢！

因为采访资料的丰富，我们对成书章节进行了修改，针对以杨廷宝为首的大师建筑单独成为一个章节，以“散落山城的大师遗珍”为题，贯穿一代先贤的作品，书写民国建筑群体的重庆往事。在与东南大学教授们的沟通中，得知重庆大学建筑系主任龙灏先生对这段历史也研究颇深，我们也对他进行补充采访，系统梳理民国建筑界实业家、设计师等与重庆的渊源，龙先生涉猎颇丰，还为我们提供民国期间大公报报道“陪都跳伞塔”的珍贵材料。

除了杨廷宝、童寯大师在重庆期间留下作品以外，梁思成、刘敦桢、陈植等诸位大师都与重庆有过交集，或在中央大学传道授业，或在营造学社深耕调研，或在设计事务所亲绘图纸，且都有子嗣或学生在延续专业。

纸短情深，山长水阔，如此的重庆缘分，只能另用笔墨，再续之。

张真飞

2021年8月8日

黄祖伟 摄

重庆是典型的山地城市，地处内陆腹地，地势崎岖不平，建筑材料以竹木居多，所以传统民居吊脚楼中最常见的就是这种建材，形式上，除了传统衙署类建筑以外，依江崖而建的吊脚楼最有特色。

开埠之后西方建筑样式和结构形式更多地传入重庆，打破了教堂建筑与民居建筑迥异的分明界限，银行、学校、商人公馆、官员公馆等砖木、钢混建筑开始逐渐增多。抗战时期国民政府西迁，随着办公机构入渝，大批工厂、企业、学校随之而来，城市建设进入前所未有的蓬勃时期，建筑形式也开始逐渐多样化。民国时期，除了本地贤达商贾积极投身营造以外，大量名人寓居重庆，各种设计在此崭露手脚，大量名人公馆分布于山城

一代名居竞风流

民国名人公馆

CELEBRITY RESIDENCE OF THE REPUBLIC OF CHINA

建筑时间：1912 年至 1949 年

建筑类型：居住建筑

建筑设计师：不详

各处，或隐于山野，或依山望水，成为了重庆建筑的一道风景线。

作为建筑潮流的引导者，名人公馆代表了当时一流的建筑水平，而该时期的名人公馆、别墅，处在由古代建筑艺术向现代建筑艺术过渡的时期，往往具有中西合璧的影子，创造了民国时期特有的建筑艺术风格。

如今，我们以重庆母城遗留的部分名人公馆为窗口，发现它们除了建筑自身的艺术价值以外，这些公馆还是民国历史的见证者，在这些公馆、别墅里发生了很多影响中国历史进程的重大事件，有着无法替代的物质价值，探索这些公馆未来的活化利用方向，也是当下最有现实意义的话题。

肖能铸

文史专家

Specialist in Literature and History

NENGZHU XIAO

老重庆城一度万国建筑群林立，英、法、德、美、日，各种建筑风格，应有尽有，如果今天全部都留下来的话，想必这里就是一个无界线的博物馆。

重庆文史专家，老重庆典范。作为顾问，参与了畅销书《失踪的上清寺》和纪录片《城门几丈高》的文史工作。

Q：作为老重庆的代表，你小时候和年轻时住在怎样的房屋里面？

A：我是1947年出生的，50年代初，我已经基本懂事了，我印象中我出生的第一个院子比较大，后面根据文管所的资料我才知道我们的院子占地1400平方米，是个两进制的院子。

我印象中，我小时候的院子有三层石门，第一层石门很古老，上面写着四个字“巴山小尹”，这四个字的解释是，这个房子的主人原本是重庆地方的一个小官。根据我们家族的祖辈所说，在上世纪20年代，我外公到重庆来时买的这个院子，到了三四十年代，我的外公对里面进行了改造。原本这是一个很纯粹的中式院子，有两个天井，旁边有一个侧门和一个很高的露台，那个时候周围都没有高的建筑，在这个露台上可以看长江南岸的风景。我是50年代初期才搬走的，这个院子后来变成了江北煤矿的招待所。

Q：你小时候在重庆城里到处跑，你对城内的这些建筑有哪些印象？

A：我小时候，重庆尤其渝中区已经有不少西洋建筑。如今算来，开埠倒回去都有一百多年了，听老人们讲不仅仅是开埠，其实很早以前就有外国人来到重庆，最早的外国人主要是传教士，因为要修建教堂，所以建筑风格都是各式各样的，当时有法国的，有英国的，甚至还有俄国的，当时的教堂建筑是最早比较洋气的建筑了。

当时俄罗斯的建筑，已经有铁皮房顶，西式开始流行机制瓦，在当时的重庆，这些都没有，最早的洋房都是中西结合，建筑设计外观是跟国外当地的风格一样，但是房顶改用了我们中国传统的小青瓦。

开埠时期，重庆城内已出现大量西式建筑。图片来源 美国卫理会历史相册

开埠时期，洋行建筑聚集在两江岸边，与沿线民居形成鲜明对比。重庆三代一生文化传媒 供图

随着开埠，清末重庆有很多有钱人，把自己的子女送到国外去留学，留学回来以后，这些人为了表示我出国留学过，就用修房子这种方法隐晦地表达。比如张是英国留学的，张家的新房子就带着英伦风格；李家是从德国回来的，可能他们的房子又不同；法国回来的，他的建筑风格也不一样，当时老百姓叫这些建筑为“洋房子”。

我小时候在渝中区白象街都能够看得见很多原来修的房子，有的现在都还尚在，但是有的已经消失了，比如说像日本日清轮船公司修的房子，我去看的时候那个房子还在，建筑很典型，他们的外立面就地取材，用很小的鹅卵石镶嵌了整个墙面，现在已经看不到了。

当时的商行、洋行、轮船公司大多数都集中在下半城，建筑风格都不一样，当时的下半城，尤其白象街一带就相当于一个建筑博物馆。

Q：重庆大概在什么时候，开始出现公馆的呢？

A：上世纪初，重庆城内一些公司生意慢慢壮大，很多有钱人开始修建自己的住家，设计风格、建筑体量都较过去发生较大变化，就是我们后来称的公馆。

我概念中的公馆都是比较有私密性的，比如我们老院子前面有一个照壁，说是风水需要，或是避免穿堂风，实际上这个的作用就是保证这个院子的私密性。

公馆的造价都很高，以前的人均占地面积比较少，特别是在渝中区，自古以来都是寸土寸金，即使是你有土地，但由于重庆没有太多平地，所以建筑造价会比较贵。修建公馆时，要把地面修平，一般都是用石头修建堡坎，重庆本身是山城，那个时候的建筑机械很少，不可能像开山放炮用这些大型的挖土机，全是人工，所以这种公馆的成本就很高。

民国时期，重庆便兴起了“别墅”这一概念。与今天不同，当时的别墅更多是以休闲功能为主的第二居所。
重庆三代一生文化传媒 供图

实际上，城墙范围内的老城区，并没有太多公馆，因为当时市区是以商业活动为主，在市中心，除了清代过去遗留下来的老院子改造成公馆以外，真正新修的公馆不多，到后来许多有钱人就向周边发展，通远门城墙外开始慢慢出现了一些小型的公馆区。比如说一号桥周围，它的老地名最早叫天灯山，原来是个荒山，营造商盯上这块地，就在这里修了几十上百栋房子，一直延续到双溪沟，里面住的人也是五花八门，有政府官员，也有些有钱人，甚至还有一些科技人士、医生。还有一些少数民族，直到上世纪 90 年代，里面还居住着一位前满族的格格。

Q：在你的印象中，渝中半岛范围内的公馆，还集中在哪些区域？

A：除了城周边的公馆，当时重庆的公馆还集中于上清寺、曾家岩一带。当时的上清寺，除了特园以外，还有怡园，又分大荫园和小荫园，其实当时也慢慢出现了别墅。

我说的别墅，并不是我们今天说的别墅，别墅强调这个“别”字，它有个重要的特点，除了住人以外，还做了另外的休闲或避暑功能，甚至很多别墅主人是为了可以找个清静的地方做研究，把它作为第二居所，休闲的功能会大一点。从我们现在的市区算的话，比如曾家岩以外，牛角沱、李子坝，以及李子坝往上的三层马路一直延续到两路口跳伞塔一带，隐藏了当年不少的别墅，冠的名字都是国际村、重庆村、聚兴村，这些别墅，都是单家独户，最高不超过三层。这些老房子都是我亲眼所见，加上以前我父亲、母亲他们的同事和同学，在 50 年代、60 年代都居住在这些老房子里面。

Q：除了重庆城内，当时还有哪些区域，有公馆或别墅一类建筑？

A：从上世纪 30 年代开始，重庆居住方式开始发生了比较大的变化，有些人在当时的重庆城做生意，但是却住在南岸，一到休息日，就接朋友到别墅区去玩。现在的植物园一带，到现在，还可以看得到很多的好房子，只需要小的维修，就还是可以用。在现在南山的南山卫生院，有一个叫庞怀陵的人居住过的房子，他原是四川省银行的行长，这房子有一半墙全是石头修建的；植物园里面，杜月笙也曾修建过房子，还有铁路疗养院里面，有孔二小姐的别墅和当时国民政府检查委员会于右任主席的别墅。

这些房子从设计到外观，再到它的实用性都非常好，当时北碚区的别墅也比较多，现在缙云山上的很多疗养院，用的就是以前的别墅，其中有一个很有名的将领叫孙立人，他的别墅叫做花房子，到现在一点都没动。

实际上到了抗战期间，再有权有势的人到重庆后，城内已经没有土地新修建筑了，就只有往远的地方去修建，最远的到以前的老巴县去。像冯玉祥他们的房子已经离城区几十公里，歌乐山的几百栋房子已经算很近了，当时韩国的临时政府的总统金九的公馆也在歌乐山。

歌乐山上有个叫游龙山的地方，在上世纪 20 年代修建成渝公路的时候打了一个洞，后来改名为山洞，以前的这个地方就是一个比较典型的别墅群，别墅群内部大致还有一个区分，军政界、银行界、金融界，抗战期间，这里都有一条专门的旅游线路。

Q：小时候，你应该去过很多公馆，你对这些建筑的内部，有哪些记忆？

A：我小时候去同学家玩，或跟着父母去串门儿的时候，也会看到一些房子，有的房子非常漂亮，对楼梯上面的栏杆光泽记忆最深刻，后来才知道这是我们中国的传统工艺生漆，就在木料上面铺上一层绸子，刷一层漆用瓦灰抛光，反复这样操作，做出来的栏杆又亮又光滑，一个栏杆都会做得如此精致，其他的更不用说了。

宋子文公馆内，工艺精致、线条流畅的楼梯。
王远凌 摄

位于上清寺中山四路的张骧公馆，幽静而别致。马为 摄

我看到很多公馆里面的楼梯，每个楼梯上面都有一块铜板镶嵌在楼梯的边缘，那时不知道为什么会这么做，后来才知道是因为考虑到这个房子需要用较长的时间，可能 100 年 200 年，在楼梯的边缘镶嵌铜条，是为了防止磨损。

另外，重庆天气不好，一到冬天又冷又潮湿，很多公馆的内部结构上很早就引进了壁炉，我们现在看到很多的老房子，房顶上都有几个一米多宽的壁炉烟囱。印象中的壁炉，跟电影上的一模一样。

Q：现在回想起来，你去过的这些房子里，有哪些是名人的公馆？

A：最出名的可能要算重庆市第一任市长潘文华的公馆，以前上清寺算郊区，小时候不知道，经常和家人去歌乐山山洞“潘公馆”里面玩，后来因为在中山四路市建委工作，才知道那个大院，竟然也是赫赫有名的潘公馆。

还有就是现在站在上清寺的转盘立交桥上，往中山四路方向看的那一栋小洋房，现在叫张骧公馆。张这个人比较有能耐，在民国时期，他是重庆邮电局的局长。工作之外，他还和建筑公司合作，投资修建洋房。

张骧修建了比较有名的两个小区，都是用的上海名庆德里和德兴里，庆德里在解放碑转盘，现重百临江商场那一片，现在已经消失了，一条巷子进去后，左右两边全是一模一样的房子，都是三四层楼，用的是青砖和机制瓦。德兴里在新民街，当时新民街一号是原来民国时期一个川军将领陈兰亭的院子，拆迁不了，所以德兴里只在这个围墙外面，修了一边，整排都是三四层的房子，一直修到一个老地名叫蜈蚣岭的地方。

德兴里还有七八栋高房子，这些房子很洋气，进门有水池和小花园，楼梯都很精美漂亮，有单独厨房和厕所。

Q：现在很多公馆开始陆续翻修，并对外开放，这几年，你接触过哪些名人的公馆？

A：这几年我还会偶尔会被问起一些老公馆的主人，前不久都有人打电话，问我三层马路上有一个房子，只剩下了名字叫“觉园”，问这个是谁的房子，我刚好知道这个，它是原四川省教育局局长任觉五的房子。我原来和妈妈路过这里，妈妈给我讲述了这个老房子的事情。

还有一些名人公馆的主人需要进一步核实，比如储奇门的“卜凤居”，这个公馆很不错，我小时去的时候主人姓邓，是我们重庆做冷饮的创始人，但是后来我始终没有想明白，“卜凤居”后来为什么变成了李耀庭的故居。

这里有一个不可忽视的问题，抗战期间，有很多重庆本地的富商和大户人家把自己的房子拿出来给“下江人”借居或者分居，比如前两年去世的很有名的牛翁，他家里居住的都是文人演员；另外，还有一个南岸的黄家，他们也是把自己的家给中央电影制品厂，当时那些演员都挺穷，黄就把自己的房子拿给这些演员居住。

马鞍山传统风貌区建设者

殷亚明

Traditional Landscape District Builder of Ma'anshan

YAMING YIN

这些名人旧居、公馆旧址，也是源远流长的重庆母城文化的重要组成部分，保护与传承是一件功德无量的事情，也是职责所在。

1960年出生，河南舞阳人，研究生学历，曾任重庆市房地产管理局市级机关公房管理处副处长；重庆市重点工程建设拆迁办公室副主任；重庆市渝中区房屋管理局副局长、局长；重庆康翔实业集团有限公司董事长；重庆市城市规划学会历史文化名城专业学术委员会委员、副秘书长。

曾指挥并参与重庆湖广会馆核心区、曾家岩书院、李子坝抗战遗址公园、关岳庙、郭沫若旧居、沈钧儒旧居等国家级、省市级文物修复和修缮保护工程，组织实施人民大礼堂及马鞍山传统风貌区、山城巷传统风貌区、胜利坡传统风貌区、鲁祖庙传统风貌区、戴家巷老街区等特色风貌街区的策划、设计和建设。

马鞍山传统风貌区设计效果图。重庆康翔实业集团有限公司 供图

Q：为什么渝中区有很多老的名人公馆？

A：重庆是国家历史文化名城，而渝中区既是重庆的首善之区，重庆母城，历史文化展示区，具有“二千年江州城、八百年重庆府、一百年解放碑”的历史文化底蕴；又是城市发展壮大的起点，地处长江和嘉陵江交汇，区位独特，水陆交通优势突出，自古以来商业繁荣，人口稠密。

重庆本身就是一个移民城市，明清以来，更是经历了大规模的人口迁徙，随迁而来的也有商贾名流、社会贤达。到了 19 世纪末，重庆开埠，国外许多政商界人士陆续进入山城重庆，其间新建了不少具有西方文化特色的近现代建筑。

抗战爆发，国民政府内迁重庆，国内众多达官显贵、政商要员、文化名流纷纷寓居重庆。涌现出了许多具有民国风格的名人公馆建筑，风貌各异。一是因内迁来的社会名人多，二是大量的知名建筑设计机构、建筑设计大师也齐聚山城重庆，为这些优秀历史建筑的诞生提供了条件，当然抗战期间也有不少公馆毁于战火。

位于渝中区山城巷的蓝文彬公馆旧址（厚庐）修复前的影像。彭世良 摄

修复后的宋子文公馆侧影。王远凌 摄

近年来，重庆全面实施 28 个传统风貌区保护工作，其中我们渝中区占 10 席。在这些传统风貌保护片区，均发现不少名人公馆遗存，比如现在市场很火的山城巷里面，就有防区制时期蓝文彬的公馆旧址。

Q：这些名人公馆是怎么被发现的？

A：这些名人公馆的发现，很多源于城市更新改造。

渝中区的城市更新改造大致分为两个阶段。2000 年至 2012 年，渝中区启动大规模的危旧房改造，在对这些危旧房进行调查登记时，发现了散落在拆迁片区的名人公馆旧址，此时已有居民或单位占用；2013 年至 2017 年，渝中区实施新一轮的城市棚户区征收改造，工作人员在片区调查登记时再次发现了很多名人公馆旧址，具有一定历史价值。

当时的渝中区房屋管理局发现了这些建筑之后，立即会同文物管理部门、文史专家，对这些建筑进行了实地踏勘考察，并逐一对这些建筑遗存进行登记造册。按照当时重庆市国土房管局的要求，对渝中辖区内的成片城市棚户区里的文物资源连同其他保留房屋，一并确权到区属国有平台公司名下。

这种为渝中城市有机更新腾挪空间的民生工程看似好事，但是这些历史建筑却给类似康翔公司这样的区属平台公司带来了一定挑战。因为这批建筑定性为名人公馆，在完成文物

位于渝中区两路口的美国大使馆旧址。金西鸣 摄

登记之后，下一步就要考虑修缮保护和活化利用的问题，这是当时区委区政府面临的一个大课题。但是我坚信，这些名人旧居、公馆旧址，也是源远流长的重庆母城文化的重要组成部分，保护与传承是一件功德无量的事情，也是其职责所在。

Q：渝中区的名人公馆，整体具有什么样的特色？

A：渝中区的名人公馆，与我们渝中这个具有典型山地特征的山水之城整体是相融合的，具有典型的依山傍水的特色，符合建筑科学的考量，很多名人公馆坐落都是背倚山体，面朝江面。

以我的工作经验分析，现有渝中区的名人公馆主要集中在三个区域，第一是鹅岭至李子坝周边区域。第二是上清寺周边的中山四路至枣子岚垭马鞍山区域，另外就是渝中区朝天门附近的下半城区域。

以鹅岭至李子坝区域的名人公馆为例，大量建筑兴建于民国至抗战陪都时期，背靠佛图关和鹅岭的山脊，面朝嘉陵江，自然风光好，除了嘉陵江的水运便捷之外，还有渝简马路的通达性，所以孙科、吴铁城、刘湘、高显鉴、关颂声、陶桂林、李根固以及国际友人史迪威等都在此修建公馆，同时还有美国大使馆等外国领事馆旧址群。

中山四路至枣子岚垭马鞍山区域，因为地处渝中区中轴线，是国民政府陪都所在区域，

位于渝中区三层马路的觉庐修复前后对比照。
(上)重庆康翔实业集团有限公司 供图
(中、下)黄祖伟 摄

军政、党务机构集中，还有知名民主人士在此区域修建公馆，如怡园（宋子文官邸）、桂园（张治中官邸）、鲜宅、沈钧儒旧居等；朝天门附近的下半城，则是早年的商贾集聚地，有很多各省商会的会馆（八省会馆），白象街遗存有卜凤居（李耀庭公馆）、海关总署旧址、药材公会旧址，十八梯及周边遗存有国民政府军事委员会及重庆行营、法国领事馆等。前述三个区域各自在建筑形式、居住人口属性上都具有明显的特征。

Q：你们最早尝试改造的名人公馆是哪个区域？

A：应该是鹅岭至李子坝周边区域。在片区房屋前期调查中我们发现，1950 年以后，这里就是一个典型的“城中村”，其间夹杂着几间早已停工的小作坊，同时，还有几座建于 20 世纪上半叶的军事机构办公建筑、个别金融机构旧址，同时，也有几座名人公馆。

这里一度被规划为一座“拆危建绿”的滨江公园，但在公园设计的过程中，随着名人公馆这些重要历史遗迹的发现，有关文物和建设部门在对其进行初步考证后，诞生了一个新的设想，并建成后来的李子坝抗战遗址公园。

马鞍山片区单体建筑修复设计效果图。重庆康翔实业集团有限公司 供图

整个公园的规划设计充分利用了该地块沿江坡地的地形条件，将五个组团共九处历史建筑作为公园的有机组成部分。2009 年启动，2010 年公园建成开园。这个近 2 公里长、占地面积 13 万平方米的重庆抗战遗址公园，在寸土寸金的渝中区为市民提供了一处休闲健身、亲近自然、感受历史的绝佳去处，传承了伟大的抗战精神。

Q：如何看待你曾经深度参与修复的马鞍山传统风貌区？

A：这是一个符合山地城市地理环境特点的传统风貌区，建筑依山而建，错落交织。在不同的历史时期，这里也是有着不同的历史特性，抗战期间，一些民族企业家和民主人士居住于此，国民政府也有少量的军事机构在此。解放初期，大西南进入建设阶段，很多劳模以及支持新中国建设的苏联专家，在此也有专门的公寓。

抗战前的建筑很多都有独立院落。重庆解放之后，建筑则相对简陋一些，更多用于集体宿舍。

仔细说来，马鞍山传统风貌区，在建筑上具有明显的风格交融的特点，既具有民国期间的四合院、独栋的别墅，青砖黛瓦的材料，也有解放后苏式风格的红砖红瓦。

在街巷上，它也具有山地城市爬坡上坎、小街小巷的特点，同时基于地势和气候的特点，这里的植被很茂盛，尤其黄葛树遍布整个区域。

Q：马鞍山传统风貌区在设计之初，有哪些难题？

A：马鞍山片区是渝中区2013至2017年实施的棚改项目。我们对整个区域进行了详

细的调查和大量的前期规划思考。2014年启动征收，2016年完成征收。在片区整体规划设计之初，争论最多的是整个街区未来的利用上。

虽然这个区的名人公馆很多，但是建筑安全系数差；虽然这个区域较好地保留了城市的肌理，但是乱搭乱建现象特别严重，街巷空间发生了较大变化。曾经有人建议直接把这个区域推平，重新建设，但是最后渝中区决定保留该区域的建筑风貌和街巷肌理，不搞大拆大建。

按照区委区政府的要求，既要保证市民安全，改善城市环境，也要对这些历史遗存进行保护，尽可能保持原来的风貌，同时还要结合未来区域文化、旅游融合发展的问题。

思路定了，方向有了，马鞍山传统风貌区大的规划不会出现偏差，但是还是有很多麻烦，首当其冲的就是交通。按照当时区里要求，马鞍山传统风貌区以后要解决游客“进得来、出得去”（尤其是驾车族），这就麻烦了，因为原来的马鞍山征收片区根本就没有停车位，为了

修缮后的马鞍山片区已经旧貌换新颜。黄祖伟 摄

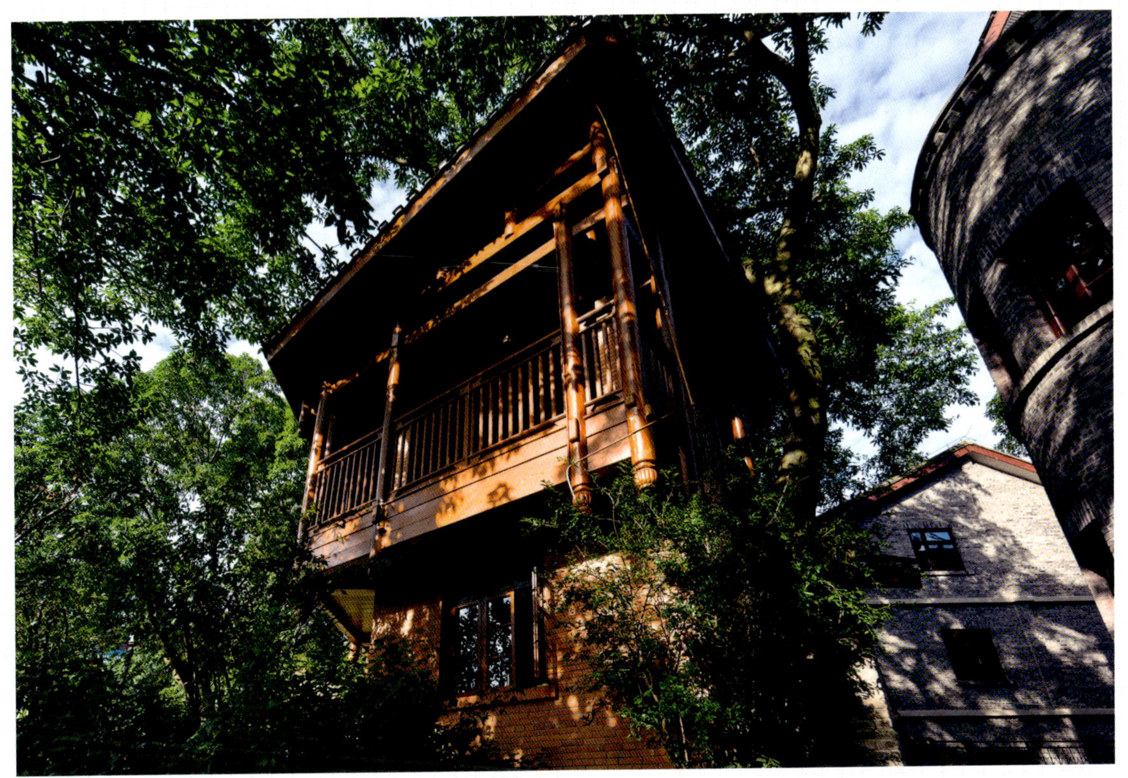

（左、右）修缮后的马鞍山片区已经旧貌换新颜。黄祖伟 摄

解决停车难的问题，我首先想到和人民大礼堂进行沟通，希望能够利用大礼堂的广场地块解决地下停车库的问题，难度很大。

最后我们被迫在马鞍山传统风貌区的设计中，直接将整个区域分成了马鞍山东、西两区，分区实施。西区以民国陪都时期的建筑为主，东区以西南大区时期的建筑为主。按照文物专家的意见，西区的建筑文化价值远远大于东区，所以我们决定将东区采取复建的方式，以解决地下停车库的问题。

Q：那么在西区的改造过程中，你们是如何做到还原历史原貌？

A：100% 的还原历史原貌，那肯定是不现实的，在对待这些传统风貌区的时候，我们要想做到还原历史，修旧如旧，首先要对地理环境、建筑要素进行系统的研究分析，对症下药，这样才可能做到尽可能地还原当时的风貌。我们在马鞍山西区的改造过程中，有三个方面的工作，做得特别精细。

建筑材料方面，我们秉承的原则是，能不拆就不拆，我们首先对地板、外立面进行了清洗，对于那些影响结构安全的梁柱进行替换，在替换材料上也是尽可能地使用老木料和老石材，其中有一处建筑基础很有特点，但是结构上有一些问题，于是我们拆除后进行恢复，拆除时我们对所有石料进行编号，以便恢复之后和原来相差无几，这不仅针对西区，对东区的苏联专家楼拆除时，我们也同样对砖瓦进行了编号。

街巷肌理方面，我们按照原有的空间格局进行疏通，将之前的违建房子逐一拆除，对影响街巷空间的建筑构筑物进行清理，保留了那些爬坡上坎的特色空间。在西区我发现了一条很窄的一人巷，这是重庆城早年街巷空间的特别产物，我们依照原样进行保留。当然该保留的要保留，该扩建的还是要扩建，为了更好地保证未来整个马鞍山街区的通达性，我们将街区主入口调整到了东区。

规划设计方面，我们还十分注重上天赐予我们的自然风光，比如那些具有重庆特色的堡坎，我们都进行了清理和镶补；对于那些生长于全区的大大小小的黄葛树，我们也原样保留，补充植被上也以黄葛树为主。

Q：在利用上，马鞍山项目有什么样的考虑？

A： 马鞍山这个项目，面积说大也不算大，名声说响也不算响，虽然在设计之初就考虑了文商旅融合发展的可能性，但是能否成为未来城市文旅融合发展的新地标，新名片，那是需要时间去推敲的，可以肯定地说马鞍山片区的名人公馆修建出来之后，绝对不会只成为名人旧居的纪念场馆。

2017 年初，我们就启动了马鞍山街区后期利用方向的探讨。当时就曾提出过一个大胆的设想，寄希望把马鞍山与三峡博物馆、人民大礼堂进行联动，因为三峡博物馆有很多关于重庆历史脉络的展览，大礼堂作为重庆的标志性建筑，它们更多的特点是在看，游客多但是消费者也差不多，我们希望马鞍山片区成为两者缺位的一种补充，承载整个片区的旅游休闲功能，这些设想也只是雏形，至于实践还有许多工作需要做。

Q：在你的心中，未来的马鞍山项目，该呈现什么样的状态？

A： 马鞍山项目在地理位置上，是有一些特殊属性的，除了有马鞍山的天然地理元素外，它与三峡博物馆、人民大礼堂一道处于母城渝中的中轴线，具有重庆都市核心区的天然禀赋。

至于未来，我希望马鞍山项目建成之后，尽可能和人民大礼堂、三峡博物馆巧妙地融合，并且与上清寺周边的公馆群、抗战遗址群联动，打造渝中又一个城市文旅新名片，最终成为人文渝中城市会客厅和都市旅游目的地。

链接：

抗战时期，马鞍山是著名民主人士、原中央人民政府委员、最高人民法院院长沈钧儒先生的居所所在；而中国当代新闻创始人之一、原人民日报社社长范长江先生，也是在这里与沈钧儒先生女儿举行婚礼，并居于此；1940年，短居重庆的茅盾先生，在这里写下了脍炙人口的《风景谈》；周恩来、叶挺、王若飞、王炳南、冯玉祥、于右任、田汉、郭沫若、沙千里、张申府等共产党领导人和民主人士，更是这里的常客；马鞍山 28 号楼，则成为当时中共南方局外事组的办公地点。解放后，这里被收为市属公房，住进了人家。住进来的居民住户则用几代人将这几栋充满了民国气息的小楼填塞了太多烟火气，渝中区棚户改造前，因各种原因连几栋小楼都成了危房。但建筑和整体环境也展示出属于民国时期的美感和山城城市的独特肌理。

历史地理学者

舒莺

Historical Geographer

YING SHU

建筑是凝固的音乐，更是凝固的历史。已经濒临消失的青砖旧瓦，封藏着不为大多数人所知的属于重庆的另一面：优雅而沧桑，古典而时尚。

四川美术学院副教授、历史地理学博士。中国20世纪遗产保护委员会专家委员，中勘协传统建筑分会专家委员，重庆历史文化名城专业委员会专家委员。著有《中国远征军》《远去的记忆：你不可错过的重庆老建筑31处》等作品，参与编辑《抗战纪念建筑》《城迹》《图绘重庆》《重庆地区抗战建筑研究》等出版物。

位于上清寺嘉陵桥东村 35 号的特园，著名爱国民主人士鲜英公馆。 王远凌 摄

Q：作为历史地理学专业的博士，怎么会关注到民国老建筑这个领域的？

A：这是一个自然而然的过程，因为我长期工作在重庆设计院，不可避免地会接触到一些历史建筑，其间又正好参与了《抗战纪念建筑》重庆内容的编撰，所以在工作当中，就接触了很多不同种类的建筑，抗战建筑、名人旧居，对这种类型的建筑多有涉猎。

Q：听说你在设计院工作期间，接触过很多重庆民国时期和新中国早期建筑图纸？

A：重庆市设计院属于一个历史比较悠久的老院，自然有很多老的建筑档案资料，尤为珍贵的是当年的手绘图纸。

早期的设计图，都是纯手工绘图，大概到上世纪 90 年代末期才开始逐渐出现电脑画图，现在已经很少有人手工绘图了。重庆市设计院原来的老图纸就成了一个很有价值的资料，为了更好地保存，院里决定对这些图进行电子化。

我当时就参与了这个工作，面对这些弥足珍贵的老图纸，我们首先需要去对它进行一个清理，清理的这个过程，我们称之为“老图新生”，这期间我们进行了扫描备份，扫描之后再

位于渝中区两路口的宋庆龄故居。黄祖伟 摄

进行资料整理，整理的过程中，发现了很多有价值的老图，包括重庆建市期间、解放以前的很多资料，后来院里出了一本《图绘重庆》，分不同的历史时期对老图纸做了一个梳理，以此来记录重庆建设和建筑的历史侧面。

Q：翻阅这些老建筑的图纸，大概持续了多久的时间？

A：两三年吧，因为这些图纸很多都是硫酸纸，跟后来我们使用的纸不太一样，保存不当就很容易毁损，有的老图纸轻轻一拿，稍不注意就已经在掉渣，部分图纸要在修补之后再进行扫描，可以说，这就是一个抢救性的工作。

我在看老图纸的时候，常常会叹服老建筑师们的绘图技艺精妙，这些图纸不仅仅是一个工程方面的呈现，从艺术角度看也是非常美好的，这些图纸后来又能够成为现实中，我们能够看得到的一个实实在在的建筑，这种感觉非常有意思。

Q：参与这个工作之后，你有没有跟着这些老图纸，去找那些民国老建筑？

A：肯定，其中有些建筑还比较熟悉，包括我念书的时候西南师范大学的行政楼，那个建筑，在解放之初是川东行署的办公楼，现在是西南大学的行政楼，当年叫行署楼，当时我在重庆市设计院里面看到那个图纸就特别亲切，那些窗棂、门框现在全部都还在，就觉得原来在纸上的东西现在实实在在就在面前，所以对这些老图纸也特别有感情。

Q:当时怎么想到用比较通俗的语言，来写《远去的记忆：你不可错过的重庆老建筑31处》?

A: 长久以来，我们都会有一种惯性的思维，总觉得建筑的技术含量比较高，专业性很强。其实建筑是技术和艺术的综合体，它有偏技术性的一面，但也有艺术性非常强的一面。

我记得学哲学出身的学者赵鑫珊出了一本书《建筑面前人人平等》，他从哲学的思维来看待建筑的审美，然后由此得出一个结论：建筑，不会只是一个建筑师的个人审美的产物，一旦这个建筑落成后，把它作为一个作品呈现在公众眼前，那么更多的时候，公众、使用者，哪怕是走过建筑旁边的路人，都有权利对它的美与否进行评价。每个人都可以站在自己不同的角度去看待建筑，所以我就觉得我们应该是让建筑审美更大众化，对建筑审美有更多的评判权。

实际也证明，现在我们对很多网红建筑的评价，基本上也就是这个观点，现在大家对建筑的态度，已经不仅仅是设计师的构思了，当建筑师的想法被设计出来后，还得去接受大众的评判。

所以现在网红这样一种存在，其实是助推我们用更为普世的眼光来看待一个建筑的好坏。对历史建筑也同样如此，我们用历史的眼光来看待它、评价它，然后再赋予它特殊的历史审美价值，技艺的传承是另外一方面。

当时，我就是在这样一种思想的支撑下，尝试去把这些看上去高高在上专业性特别强的东西，做一个比较通俗化的解读。我写的这31处优秀的历史建筑，从开埠时期一直到我们新中国成立之后，书中的每个建筑，既有简短的技术很强的一些介绍，同时也赋予它一些建筑背后的人文故事、历史背景，让人们更好地去评价。

Q:在不断对老建筑的研究过程中，你是否对建筑产生了新的理解?

A: 我觉得建筑的本质，其实是人。德国的海德堡非常漂亮，歌德给出的评价是，我把心遗落在了此地。二战的时候盟军将领来到海德堡，他们原本可以炸掉这里，但最终放过了这个城市。同样还有日本的京都与奈良都保留了很好的中国唐代传统建筑。当时美国准备投原子弹的时候，原本是选了这两个地方的。梁思成在京都长大，他知道这件事后，赶紧在地图上标出递交给了盟军参谋长，最终放过了这两个地方。建筑征服了他们。

Q:书中的所有老建筑，你自己都去过现场吗?

A: 全部都走过，而且不止一次。去现场有两个目的，一是去看它的现状，然后去挖掘它背后的人文故事，当然也有一部分我是跟建筑设计机构或者相关的组织一起去的。

对于大众而言，很多人可能更多的是去关注建筑本身，它原有的形态，以前是怎么样子，装饰美与否等等，专业人士则会关心在当时为什么会选择这种立面的构图，还有细节的布局，除了这些，我还更关心建筑的主人，它曾经的使用者有什么样的故事留给我们，我想这些故事对大众更有吸引力。

我努力拍下更多关于这些建筑的照片，拍这些老建筑时，我并没有很崇高的想法，我只

位于渝中区上清寺的桂园。雷青松 摄

是有强烈的兴趣，觉得拍下来让更多的人看到会更好，传播的力量也会让更多有能力保护这些老建筑的人感受到。

Q：在你写的这三十几处民国期间老建筑中，哪个建筑给你的印象特别深刻？

A：给我印象特别深的建筑，就是李子坝往三层马路上去的孙科公馆（也称圆庐）。印象特别深的原因，首先是它具有独特的造型，像咱们传统的名人公馆，给人的感觉就是深宅大院，但这个房子很奇怪，它当时也被称为“孙科跳舞厅”，建筑用圆形造型，感觉很洋气，但它上面又有本地传统民居的青瓦屋顶，设计精巧，中西合璧的审美，搭配在一起丝毫没有违和感，哪怕是一个相当土气的材料，但是建筑师能够把它驾驭得很好，这样一种形态和材料的搭配很完美，简直是天衣无缝。

除了独特的魅力呈现，它的功能也安排得非常好，我专门去里面看过很多细节，建筑的内部，作为跳舞厅使用，有很多分隔的小空间，为了照顾到通风的需要，建筑顶上有两层透气的小窗，这种设计非常好地考虑到了独特的功能性，所以这个建筑给我留下深刻的印象。

再加上主人公本身的身份也比较特殊，据说当时圆庐设计的时候其实并不是做一个公馆用，主要就是要服务于这个女主人蓝妮，她是孙科的第二任夫人，蓝妮喜欢跳舞，所以跳舞是这个建筑最主要的功能，这个就比较考验设计师，既要平常可以作公馆用，也要满足跳舞这个功能，在里面会涉及更衣室和跳舞的空间。所以建筑师在这方面也用了很多匠心。

当然这个建筑在选址上也很独特，当时不像现在背后都是高楼，我看过当时的老图片，它是建在一个小山坡上，下面一望无际，想必是位置非常好的江景房跳舞厅，视野也特别棒。

Q：你进孙科公馆的时候，当时建筑已经是什么样的状态？

A：我当时看见它破败的样子，觉得有点可惜，所以我就去挖掘主人、女主人的身份，希望通过这个故事，能够吸引到公众更多的关注，为这个建筑后一步得到保护和更好的利用做一点铺垫，后来有人根据我们的这个故事还出了小的连环画，专门讲孙科和蓝妮的故事。

可以想象，在圆庐最辉煌的时候，是达官贵人的居所，而许多年后，进到里面的时候，是城市小居民生活的空间，一家人就住在当年一个小格子间里，一个更衣室可能就是如今的一个厨房，屋顶上面被油烟已经熏得不像话了，蜘蛛网也结了很多，加上采光也不是特别好，有“陋室空堂，当年笏满床；衰草枯杨，曾为歌舞场”的感觉，如今我还特别希望看到它经过清理之后的样子，看是不是能够重新去恢复它当年状态，让这个独特的建筑能够把它的魅力展示出来。

Q：说到孙科公馆比较传奇的男女主人公以外，自然不得不提它的设计师，谈谈杨廷宝大师的重庆设计生涯吧？

A：其实不管是研究民国时期南京的建筑，还是我们陪都重庆的建筑，都难以绕开杨廷宝大师，因为他的这个作品，对我们重庆产生了很大的影响。

在那个特殊的年代，中国留洋归来的第一代职业建筑师，来到我们内陆的重庆，拿出来的作品，既有西洋的影响，也有中式的神韵，在里面，这是最难得的特点。

在这点上，我个人就特别佩服杨廷宝大师，所以后来王澍在接受普利兹克奖时说，“中国只有一个半建筑师”，其中一个就是杨廷宝大师，不管王澍多么狂，他对杨廷宝大师，也是非常的服气。

Q：抗战迁建过来的这一帮优秀的建筑设计师，是否给了重庆建筑一个新的时代？

A：可以这么说，因为这种判断不仅仅只是针对重庆，对于整个中国也是如此。他们是中国第一代职业建筑师，当年宾夕法尼亚大学毕业了这样一批建筑师，其中有杨廷宝、童寯、刘敦桢、吕彦直、梁思成，他们都在中国近代建筑史上，发挥了承上启下、中西交汇、新旧接替的作用。

像杨廷宝大师是选择了设计，并且长期实际操作，梁思成大师他们主要对遗产保护、建筑史和建筑教育的研究比较多，而童寯大师则选择了对古迹、江南园林的保护，他们各自都有自己不同的发展方向，都有很大的建树，并且对于整个中国的建筑发展都有很大的贡献。

我们有“北梁南杨”，“南杨”就是指的杨廷宝大师，他是擅长于去实做，不太擅长于去写理论文章，杨经常开玩笑说特别羡慕梁思成他们能够写那么多的好文章，但他谦虚地忽略掉了自己可以做那么多的好建筑。

(左)“文革”时期的曾家岩 50 号。(右)曾家岩 50 号一度作为红岩革命纪念馆的分馆。
重庆红岩联线文化发展管理中心 供图

修复后的曾家岩 50 号(周公馆)内景。 向蓉 摄

Q：现在重庆大街小巷遗留着很多名人公馆，对于这些公馆的利用，有什么样的建议？

A：我一直觉得，重庆名人公馆的数量本来就不算太多，特别好的精品更是少之又少，所以就更加需要注意保护和利用。我们有必要去把这些空间保护好，利用好，通过这些点能够充分地去展示我们重庆特殊的文化个性。

在国内名人公馆的利用上，我印象比较深的就是南京的颐和路，那一带曾经也是很多名流聚集的地方，如今那些公馆利用得非常精致，部分拿来做城市民宿，也有的是做一个小型的展览馆，就把南京有关的文化置入到里面，有的被做成一个对外开放的小型公众空间，还有一些是做名人工作室。

跟它相似的还有上海田子坊，田子坊原本是手工作坊的东西，但它里面有一些名人，比如画家陈逸飞在这边开画室，带动了这一带的文化氛围。

其实我们重庆这些名人公馆，如果修缮之后，把它锁起来，其实很可惜，真正好的保护就是合理地利用，只有人在里面，才能把它利用好，它才会有价值。

Q：假如你可以随意选一处名人公馆自己使用，你会选择哪一处，你会怎么用？

A：选择哪一处不好说，但是我肯定会选择中山四路的，因为这个街区文化氛围本身比较好，这样的话我自然就会有一个很好的平台。中山四路的特别之处，是因为大半个民国都在这里，在开埠之前，这里就是一片荒地。随后法国人来修了教堂和教会学校，教堂现在都在使用，就是市政府里边的西式楼房。后来又有不少有钱人在这里修别墅。在上清寺的转盘那里，是张骧公馆。随后是桂园、戴笠公馆、周公馆等。我觉得这是最具有重庆精神的街道，最能代表重庆。

如果我真能在这里选择一处建筑，我希望这个空间最好是能够半公众化，给周边民众更多的文化普及，另外一方面，我可能做一些工作室或者是做一些比较私人化的利用，给自己一个自留地。

位于鹅岭的飞阁，抗战时期为英国大使卡尔居所。重庆三代一生文化传媒 供图

红岩村八路军驻重庆办事处旧址是一栋民国老建筑，由爱国人士饶国模女士修建。抗战时期，多位抗战将领在这里工作、生活过。如今，这栋近百年的老建筑与新落成的红岩村大桥，在夕阳的光辉下遥相呼应，犹如红岩精神的另一种传承。 郭廊 摄

修缮后的重庆市委会办公大楼旧址鸟瞰。张坤琨 摄

中共重庆市委枇杷山办公大楼（曾用名：中共重庆市委会办公大楼）旧址，位于市中心的今重庆市渝中区枇杷山正街72号，依枇杷山山势而建亦由陈明达设计并监督施工。

此建筑于1950年底完成设计，1951年奠基，1952年底竣工，1953年交付使用。此建筑为砖混结构，主体三层，建筑面积约23万平方米；红瓦顶，米黄色墙面，无花饰矩形窗户；因地形而以一个横向长方形为横轴，左侧向山下延伸一矩形和一个正方形门庭，右侧向山顶延伸一个矩形，由此组成建筑平面；正立面以四层塔楼门厅和偏右布置的门

时代记忆的延续与变迁

中共重庆市委枇杷山办公楼旧址

FORMERSITE OF THE LOQUAT HILL OFFICE BUILDING OF THE CHONGQING MUNICIPAL COMMITTEE

建筑时间：

1949 年底至 1950 年设计

1950 年动工，1952 年底竣工

建筑类型：

办公建筑、公共建筑

建筑设计者：

陈明达

廊、台阶等组成建筑立面的构图中心。原计划为中共西南局办公大楼，1954 年，西南大区撤销，重庆市委迁居原中共西南局办公大楼，此建筑于 1955 年改作原西南博物院，后又改称重庆市博物馆，是西南地区一座重要的综合性博物馆；进入 21 世纪后，此建筑又经大修，改为重庆市文化遗产研究院大楼。

2019 年，中共重庆市委会办公大楼入选中国文物学会 20 世纪遗产委员会评定的“20 世纪中国建筑遗产名录”。

中共西南局办公楼、重庆市委会办公楼设计者

陈明达

Architectural Designer of the Office Building of the Southwest Bureau of the Communist Party of China and Chongqing Municipal Committee

MINGDA CHEN

陈明达（1914—1997），湖南祁阳人。1932 年参加中国营造学社，始为研究生，是刘敦桢先生的主要助手，后任副研究员、研究员。1944 年在重庆任中央设计局研究员，同年加入中国工程师学会（为正会员）；20 世纪 50 年代加入中国建筑学会，为该学会中国建筑研究委员会主任秘书。1953 年起，先后任文化部文物局业务秘书、工程师（教授级），文物出版社编审、中国建筑技术研究院研究员。其研究成果于 1981 年获建设部科技一等奖。1997 年 8 月在北京逝世。

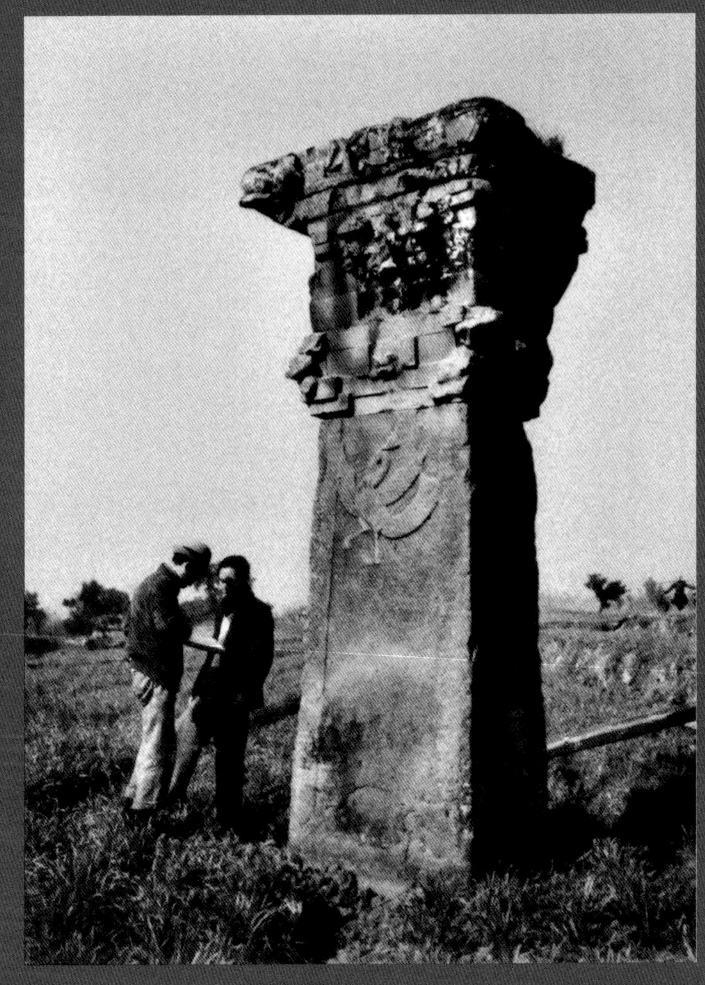

1939 年 12 月 27 日，中国营造学社调查渠县赵家村东无铭阙（左起梁思成、陈明达）
殷力欣 供图

陈明达先生是我国杰出的建筑历史学家。他长期从事古代建筑遗构的调查工作，并以实物测绘、文献考证和理论分析三者的结合为基础，通过《营造法式》的专题研究，重点探索古代建筑设计规律，阐发古代建筑的科学性，在这一领域做出了创造性的贡献。专著有《应县木塔》、《巩县石窟寺》、《营造法式大木作制度研究》、《中国古代木结构建筑技术（战国—北宋）》、《陈明达古建筑与雕塑史论》、《蓟县独乐寺》（获首届中国建筑图书奖）、《营造法式辞解》等；1980 年至 1985 年主持编纂《中国大百科全书·建筑卷》之中国古代建筑部分；另有《陈明达全集》（十卷本）即将出版面世。

除研究著述外，陈明达先生还曾参与抗战期间陪都重庆城市规划；另有设计作品三个：湖南祁阳重华学堂大礼堂（1948 年）、重庆中共西南局办公大楼和重庆市委会办公大楼（1950 — 1953 年）。

在中国建筑历史学界，陈明达先生是继梁思成、刘敦桢先生之后，又一个取得重大研究成果的杰出学者，不仅在国内享有盛誉，在国际建筑史学界也有相当大的影响。

此建筑的成功之处在于从建筑尺度上把握人与建筑、建筑与自然之间的和谐关系，堪称是实用功能与内在诗意的完美结合。

殷力欣

陈明达后人

Descendants of Chen Mingda

LIXIN YIN

1962 年出生于北京，散文作家、建筑历史学者。现任《中国建筑文化遗产》副总编辑，中国文物学会 20 世纪建筑遗产委员会专家委员。著有《建筑师吕彦直集传》（中国建筑工业出版社，2019 年）、《中国传统民居》（五洲出版社，2018 年）等，目前致力于《陈明达全集》（十卷本）的整理编辑工作。

与中央博物院发掘勘查彭山汉代崖墓。1942 年 5 月江口合影 — 陈明达、李济、吴金鼎、曾昭燏、高去寻、冯汉骥、夏鼐、王介忱。殷力欣 供图

Q：据我所知，新中国成立后，陈明达先生在重庆工作的时间并不很长，但却完成了中共西南局办公大楼和中共重庆市委会办公大楼两座重要建筑的设计工作，而更令人惊奇的是，陈先生的一生，主要以建筑历史研究知名，建筑设计并不是他工作的主项。您能简单介绍一下他的生平和学术贡献吗？

A：陈明达先生祖籍永州祁阳县，出生于湖南长沙，九岁时即随父母迁居北京，1932 年加入中国营造学社，师从梁思成、刘敦桢二位先生，从此开始了他一生的学术追求——考察古代建筑遗存、研读宋代建筑典籍《营造法式》、探索自成体系的中国建筑学理论。他的学术专著《应县木塔》《营造法式大木作制度研究》《中国古代木结构建筑技术》等被公认是建筑历史学科具有突破性进展的研究成果，他本人也被公认是为“继梁思成、刘敦桢二位学科奠基人之后杰出的建筑历史学家”。而鲜为人知的是，陈先生在建筑设计、城市规划等方面也多有涉猎、卓有成就。可能大家觉得这样一位从事理论研究的人去实际设计一座建筑有点奇怪，但对他自己而言，亲自动手做设计工作（甚至还包括施工监理工作），也是他探析中国建筑文化理念的必要步骤。

从实际的生活经历说，1939 年至 1952 年，陈先生在四川工作、生活了十几年。1943 年，陈先生暂时中断了在中国营造学社的古建筑研究工作，赴重庆任中央设计局公共工程组研究员兼陪都建设委员会工程师，从事抗战期间的重庆市道路网及分区规划设计工作。由于在这方面成绩突出，抗战胜利后，茅以升先生推荐他作为中国工程师代表之一，参加 1946 年在台北召开的一次国际建筑工程界战后重建工作学术会议，向世界介绍中国的抗战建设。

1950 年，重庆市委会大楼工程奠基仪式。殷力欣 供图

新中国成立后，他担任公营重庆建筑公司设计部（重庆市设计院前身）工程师，与徐尚志等同为建筑设计工作的主力。也就是在重庆建筑公司期间，他设计并监理施工了中共西南局办公大楼和中共重庆市委会办公大楼这两个重大建筑项目。

陈明达先生曾自我总结他的学术生涯为三个阶段：第一个阶段重于古代建筑实例的调查、测绘，积累了对建筑的大量感性认识；第二阶段重于《营造法式》研读和城市规划与建筑设计实践，使得对建筑的理解才逐渐深入到理性认识层面；第三阶段，是综合前两阶段的结果，对中国建筑体系的认识取得了跃进。由此，或者可以这样说，这两个建筑的设计实践，对他个人的学术生涯而言，是实践经验积累上升到建筑理论探析层面的重要节点。

Q：这两座办公楼建筑应该是当时最重要的党政机关建筑，为什么会选择陈先生这样一位设计经验并不算丰富的人来承担设计工作呢？除了这两座建筑，陈先生还有别的设计作品吗？

A：目前能确认的陈明达建筑设计作品，除了在重庆的这两座外，还有他的故乡湖南省祁阳县的重华学堂大礼堂（1948 年设计，今祁阳二中大礼堂）。此外，还有 1946 年设计的南京陈平阶宅，但现在无法确认这座住宅建筑是否还在。祁阳重华学堂系陈氏家族将宗族祠堂捐献国家并改建为新式学堂的建筑项目，陈先生不仅慷慨捐资，甚至请长假专门从事这一公益建筑的设计、监理，体现了他对家乡、对祖国的拳拳赤子之心。而他更成熟的建筑设计作品则当属 1950—1952 年间的中共西南局办公大楼和重庆市委会办公楼。

陈明达设计的湖南省祁阳县重华学堂大礼堂，如今的祁阳二中大礼堂。 殷力欣 摄

应该说，承担这两个设计工作，这也算是一个机缘巧合。刚才说过陈先生自 1939 年起在陪都建设委员会从事重庆市的城市规划工作，具体说是参加重庆城市规划中的分区规划与道路网规划设计，其工作能力和业绩得到了包括茅以升先生在内的业界权威的认可。因此，西南局的领导遇到城市建设问题，陈明达也是被咨询的专家学者之一。于是，就有了一次陈明达等与西南局第一书记邓小平的对话，这次对话促成了之后的设计实践。此事我以前写过专文，现在不妨重复一下。

当时，进驻重庆的中共西南局决定建造三座重要的公共建筑：西南军政委员会大礼堂（后改名为“重庆市人民大礼堂”）、中共西南局办公大楼（西南局撤销后成为重庆市委会办公楼）和重庆市委会办公楼（后改作重庆市博物馆，今重庆市文物考古所）。据陈明达先生生前回忆，1950 年的一天，时任西南局第一书记兼财经委员会主任的邓小平曾亲自召见张家德、陈明达等建筑师，商讨这三座建筑的设计施工事宜。陈明达首先发问：“汉代初年有两个做法，一个是建造未央宫‘非壮丽无以重威’；另一个是‘休养生息’，让人民过上好日子。不知新政府将采用哪一种为建筑业的主旨？”

邓小平同志的回答是：“这两个做法都要采纳——党政机关的办公楼要简朴、实用，尽量节约政府开支，好把更多的资金投入工农业生产，让人民群众‘休养生息’；另外，要以充足的资金投入去建造作为人民政治协商会议和人民代表大会主会场的大礼堂，这个大礼堂一定要‘雄伟壮观以重人民当家作主之威’！”

邓小平又补充说：“大礼堂的建设经费可以尽量满足；而两个办公楼虽说要节俭，但也应该考虑到建筑美观问题，相信建筑师可以开动脑筋，‘巧妇能为无米之炊’。”

20 世纪 90 年代，重庆市委会办公大楼旧址正立面。 龚廷万 摄

2010 年，重庆市委会办公大楼旧址正立面。 殷力欣 摄

得到了这样的答复，在座的建筑人士都很为新政府的开明与亲民姿态所感动，更将这个“为人民服务的建筑极尽富丽、用于执政的建筑极尽节俭”的思路视为新政府在建筑领域的指导思想，故决计竭尽所能做好这项新政府在西南地区的重要建筑活动。

之后，张家德先生采用“中国固有式建筑形式”设计西南军政大礼堂，基本体现了“雄伟壮观以重人民当家作主之威”的设计思想；而陈明达先生承担的中共西南局办公大楼和重庆市委会办公大楼的设计建造，则是行政办公建筑“既要节俭又要兼顾美观”的尝试。

20 世纪 90 年代，重庆市委会办公大楼旧址侧影。 龚廷万 摄

2010 年，重庆市委会办公人楼旧址侧影。 殷力欣 摄

这里有一个小插曲。1951 年，梁思成先生向文化部副部长郑振铎推荐陈明达到文物局任职。能够尽早返回古代建筑保护与研究领域，这本是陈明达先生的心愿，但西南局办公大楼、重庆市委会办公大楼工程尚未竣工，他毅然选择了推迟来京，而不是把未竟工程移交给别的建筑师（如徐尚志等）。这件事很能说明他对建造这两座建筑的重视程度，也应该是受邓小平那番话的感召。

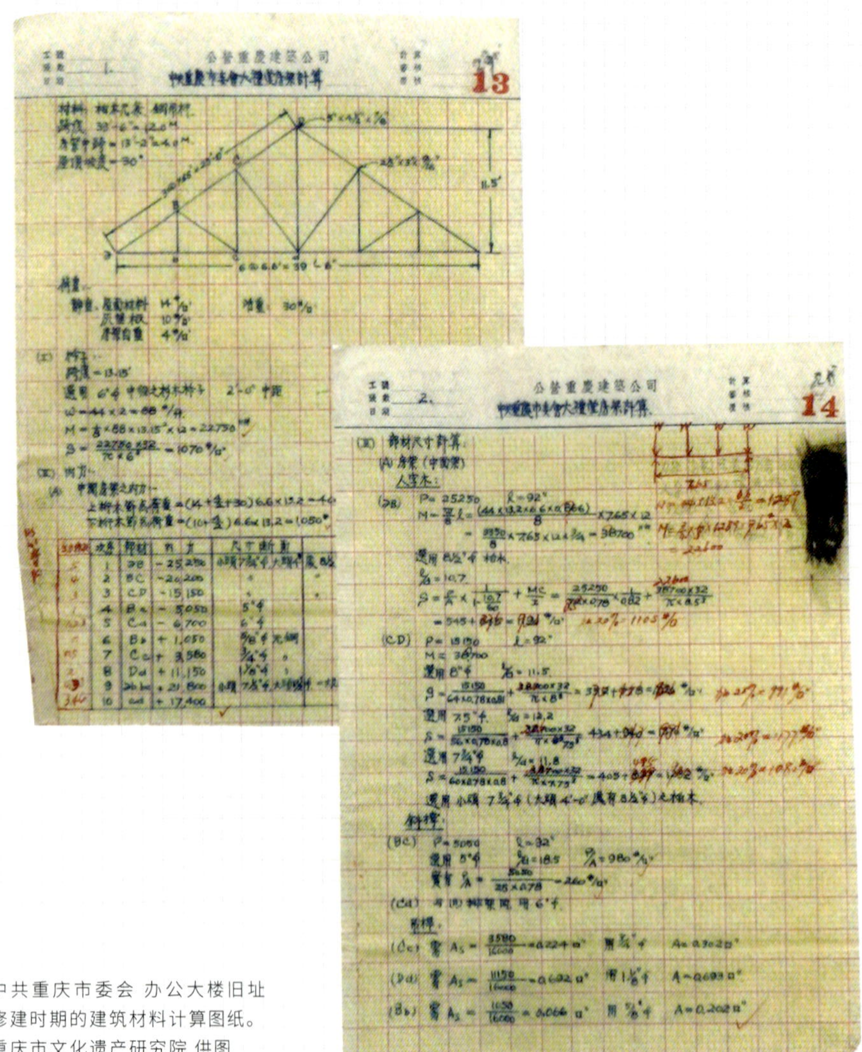

中共重庆市委会 办公大楼旧址
修建时期的建筑材料计算图纸。
重庆市文化遗产研究院 供图

Q：您是否查阅过有关这两座建筑的确切档案资料？

A：目前个人查阅涉及高等级的党政机关建筑的资料还不是很方便，我所依据的主要是陈明达的生前回忆和生前任职的最后一个单位的人事档案。

有关重庆市委会办公楼的记载，重庆市文化遗产研究院出版过一本专著，可资查阅；而西南局办公大楼所在的曾家岩市委大院，就不太方便细查了。而且，据我所知，这两座建筑比其他一些 50 年代建筑的建造时间略早，尽管可能就是 1952 年与 1953 年的一年之差，设计资料归档就可能没那么规范了，之后又有“文革”等原因，都给现在查档造成困难。陈先生曾说，他离开重庆赴北京履新时带走了几张设计初稿（不是定稿）。去文化部文物局报到时，因为需要说明之前的工作情况（刚才说过，陈先生本应是 1951 年来文化部工作的），将西南局大楼的设计图稿按要求上交文化部办公厅了，另有几张枇杷山市委会大楼的，当作风光速写被允许留在家中。

以后，“文革”中这几张图稿就下落不明了。陈先生在北京先后任职于文化部文物局、文物局所属的文物出版社和中国建筑科学研究院（后该院又分解为中国建筑科学研究院和中国建筑技术分展中心），有些个人上交单位的资料，恐怕要逐一查询了。不过，当时这几家单位都要求个人填写履历必须准确无误（决不允许瞒报虚报），随时可能有对任职人员的外调查证，倒是保证了人事档案资料的准确性。陈先生任职中国建筑科学研究院建筑历史研究所期间，曾于 1980 年 9 月填写过一份“科学技术干部业务考绩档案”，其中明确记载相关任职履历和工作情况。

我觉得这份人事档案可以视为你们继续挖掘这方面史料的线索。

Q:陈先生有没有对您详细说明他的设计过程?

A: 他生前并没有专门谈过这个问题，我自己在当时也没有过多地就此事向他询问，基本上都是谈其他问题顺便谈及他的设计作品。比如有关祁阳重华学堂，就是谈故乡、家世，还有抗战期间的个人际遇等，顺便提到的。有一次说起古代桥梁，不知怎么我就提到了桥梁专家茅以升，他就告诉我他与茅以升先生的交往，就说起了在陪都建设委员会的往事。至于这两座建筑，也是谈别的事顺便谈到的。

有一次陈先生与他的一位学生王天先生聊建筑与周边环境的协调问题。我在一旁看自己的书，听到他说：曾家岩那一带当时是西式的小洋楼与民居混杂，还有一座纯西方古典样式的天主教堂。在那样的环境中建造一座办公大楼，选择民国时期已经流行的琉璃瓦大屋顶显然不合适，何况西南局领导反复强调要尽量节俭建设开支，因而借鉴他的老师梁思成先生早年设计吉林大学教学楼的办法，选择相对朴实无华的建筑样式，只在局部采用一些民族风的装饰图样。这样做，在民国风的大环境中不显突兀，但也不乏新时代的新气象。

20 世纪 90 年代，局部修补后的重庆市委会办公大楼旧址正立面工农兵浮雕。殷力欣 摄

重庆市委会办公大楼旧址门厅浮雕及立柱装饰。殷力欣 摄

Q:关于中共西南局办公大楼的设计,还能讲得再详细一点吗?

A:这座建筑在现在的重庆市委大院内,为砖混结构,地上三层、地下一层,平顶,平面略呈横置的“工”字形,仅在中部略向前、向上凸出一个高四层的门庭作建筑主体。整体建筑外观以红砖墙、矩形玻璃窗构成朴素的建筑色调,在门庭上端饰白水泥“工农兵”浮雕,并以此为中心,顶楼上檐部分环绕一圈斗拱浮雕作为此西南行政中心建的唯一的装饰。刚才说过,这座建筑的设计,借鉴了梁思成先生设计的吉林大学教学楼,而上檐装饰带的图案选择,则有陈先生自己的寓意:他曾广泛调查测绘四川盆地及周边的汉阙、崖墓,很欣赏汉代艺术,因而装饰带的图案选择,不是梁先生喜欢采用的唐辽斗拱样式,而是采纳汉代的斗拱图样。陈先生喜欢鲁迅的文章,偏爱汉代图样,或许是想到了鲁迅的名言“遥想汉人多少闳放……唐人也还不算弱”吧。

西南局时期，办公大楼檐下斗拱及窗饰。殷力欣 供图

另有一次，我谈起五六十年代油画界流行的“红光亮”画风（我本人学的是美术史论专业），陈先生说他可能也算这个风气较早的参与者：西南局办公大楼原设计的上檐装饰带，原本就是一圈汉式斗拱，建造过程中，按西南局的要求——要想法突出一下新时代新气象，就在大楼正立面中部上檐部分增加了一组工农兵主题的装饰性浮雕。提起这件事，他的语气是时隔三十余年仍压抑不住的兴奋异常：“那时，工农兵的形象很鼓舞人心啊！”

回想那次聊天，我至今后悔没能询问一下更详细的细节，以致 2019 年我身临其境看这座大楼时，也没能看清楚那组浮雕与斗拱装饰带交汇处的细节处理。

此外，陈明达人事档案里说这项设计包括“附属工程”。我现在看重庆市委大院的大门，觉得与西南局办公大楼是同时期的作品，但是不是在陈先生所说的“附属工程”范围内，则还须以后找机会查证。

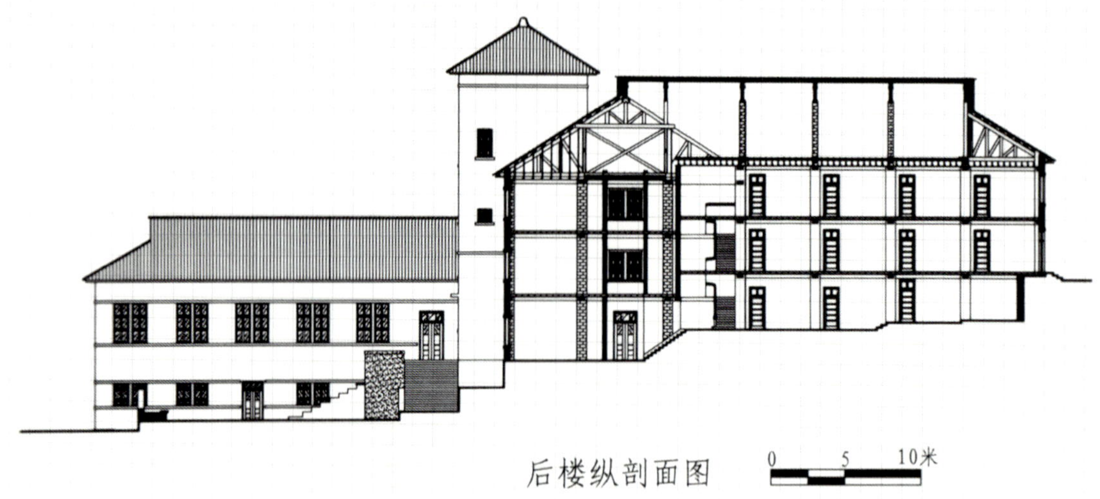

重庆市委会办公大楼实测图—剖面。重庆市文化遗产研究院 供图

Q：现在请您谈谈陈先生的中共重庆市委会办公大楼设计？

A：关于这座大楼，我以前的文章写过，大致如下。

坐落于市中心，依枇杷山山势而建，距山巅仅一步之遥。此建筑为砖混结构，主体三层，建筑面积约23万平方米；红瓦顶，米黄色墙面，无花饰矩形窗户；因地形而以一个横向长方形为横轴，左侧向山下延伸一矩形和一个正方形门庭，右侧向山顶延伸一个矩形，由此组成建筑平面；正立面以四层塔楼门厅和偏右布置的门廊、台阶等组成建筑立面的构图中心。

粗看起来，这两座楼除了正立面的朴素大方及环境的清幽之外，似乎与大多数中国建筑师的近代仿效西洋、50年代仿苏的做法并没有大的区别，但仔细观察，则会发现设计者有两方面的探索：

其一是吸收西方现代主义建筑的基本元素，而其中国文化元素，则体现在使用功能的便利上。在建筑构图方面，以简单的几何体作多样组合，尽量避免多余的装饰，后者的构成元素是矩形、三角形、方锥体、立方体。记得那年刚兴起玩魔方，大家都玩，只有我不感兴趣。陈先生就说这类智力游戏有时是很能激发灵感的——设计重庆市委会办公大楼时，有一天看见某同事的小孩玩"七巧板拼图游戏"，于是他也跟着玩，找到了山坡环境中的某些图的灵感。

其二是特别关注建筑与周边环境的和谐布局。以重庆市委会办公楼为例，设计者充分考虑到了上世纪50年代枇杷山正街的周边环境，尽量使建筑平和地置身于明清民居、民国别墅丛中，保持体量略有突出而不突兀的局面；在建筑规格和整体布局上借助山势以显见建筑的高大，而建筑本体高度则控制在不遮掩山顶俯视视线的范围，进而使建筑完全融入山体，

俯瞰重庆市文化遗产研究院，红色坡屋顶十分亮眼。 黄祖伟 摄

并不动声色地拉近与远处的长江的视觉距离。设计者陈明达先生没有沿用四角翘起的大屋顶、斗拱等公认的中国古代建筑符号，也放弃了平面布置的对称原则，针对地势和周边环境，完全自由地使用西洋式建筑材料安排建筑的平面和立面，但人们感觉它绝不是中国人对西洋建筑的刻板模仿，而是使用新材料去营造一种内在的中国氛围。此建筑的成功之处在于从建筑尺度上把握人与建筑、建筑与自然之间的和谐关系，堪称是实用功能与内在诗意的完美结合。

Q：陈先生自己更满意这两座建筑中的哪一个？

A：是重庆市委会办公大楼。

陈明达先生在晚年曾谈到他对建筑的民族形式问题的认识："在我看来，建筑民族形式不是固有不变、等你发现的东西，而是一个创作问题，要你在我们传统文化的基础上，根据我们这个民族的现实去创造。"换句话说，陈先生一生研究中国古代建筑，但他并不认为中国特色的建筑就一定是大屋顶加铺作层的建筑物，应该有一种新的建筑形式，不借助琉璃瓦大屋顶和斗拱，也能让人感觉出民族建筑文化的积淀与升华。

半个多世纪过去了，陈明达先生所设计的这两座政府办公大楼仍然以其朴素大方的形象存在着，展现着其经久耐用的工程质量，更蕴含着当年施政者与建设者的良苦用心。其中重庆市委会办公大楼还得到了修旧如旧的妥善保护，并列为"重庆文化遗产保护系列"。2010 年重庆市文物考古所出版了图文并茂的《中共重庆市委会办公大楼旧址》一书。这是中国成立初期建筑作品列入文化遗产保护项目的有益尝试，也从一个侧面反映了重庆人民对这座建筑的喜爱。

中共重庆市委枇杷山办公大楼旧址见证了新中国成立初期重庆行政建置的变迁，见证了老一辈无产阶级革命家在西南地区的工作和对西南地区人民的关怀，更见证了重庆文博事业发展壮大的历程。

考古专家

白九江

Archaeologist

JIUJIANG BAI

1974年生，四川省华蓥市人，南京大学考古专业毕业，北京大学考古系考古专业研究生课程班结业。1996年参加工作，现任重庆市文化遗产研究院院长、文博研究馆员。

重庆市文物考古所在修缮中共重庆市委会办公大楼旧址时，专门编撰了相关书籍。重庆市文化遗产研究院 供图

Q：中共重庆市委会办公大楼旧址是在什么背景下修建的？

A：1949年11月30日，重庆解放之后，重庆作为西南区的驻点，西南军政委员会在现在的市政府（上清寺）办公，当时的中共重庆市政府（即重庆地委）办公没有合适的地点，临时就在枇杷山王园（王园是解放前王陵基的公馆和花园）办公。

其间，重庆很缺少劳动人民的文化场所和休闲场所，西南军政委员会提出王园还是应当交给人民，作为公园之用，一直希望重庆市政府另找办公地点。此后不久，西南军政委员会作出了几个决定，要修建一批党政办公用房，其中包括现在的重庆人民大礼堂、大田湾体育场，也包括中共重庆市委会办公大楼旧址和中共中央西南局办公大楼旧址。

西南军政委员会最高长官亲自部署，并找到了两个著名建筑设计师，一个是设计重庆人民大礼堂的张家德，一个是设计中共重庆市委会办公大楼旧址的陈明达。

根据后人回忆，当时西南军政委员会的要求是人民大礼堂要建得高大一点、雄伟一点，可以适当地多花一点钱，西南局办公大楼和中共重庆市委会办公大楼旧址就要把钱节约一点，要简朴、节约，要用巧妇能为无米之炊的心态，把它建起来，还要有一定的艺术性，就在这样的情况下，1951年，重庆市国营建筑公司就开始设计和建造这栋大楼，具体当时设计

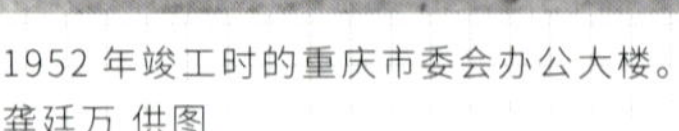

1952 年竣工时的重庆市委会办公大楼。
龚廷万 供图

改为重庆市博物馆的重庆市委会办公大楼旧址
龚廷万 摄

建造的设计师就是陈明达，后来基本上达到了西南军政委员会交代的目标，到 1953 年的时候，经过近两年的设计和建设，就顺利交付使用了。

当时，除了市委宣传部等少数部门没有搬过来，其他的大多数重庆市委部门都搬过来了。

Q：陈明达先生在设计这栋建筑时，留下了哪些资料？主要设计灵感来自何处？

A：其实陈明达先生生前，没有怎么说这个建筑，但是据他自己和他旁边的人后来回忆时谈到这个建筑，说他当时接到这个任务，是因为他是搞建筑史研究的，正是因为这点，其实要设计这样一个建筑，对于他来说，还是非常具有挑战性的。平时，他研究涉猎的都是传统建筑，现在面临的是设计一个现代化的建筑。

据他自己说，他的设计灵感、思路是从七巧板中得到的启发。仔细观察这个建筑，立面上有正常的塔楼，有歇山顶，也有坡屋顶，平面上可以看到是一个横向的主轴，纵向也有一个不连贯的主轴，有一个后楼和前楼，而后路和前路又不在一条轴线上，所有的信息似乎都是错位的，大概就是通过塔楼的尖顶形状、三角形状加上长条形的立面，再一个横向的长方形主楼，再加上前楼的这样一个形式，基本上全部是拼凑的感觉，而其实这又是一个整体建筑，这种类似七巧板的理解，正是他自己设计的思路。

现在重庆市档案馆还有一些关于这栋楼的设计资料，包括各种设计图纸、计算表格等，可以说与这个楼相关的资料、档案还算是比较全的，唯一遗憾的就是没有专门的探讨文章。

那个时候建筑设计和施工是一体化，基础资料都是够的，过程资料不足。我们在查这个

重庆市委会办公大楼旧址正面入口现状。
殷力欣 摄

楼资料的过程当中，从专业的角度来解读，看到这栋楼的价值，才慢慢着手做了一些研究。

Q:在你们之前,中共重庆市委会办公大楼旧址经历了哪几个单位?其间是否有大的变化?

A: 加上我们单位，这栋大楼一共才经历了三个使用单位。西南大区撤销以后，重庆市委就搬到了现在的地方，当时按照西南军政委员会在西南大区的指示，要把整个王园交给人民，同时，要求把这栋楼交给重庆市博物馆，当时的西南博物院在现在的桂花园办公，西南大区撤销以后，重庆市政府就成立了重庆市博物馆，并搬到了现在这个地方办公。

在博物馆的时期，这个建筑发生了一些变化，一个是为了适合博物馆展陈，一些建筑隔板被打通，之后我们修缮按照原来的图纸又把这些隔板恢复了；同时，对这个建筑的外环境也有一些改变，比如说现在我们看到的正大门梯坎上的石狮子，以及小门旁边的石羊子，实际上是原先 70 年代的时候，位于渝中区的火神庙、关帝庙拆除的时候，移过来的摆设，当时博物馆还在门前建过一个小亭子，并摆设了一些大的石刻造像，后来随着三峡博物馆的启用也搬迁走了。

虽然这个建筑经历的使用单位不多，但是由于作为博物馆的时间很长，承载了很多重庆人的记忆。从 50 年代开始，一直作为博物馆的展厅，很多老重庆人对这个地方都很熟悉，他们经常到这里看展览。

Q:2005 年,你们搬到这个地方的时候,这个建筑是什么样子的?

A: 现在大家看到的这个建筑是经过我们维修之后的，实际上这个建筑从 2002 年开始，就被重庆市房管局鉴定为D级危房，从2002年开始展览就停办了，这个建筑也就没有再用，2005年，重庆市博物馆新馆建成，迁出该址，整栋楼就被清空。

2007年3月9日，重庆市文化广播电视局下达《重庆市文化局、广播电视局关于原重庆市博物馆房产调剂使用的通知》（文广发〔2007〕68号），将原重庆市博物馆展览大楼（即中共重庆市委会办公大楼旧址）房产划归重庆市文物考古所，用作重庆市文物考古所周转库房，继续承载重庆市文化遗产保护的重要使命。

我们接手这个建筑的时候，建筑外立面已经有些破败，里面因为有大量的木头材料，情况更为糟糕。当时我们单位也没有钱来维修，后来争取了一个项目叫标本库房建设，才从标本库房的角度，来对这个建筑进行有机更新。

实际上我们在维修、修缮这个建筑时，有两个前提：第一个前提是当时这个建筑还不是文物；第二个前提是怎么把它改造成为库房，其实这栋楼现在有三分之一的面积还是库房。

Q：你们是如何发现并提炼这栋建筑的文物价值的？

A：在修缮这个建筑的前期，我们就开始研究这个建筑，并按照几个方面进行了价值总结。

第一个价值一定是历史价值，主要体现在这栋建筑是50年代西南大区时期党政的一个重要物质见证，它也是反映50年代初期重庆经济社会发展的一个缩影，更是重庆文博事业的一个重要的根据地，后来成了重庆市文化遗产研究院，从这个角度来看，这个建筑有重要的历史价值。

第二个价值是建筑的科学价值，这个建筑本身在设计上是精心设计的，从它的风格上来说，它是体现西南大区时期建筑艺术的一个代表作，上世纪50年代中后期，我们开始了向苏式建筑学习，在这个建筑上，可以看到典型的民族风格与西式的元素，这就是过渡时代的风格。这个建筑的平面、立面还是很有特色的，在平面上是一个错位的十字形，立面上的建筑形态和形式简洁又丰富，简洁是形状简洁，丰富就是各种形态都有。

建筑的科学价值上还有一个最大的价值，就是和山势结合非常紧密，仔细地看这个建筑主楼只有三层，但是从下面看这个建筑很雄伟，因为它是顺着山势在层层后退；前楼本身是两楼，但是加了一个小间的警卫室就变成了三楼，然后再接主楼，主楼是在一个平面上，后楼又在前楼的基础上，又升高了半层，整体建筑都是依山就势的。同时三层楼的高度又是刚刚好，也不影响枇杷山上往四周看的视线，很好地保护了山脊线，所以这个建筑和自然环境是和谐相处的。

第三当数它的艺术价值，这点更多地体现在一些细节上，比如说一楼全部是采用的水磨石，建成的时候，水磨石有回纹，还有其他多种纹式，工艺也比较高超；二楼和三楼是采用的木楼梯，顶上有一层小阁楼，小阁楼采用的是人字形的木架，整个跨度是15米多，采用铆钉形式。

我们归纳的这三个方面的价值，最早大家也没有认识到，等我们修缮完毕之后，才公布了这个建筑的相关档案，也得到了业界和大家的认可，所以，后来被评为“市级文物保护单位”“中国20世纪建筑遗产”。

Q：你们当时按照什么样的设计理念，对这栋建筑进行保护和修缮的？

A：改造之前，我们第一件事就是到各个地方去学习、参观考察，最终决定，中共重庆市委会办公大楼旧址虽然不是文物，还是尽量参照文物保护的方式来修缮和有机更新；第二要适当兼顾作为周转库房的需要以及办公的需要，有些东西可能要改，在这种情况下，我们确定了“去顶、偷芯、留墙”这样一个保护维修的基本理念。

“去顶”就是把原来的屋顶拆了重建，因为木结构屋顶到维修的时候差不多都是五十多年了，腐朽得难以承重；“偷芯”就是对里边重要的一些建筑结构，存在安全隐患的进行拆除，保留局部的结构性材料；“留墙”就是全面保留外观，这是一个技术活。

由于原建筑塔楼和门厅的墙体独立性较弱，在建筑内部结构拆除时，为保证施工顺利进行，方便除渣，将门厅和塔楼外墙先行拆除，再将此两处墙体按照“修旧如旧”原则的要求进行翻修，翻修的墙面必须与建筑原墙面在工艺上、色彩上保持一致。

在施工时，原有旧墙与新墙表面连接的处理上，采用衔接施工，具体做法是在旧砖与新砖的衔接处采用上下错缝、内外搭砌，在完成砖砌体以后，在进行抹灰处理前，在衔接处双面均采用钢丝网进行搭接，然后进行第一层抹灰处理。待观察 15 天后，寻找是否有错缝或者局部开裂现象，在保证没有发生以上情况后再进行第二层抹灰处理。

在处理外墙新建部分表面色彩时，为达到与原外墙一致的色调，设计方、施工方事先做了多次试验，用数十种材料进行搭配和工艺调整，最终效果均不太理想。其后，通过对原墙体使用材料及工艺进行分析检测后，将现代新型材料（其中使用了一种高黏合材料）采取科

由原办公室改造的重庆博物馆展厅。龚廷万 摄

重庆市委会办公大楼旧址屋顶瓦面。
殷力欣 摄

2000 年的重庆市博物馆的西北面。
龚廷万 摄

学配方，并利用现在广泛使用的“刮砂”工艺，使新、旧墙体色彩上基本一致，并达到整体平整、局部粗糙黏结密实、强度可靠的效果。

修缮完毕之后，上级部门给予了充分肯定。但是回过头来看，当时这个建筑修缮只是根据当时的条件，其实也留下了一些遗憾，比如说木质的楼梯现在是改成的水泥楼梯；人字形的木梁架改成了水泥的梁架。

无论怎么说，通过整个建筑有机更新，基本上是达到了库房和办公的需要，同时保留了这个建筑的原结构和建筑原风貌，总体上是一个成功的建筑有机更新范本。

Q：刚才谈到建筑修缮过程，这期间还有哪些细节的发现？

A：在修缮的过程当中，主要是在屋顶砖瓦上发现了大量的历史信息。整栋大楼使用的苏式扣榫板瓦有两种，一是灰板瓦，一是红板瓦，来自不同的砖瓦厂。有部分瓦片背面刻“抗

重庆市博物馆为展陈需求，曾对中共重庆市委办公大楼旧址建筑内部进行了细微调整，包括水磨石地面、木质楼梯等。重庆市文化遗产研究院 供图

重庆市文物考古所对中共重庆市委办公大楼旧址进行修缮时，发现了刻有各种铭文的瓦。
重庆市文化遗产研究院 供图

美援朝保家卫国国营大竹林砖瓦厂出品”铭文，有的背面刻铭文“重庆建筑公司冬笋坝砖瓦厂”，有的刻“重庆永□碳制砖瓦厂出品”，也有刻“重庆机□砖瓦厂制”，还有刻“重庆第五砖瓦厂”。铭文所用字体有繁有简，不一而足，以繁体字为主；书写顺序有从右至左，也有从左至右。以前者居多。另外，部分脊瓦上发现刻有“三星商标三才砖瓦厂制”的铭文，“三星”和“商标”之间刻有呈三角形排列的三颗星图案，另有对应的外文商标，这些建筑材料生动地反映了当时历史时期和重庆商业领域的品牌意识。

同时，修缮之初，我们发现原建筑底层使用水磨石地坪，水磨石上有大量不同的花纹，包括菱形纹、回格纹、云雷纹等，做工精细、打磨光滑，色彩搭配合理，工艺特殊之处在于当时的彩色水磨石在不同颜色之间未用分割线的情况下，造型各异的图案中并没有发现走样的现象，足见当时的工艺水平之高。

在修缮工程中，出于文化遗产保护原真性的考虑，我们非常注意保护原水磨石地面。但是内部框架结构施工中混凝土地梁的铺设还是不可避免地对局部的水磨石产生了轻微损坏。对保留下来的水磨石地面，一开始制定的保护措施是借鉴广州北京路保护宋代路面的措施，采用钢化玻璃将其完全罩住，人行走在钢化玻璃上，不直接踩踏水磨石地面，但可以清楚看到原来的图案。在实际保护过程中发现，这样对玻璃的要求太高，而且为了完全支撑住玻璃还需要在原有水磨石上打孔，势必会造成不可逆转的破坏。因此，在实施过程中，我们采用了第二套方案，即对原有水磨石进行打磨上蜡处理，让它展现出来。对于已被破坏的部分，使用新做的水磨石进行修补，同时使用铜条分隔，以区分原物与修补部分，体现可识别原则。正是因为这种保护，现在的水磨石地面看着还非常漂亮。

修复一新的重庆市文化遗产研究院。黄祖伟 摄

Q：整栋大楼被修缮之后，大家如何评价？

A：这栋大楼的修缮，整体评价正向。但是在外立面的修缮上，有些人评价高，有些评价不高，并质问为什么修得花花绿绿的。

其实这是有原因的，你如果仔细看这栋大楼的外立面，你会发现有些是新的，有些是旧的，这个外立面的修缮，实际上反映了我们保护修缮文物原则性的思路。

文物修缮，第一讲究原真性，哪个是真的，哪个是后来补的，这是不一样的；第二体现识别性，新加的和原来的可以辨别，不能以假乱真；第三还要达到风格协调，按照建筑来说，要实现远观一致，近看有别的效果。

今天的这栋大楼，你如果站在50米外看，这个大楼旧建筑整体是一致的，但如果走近了看，会发现哪些是新添加的，哪些是老的，这都是可以看得出来的。这里边充分体现了修的时候不是文物，但是却体现了文物修缮当中的几个基本原则。不同的人评价不一样，那是因为评价的尺度不一样而已。

Q：如今我们看到，这栋大楼的周边区域，都发生了比较大的变化，这里面有着怎样的规划？

A：我们在对这栋建筑进行有机更新前，对于近现代建筑的保护利用，就有比较大范围的考察，从国内到国外，从上海到英国，在这个考察的基础上，我们当时就已经制定了整个

为了保护整个区域的建筑风貌，重庆市博物馆时期建筑也被修缮保护。 黄祖伟 摄

中共重庆市委会办公大楼旧址园区的整体改造计划，并制定了园区的风貌改造方案。

方案基于我们对这一片的建筑，做了非常好的区域分析和重点分析。当时我们理出了时间线，这个区域最早的建筑是戴笠公馆，大概是建于上世纪三四十年代，那原本是康心如家族的公馆，抗战的时候被征用作为戴笠公馆，这是民国时候的建筑遗产。后来，戴笠还在旁边修建胡蝶楼，这个建筑 80 年代被拆掉了，并重建了博物馆的资料楼。除了民国建筑和 50 年代西南大区的典型建筑，其间还夹杂了一些六七十年代修建的建筑，这类建筑往往缺乏审美，在这个基础上，我们制定了这个区域的风貌规划原则：以 50 年代西南大区的建筑风格为主，适度保留民国的建筑风格。

有了原则和方案，我们一步步地推进改造计划。首先推进的改造就是中共重庆市委会办公大楼旧址的有机更新；其次就是戴笠公馆的修缮，这个建筑修缮中，我们发现博物馆在原来屋顶基础上加了一层楼，改成了砖混的平顶，修缮时，我们主动削掉了一层，让戴笠公馆回到原来的坡屋顶，恢复到原来的建筑风貌。

对于原来博物馆修建的库房、植物库房等类似的办公楼，我们做了材料处理，提取了 50 年代西南大区建筑的若干元素，比如说建筑的外观、颜色，提取的是主体建筑的米黄色。

原先胡蝶楼也是民国的建筑，但是我们找不到任何关于胡蝶楼的档案资料，也找不到胡蝶楼的照片，在这样的情况下恢复，显然没有依据，于是我们就重新大胆地设计了一个既带有民国风格，又不是民国建筑，但是和现在我们的修复保护功能相适应的一种建筑。

在整个园区的修缮过程中，我们既吸收当时的建筑元素，又不采用完全复古的这种思想，因为不能完全脱离当代，更不能不注意与环境的协调。除了风貌以外，我们正在逐步增加整个园区的功能性。

Q：之前这栋大楼就像一个藏在深闺的建筑，现在有了枇杷山书院，并全面向公众开放，这里未来还会给重庆带来哪些新兴的文化元素？

A：我们这个区域从开放的角度来说才起步，未来在功能设计上有几个板块。第一个是业务板块的功能，这个功能是主要体现在我们的业务用房、办公用房以及文物库房上，这几大功能是占主体的；另外一个方面，面对社会我们又设计了“三馆一院”的整体思路。这个保护思路是在文旅融合的大背景下提出来的。

“三馆”的第一个馆是考古体验馆，现在已经完成招投标了，通过数字化和模拟两种形式来呈现“考古干什么”“考古发现了什么”“怎么干考古”，最后大家动手来“体验干考古”，在这个场地里边，还设计了透明的修复工作室。

另外“一馆”是我们提出的透明库房馆，我们过去的文物库房都是封闭式的，我们现在提出的库房是半透明化的，透明库房实现了我们提出的“半藏半展”的概念，以后这个馆关起门来就是库房，向社会开放就是展览馆。

第三个馆是以“戴笠旧居”为主的一个开放场所，初步提出的是重庆故事馆，但是这个馆比较小，可能拿出少量的面积来做一个陈列，围绕“重庆的老建筑”等做个主题展览。

“一院”就是枇杷山书院，书院目前陈列有图书 2 万余册，另有 4 万多册在库房，陆续轮流上架，书院还有一个小的展厅，现在正在展陈“考古百年”展览。

我相信到明年上半年，“三馆一院”全面建起来之后，整个地方既有文物建筑、历史文化建筑空间，也有具体的人文内涵和展示的内容，届时正式面向公众开放，也算是我们在文旅融合方面，考古机构作出的一个探索，一个实验。

实际上，整个片区是经过总体规划，精心设计，才一步步走到今天这个样子。

新近开放的枇杷山书院。黄祖伟 摄

从爬坡上坎到魔幻立体城市

STEREO TRANSPORTATION ARCHITECTURE OF CHONGQING

重庆立体交通建筑

建筑时间：

凯旋路电梯 1985 年动工，1986 年投入使用

嘉陵江索道 1982 年建成，2013 年拆除

长江索道 1986 年动工，1987 年投入使用

建筑类型：

交通建筑、公共建筑

建筑师及工程师：

葛庆英、龙通全

立体交通是构成魔幻重庆不可或缺的元素，穿楼而过的轻轨列车、横跨两江的多座桥梁、高低错落的立交桥，还有为克服地势高差而形成的直线交通工具——爬坡缆车和过江索道等。因为受自然山水影响，重庆地貌呈现出独特的“山地化”特征，这也让它从上世纪 80 年代开始，就迎来了多个全国当时还是首例的交通挑战。

凯旋路电梯、嘉陵江索道、皇冠大扶梯、长江索道……它们不但改变了重庆人过江难与爬山难的问题，更成为了一代人的时代记忆。其中凯旋路电梯是中国第一部城市客运电梯；嘉陵江索道是中国的第一条客运索道；而连接了两路口和重庆站的皇冠大扶梯更是亚洲第二长的一级提升坡地大扶梯。

如今随着时代的发展与城市客运交通的升级，凯旋路电梯与长江索道已经完成了向旅游型公共交通的转型，并成为城市网红打卡地。而千厮门嘉陵江大桥与东水门长江大桥的加入，更是成为沟通长江、嘉陵江两岸的重要通道。它们与电梯、缆车、轮船、轻轨、索道等多种交通工具一起丰富了重庆的交通体系，更为它的魔幻景观写下了浓墨重彩的一笔。

交通不发达的时期，在山城重庆骑驴上坡是独特的一种出行方式。杰克·威尔克斯 摄

原重庆市规划和自然资源局副总工程师

刘兴提

Deputy Chief Engineer of Chongqing Municipal Planning and Natural Resources Bureau

XINGTI LIU

伴随着立体交通的角色转变的，是重庆对立体交通的观念重构。

1942 年出生于四川省武胜县。重庆交通大学公路与城市道路专业毕业后，前往西藏军区后勤部支边。1978 年，转业回渝，进入原重庆市建设委员会规划处工作。曾参与重庆市的三次总体规划，后担任重庆市规划和自然资源局副总工程师，主管交通。2002 年退休。

晨光下，山城重庆像一幅舒展开来的山水画卷。曹卓 摄

Q：重庆市区的交通状况整体是怎样的？

A：重庆市主城区地形起伏比较大，而且有长江、嘉陵江穿城而过，构成了比较复杂的山水地形环境。对重庆而言，山水地形不仅是重庆城市建设的物质空间环境基底，更与城市建设过程中城市文化表现、经济发展、社会组织等有着复杂互动的关系。

山地太多是重庆交通的不利条件，所以重庆交通修建很费力，也很费钱。平均一公里的道路建筑费用比平原城市高三四倍，而且工程难度大。大概是从1940年代开始，重庆逐渐建成了一系列适应山水地形的现代立体公共客运交通设施，其中就包括了中国大陆最早用于城市公共交通的嘉陵江索道、望龙门缆车和凯旋路电梯，这些立体交通在当时都给重庆交通带来了很大的改变。

到20世纪90年代，重庆交通基础设施建设步伐加快。尤其是1997年重庆直辖以后，将1997年和1998年列为了重庆“交通建设年”，更加刺激了交通基础设施的迅速发展。

到21世纪以后，这些立体交通普遍经历了衰败或转型。随着科技的发展，人们也开始更多地乘坐公交汽车和轨道交通。渝中半岛因为是重庆母城，也是主城区山水地形特征最突出、历史积淀最丰富的旧城区之一，所以有很多代表性的立体客运交通设施都汇聚在这里。

Q：能介绍下重庆早期的立体交通工具形态吗？

A：坡地客运缆车就是重庆山水地形催生的典型交通代表，这类缆车以滨江坡地底部的码头为起点，向上与城区连接，望龙门缆车就是中国大陆第一个用于城市公共客运交通的缆车。

在抗战时期，重庆作为战时陪都人口激增，很多乘客下船后都需要忍受徒步攀爬之苦。1944 年，重庆政府决定先在人流量较大的望龙门码头修建客运缆车。在缆车运行的初期阶段，每天的运量都有大概 5000 到 7000 人。

Q：改革开放前重庆有修建桥梁吗？坡地客运缆车之后又出现了哪些立体交通方式？

A：因为经济发展的问题，在改革开放以前，重庆只修建了一座大桥，那就是牛角沱嘉陵江大桥。它在 1958 年动工，1966 年才建成通车。这是重庆市第一座跨江城市大桥，在它投入使用以前，重庆的人、车过江都要用轮渡。但轮渡受天气影响很大，当时遇上大雾天气或者夏季洪水期，都要封渡。一旦停航封渡后，很多需要乘船过江的市民工作和生活就都会受到影响。

所以重庆政府就开始思考怎样用其他的交通方式来解决这个问题，当时想到的就

民国时期，由茅以升设计的望龙门缆车。台湾“中央”社 供图

20 世纪 80 年代，市民坐望龙门缆车到江边换乘轮渡。程良建 摄

是修建索道。而且索道修建很快速，几个月就能建设好。改革开放初期，重庆市就开始筹建过江客运索道了。在 1979 年 7 月，重庆市渡轮公司提出在嘉陵江上空建设客运索道计划任务书，指出客运索道“具有占地少、动力消耗低、无污染、安全可靠、全天候运行、经济效益显著等特点”，这个项目也成为将索道应用在中国大陆城市公共客运交通的首次尝试。

另一个具有开创性意义的立体交通设施是凯旋路电梯。因为渝中半岛山地特征突出，公共交通不完善时，很多市民日常出行都不得不徒步克服几十米高的地形高差。凯旋路地段作为渝中半岛上下人流比较集中的地区之一，就想在这里为重庆市民减轻爬坡之苦，修建电梯，这也是中国大陆第一个服务于城市公共交通的电梯。

当时为节约造价，凯旋路电梯的设计将电梯井道建筑和住宅、办公空间相结合，就形成了一个交通、居住、办公三种功能混合的高层建筑，克服地形高差 33 米。和跨江客运索道一样，凯旋路电梯的设计和投建也受改革初期重庆资源短缺的现实制约，所以工程总投资 178 万元。

随着城市化进程的不断推进，渝中区的用地条件开始稀缺，所以改革开放后我们就规划了很多桥梁，这也是首次由国务院批准的总体规划。

Q：立体交通运行之初在重庆形成很大的社会影响。大众在当时是如何认识立体交通的？立体交通对市民日常生活带来了怎样的改变？

A：早期市民乘坐缆车的时候，当两车厢在轨道中间错车而过时，两边车上的乘客会互相打招呼的，很多大人也会带着小孩反复乘坐缆车玩。所以索道开通后市民过江体验到的不仅仅是交通带来的便利，还有从高空观察地形带来的戏剧性和兴奋感。很多乘客要搭乘的时候都很兴奋，缆车启动时一车人都会发出惊叹。当然这种体验也伴随着不安，比如很多市民都会讨论万一索道停在半空中了该怎么办。

凯旋路电梯则改变了山城市民在高低落差上的移动体验，所以在试运行之初，很多没有在坡地上往返需要的市民也专程前往搭乘电梯以供娱乐。

总之对于市民而言，乘坐缆车、索道、电梯不仅减轻了地形对出行的制约，还带来各种新的、充满戏剧性的地形体验方式。

Q：立体交通在大交通体系里占据着怎样的位置？

A：立体交通在大交通体系里是一种辅助形式，起着解决局部交通问题的作用。现在索道、轮渡、电扶梯，都属于辅助交通。

不得不提到一下重庆的巷道，重庆的巷道比较狭窄，而北方的巷道很宽阔，但尽管窄也解决了很多交通问题。平原城市可以一出门就蹬自行车，而山地城市一出门就是爬坡上坎，这是两种不同的出行方式。山地城市对辅助交通的需求比平原城市的需求更高，它是直接为老百姓服务。

民国时期的朝天门沙嘴码头，过河船是唯一的过江工具。美国国家地理 供图

我们现在很多开发商，在建设时把一些巷道废掉了，这在规划上是不妥的。两个开发商之间需要留下一个通道，老百姓的出入才方便。一些重要的人行通道在建设的时候也需要加强保护。

我看过很多区的交通规划，总体上来说，规划得很模糊，对城市用地几乎是一片一片地在规划，这是不应该的，需要很细的规划。很小的梯道也是不能忽略的，我们一定要重视传统的交通方式，不要一修建大厦，就占用一个重要的步行要道。

站在全局角度来说，大交通当然重要，但是站在老百姓使用角度去思考，辅助交通也是非常重要的。

Q：每一种立体交通在当年都可能是一种创新的模式，交通设施的发展是随着城市的建设发展而创新的吗？

A：创新一直会有。比如现在大家常去打卡的地方李子坝轻轨站。当时李子坝轻轨站的建设，征求当地老百姓的意见，当地居民都不愿意离开那里，于是政府做出承诺，让老百姓暂时到别处过渡，把李子坝轻轨站大楼修建好之后再搬回来才解决这个矛盾。

当时设计的形式就是将房屋的承受能力和轨道的承受能力分开，各是各的基础，必须分开，所以那个站和重庆其他的轻轨站比起来就特别一些。

据我所知，今后高铁还会从菜园坝站穿到江底，过江到南岸区茶园片区的重庆东站。那么高铁除了连接城市与城市之间，还可以解决一些城市内部的交通问题。

Q：创新型交通方式出现了后，传统的交通方式也要保留。这之间的关系你如何看待？

A：随着重庆跨江桥梁增多、公共客运交通的效率和容量提升、交通类型多样化等原因，立体交通的客流量及其在城市公交体系中的地位逐渐下降。此外，一些立体交通退出了历史舞台。

近年来，随着重庆对城市品牌化、都市旅游、城市地域文化表现的重视，立体交通因具备较为突出的地域特色而获得新的发展动力，其角色逐渐从单纯的城市公共交通转为公共交通与都市文化旅游结合。

长江索道从 2008 年开始增加旅游服务功能，逐渐转型为旅游景区；凯旋路电梯于 2017 年升级改造，与邻近的白象街共创旅游景区。一些被拆除或被废弃的立体交通的复建也陆续被提上议程，伴随着立体交通的角色转变的，是重庆对立体交通的观念重构。

Q：重庆的辅助交通未来的发展趋势是怎样的呢？

A：辅助交通是解决老百姓局部的交通问题，但它们很重要，我们都知道“一脉不和，周身不适”这个道理，整个城市的交通命脉像机器一样，每一颗螺丝钉都是要运转的，一颗不运转都不行，主体我们要发展，次要的辅助体也要发展，如果把次要的辅助体停滞，那么这个机器也要瘫痪。

尽管局部交通是很重要的，但是我们不放在最主要的层面来抓它，因为它花的力气和金钱不是最重要的，解决的问题也不是主要的。比如，如果我们的 1 号线不通了，整个城市的交通可能就要瘫痪，但如果一个梯坎、一个城市天桥电梯拥堵，这是不会引起全城拥堵的。我们要抓主要矛盾，要保证大交通是不能出事故的，但也不要小觑辅助交通的建设。

跨江大桥的修建，彻底改变了传统的过江交通方式。图为渝澳大桥复线桥的修建。 Gettyimages 供图

凯旋路电梯设计师

葛庆英

Designer of Kaixuan Road Lift

QINGYING GE

作为世界少有的大规模山城城市，重庆立体交通可做的文章还很多，尤其可在乡镇发展一些利民项目。

1941年生，高级建筑师，国家一级注册总工程师，凯旋路电梯设计人，曾在重庆市设计院从事建筑及规划设计工作。1990年支援特区建设调往厦门市从事项目开发、策划、建设等工作，为厦门市专家库成员。退休后，协助市政府做城市建设策划及初步规划工作，现为重庆市勘察设计服务中心顾问。

为方便市民出行，凯旋路电梯旁新建了过街天桥。
黄祖伟 摄

Q：凯旋路电梯修建于上世纪 80 年代初，是我们国家内地第一部用作公共设施的客运电梯。您能否简单谈一下凯旋路电梯的修建背景呢？

A：从这个项目的落成到现在已经有 35 年了，那个时候我才四十多岁，现在我已经 80 岁了。当初接到凯旋路电梯这个项目的时候我非常意外。因为跟其他的设计项目不一样，它是一种动态与静态的结合。建筑物一般是静止的，而电梯是动态的，这对当时的我们来讲是一个难题。

电梯属于垂直交通，以前我们基本上都是用于室内，连接上下所用。而这个项目要将电梯用于城市公共交通，不管从创意构思，还是我们实际设计建设要面临的难题，都确实是不一般的。我们没有先例可循，凯旋路电梯是重庆第一台，也是全国第一台用于公共交通的电梯。

民国时期，凯旋路建成通车解决了上下半城的交通问题。台湾“中央”社 供图

Q：为什么想到用电梯来解决城市交通问题呢？

A：重庆走到哪里都是上坡下坎的，尤其是渝中区有明显的上下半城分界，人生活在城市里，慢慢也就接受了。

但是随着经济和城市的发展，人们开始想办法解决上下交通的问题。那时候不像现在，政府没有那么雄厚的资金，没办法修桥、修高速路等等。因此，就只能通过局部调整来解决整体问题。

这个电梯的建设就是局部解决交通问题。还有我们的大扶梯、索道、缆车等，都是从局部调整来解决市民的交通问题。这样做又不用花太多的钱，而达到的效果又好。所以这种局部解决的办法在上世纪八九十年代还是很有用的。

Q：凯旋路电梯的选址有什么考究呢？

A：凯旋路是渝中区上下半城分界的一个标志。往上就是解放碑，重庆市区最中心、人流最集中的地方，大家进城办事都要往那里走；往下就是望龙门，也就是长江边上。凯旋路连接市中心和长江这一交通要道，所以电梯就选址在了那儿，并且从建成投用一开始就人流熙攘。再说，这个位置原本就有个很长的梯步。这个梯步旁如果能够修个电梯，

凯旋路电梯吸引游客打卡。(上)
长长的梯坎依然保留着，不少市民仍会沿着梯坎走上去。(下) 黄祖伟 摄

对于经常上下的居民来说可以节省很多力气，改善交通情况。同时，梯步也可以作为电梯的应急交通。

当然选址最大的难题在于特殊的现场地形。如果说给你一个荒坡空地，那问题还不是很大，因为它相当于一张可以重新规划的白纸。但是凯旋路电梯选址在杂乱、狭窄的市中心，居住人口密集，必须把旧的东西全部拆掉以后才能建一个新的，还不能与原有的居住情况发生很大冲突。同时，凯旋路电梯的工作人员也需要就近办公。

综上所述，凯旋路电梯规划中最大的难题就是要在如此弹丸之地兼顾交通、住宅、办公三种不同需求。那时候因为经济的关系，能够交给我们可用建筑面积一共也就三千多平方米，要把这么多内容都加进去，确实还是有难度。

Q：那么您在设计凯旋路电梯的过程中是怎样应对这些问题的呢？

A：因为当时的经济条件不一样，很难将所有的拆迁户搬到另外一个全新的地方，因此需要把他们原来的住处还到他们手里。本来凯旋路电梯设想的是纯属城市交通用途，甚至可以有一些观光作用。当时我们还参考了香港的一个旧城住宅改造案例，他们使用了一个单独的室外垂直电梯跟上面的走道连接。但我们情况不一样，只能将交通、住宅、办公三种不同的建筑类型融合在一起，最后就诞生了凯旋路电梯独特的三合一设计。

我在设计过程当中遇到的最大困难还是交通问题。建筑里有居住的人、办公的人，还有经过的行人，如果所有人都通过一个交通出入口进出建筑，那么一定会造成堵塞。而且在消防安全上，这也是不允许的。

因此我们的解决办法就是人群分流，划分开不同功能的空间分区。怎么分开呢？就是保留梯步，以及修建外栏式的廊道。这样，不同区域的人可以通过外廊连接梯步出入建筑，互不干扰。虽然过程很困难，但最后的效果还是非常好的，同时满足了住宅、办公和上下半城的交通需求，充分解决了经济紧张问题，同时利用了地形，形成了这栋建筑的一大特色。

在外廊的设计中，我们做了一个大胆的尝试。跟当时一般建筑物外墙灰白的颜色不同，我们把外廊刷上了不同的颜色，形成五颜六色的条纹外观，非常漂亮。可惜现在已经没有了。

Q：凯旋路电梯的设计过程中有没有什么技术上的难点？

A：由于之前我国内地没有电梯作为公共交通的先例，因此我们很多都需要自己摸索。当时我们到全国各地调研，包括上海、无锡、苏州等地方的电梯厂都去调查过。

因为凯旋路的客流量很大，必须要经过科学计算、证明，才能够得出最理想的轿厢容积、速度等，才能将电梯的设计落到实际中去。当时电梯的一般速度是 1m/s，假如作为城市交通用的话比较慢。凯旋路从底到顶是三十多米，坐一趟时间很长，不仅有可能造成排队、堵塞，大家关在电梯里头也比较难受。

我们在调研过程中发现国内当时的电梯速度最高就是 3m/s，高级酒店、好的办公用房顶多也就 2m/s 左右。我们最终定下凯旋路电梯的速度为 2.5m/s，在当时已经算是很高了，也非常感谢各方施工单位的配合，让便捷快速的凯旋路电梯得以面世。

当然，凯旋路电梯作为一个项目，不可能是我一个人完成的，而是一个团队的成果。我尤其记得一位结构专业的老工程师王工参与设计了凯旋路电梯顶端 4.2 米长的悬挑。因为悬空的部分设计比较长，需要精密计算整体的结构来支撑这个悬挑，计算相当复杂。当时没有电脑、软件程序，工程师必须用手按计算器，一个一个数字地计算。不过幸好王老师的工作作风很严谨，专业能力非常强，我跟他配合工作十分融洽，最终一起呈现出凯旋路电梯昂首挺胸的模样。他已经走了好多年了，我很感谢他。

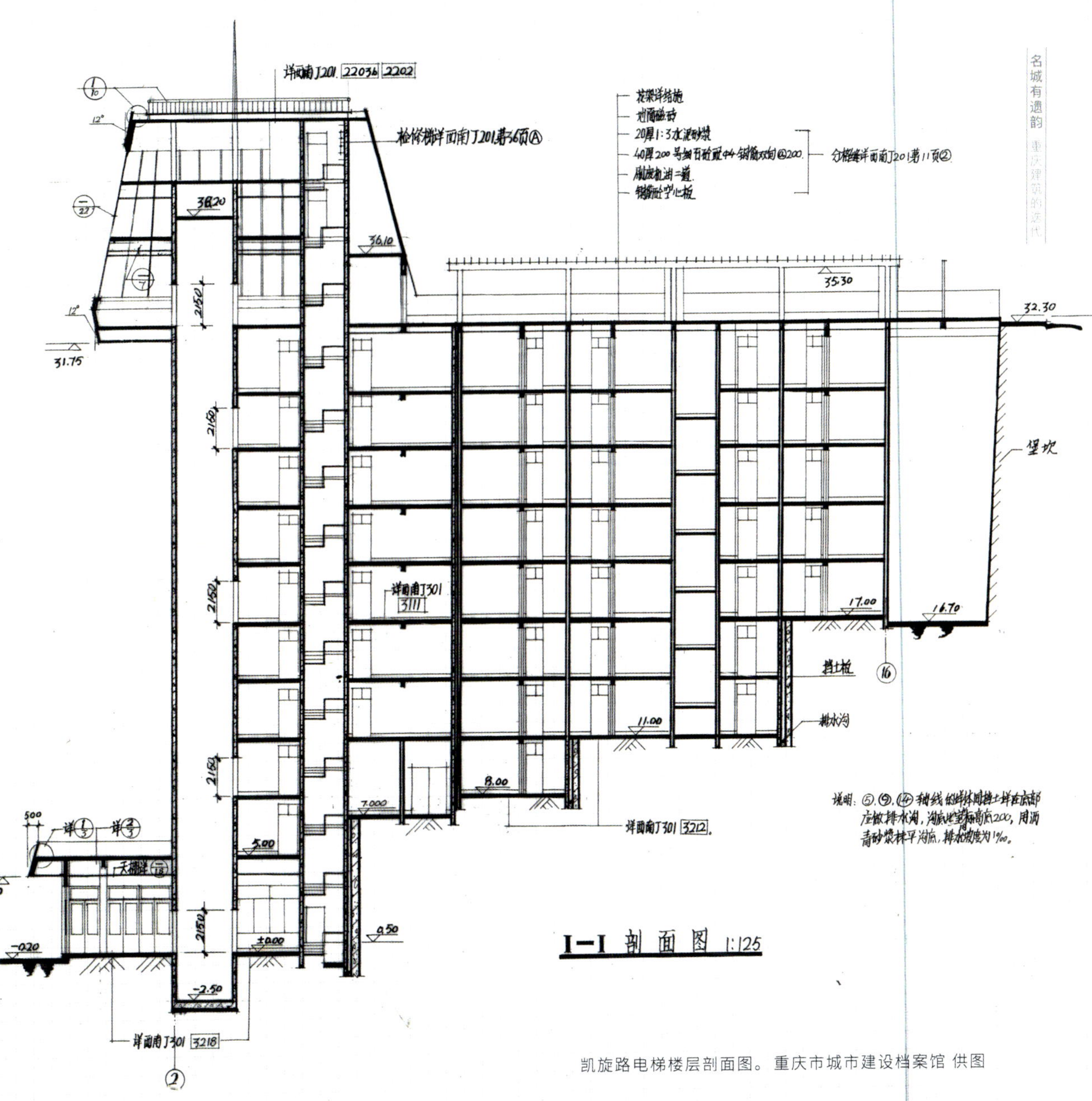

凯旋路电梯楼层剖面图。重庆市城市建设档案馆 供图

Q：在凯旋路电梯的修建过程中有没有什么困难以及趣事？

A：当时的建设技术有限，施工机具不够先进。在坡地上施工只能靠工人肩挑背扛，所有建筑材料都是通过这样的方法运上来的。尤其是在做悬挑的时候，4.2 米的宽度，施工难度非常大。工人站在高处支模、用混凝土浇筑，下面就是三四十米的悬空，可以说是心惊胆战。当然再难，我们各个部门还是配合得很好，一鼓作气完成了项目建设。

除了困难，在修建过程中也有不少有意思的事。最初为了统计载客量和计算相应的轿厢容量，我们在凯旋路的大梯步上“数胡豆”“画正字”。一般室内电梯可以将每一层的常居人数作为计算基础，但是凯旋路电梯不一样，它作为室外交通，需要实地调查人流。当时还没有计数器，或者感应器一类大工具，所以我们就用最原始的办法来统计人流量。建设单位那边的人通过数胡豆来计算客流，过一个人就放一颗胡豆。我拿个小本子画正字，一个正字五笔，走一个人画一笔，一天从早到晚不知疲倦地写正字，差不多得有一万多笔。总之，过程还是非常艰苦，但是现在想起来还是觉得很有意思、很幸福。

Q：凯旋路电梯修建起来之后，产生了什么样的影响？

A：凯旋路电梯验收那天，我们很多人去了，设计院的领导、同事也去了。我们拍了张合影，我特别喜欢。照片上所有人的表情都是欢天喜地的，大家都非常满意。这里面有各专业设计人员，还有和我一起工作的小伙伴们。三十多年过去了，看着这些照片上的人，老同志已大部分离世，小伙伴们都已近退休年龄。

凯旋路电梯昂首挺胸正对长江，那个时候没有高楼，而它又位于斜坡上，从长江往渝中方向看非常耀眼。凯旋路电梯突出的悬挑加上五彩斑斓的颜色，从长江上看过来就像是一艘正在前行的、很有力量的船，给人一种勇往直前的感觉。凯旋路电梯夸张的外形在当时非常与众不同，因此表现出来一种性格，有点像象征重庆精神的一个符号，醒目、直爽、火辣辣的。

它建成以后，在重庆反响很大。一方面它票价便宜，大家都负担得起。另一方面它确

凯旋路电梯建成投用，设计团队全员在电梯大门前合影留念。葛庆英 供图

如彩虹一样的外廊曾是凯旋路电梯的一大特色。程良建 摄

如今凯旋路电梯依然为市民提供出行便利。黄祖伟 摄

实能解决上下半城人的交通问题。大家当然就都愿意坐电梯了。尤其是那些小孩儿，要爸爸妈妈带去坐凯旋路电梯，那个时候没得这么丰富的玩具，坐电梯就像现在玩过山车一样。所以这个电梯落成以后，不单是作为交通用，也成了一个娱乐的东西，很有意思。

我们设计院有个年轻人告诉我，小时候他的爷爷奶奶住在下半城，他住在上半城，每个星期都要跟妈妈一起坐凯旋路电梯去看爷爷奶奶。这是他小时候最喜欢的一件事，比现在坐碰碰车、摩天轮还要高兴。我没想到凯旋路电梯成为他的记忆，甚至是一辈人的记忆了，这对我们来讲是一个很大的安慰。

Q：正如您所说的，凯旋路电梯的意义其实超越了最开始的交通工具，现在更成了很多人来重庆游玩必打卡的景点，一个象征重庆山地地形的标志，您能否简单谈一下您对于这样一座山地城市的未来有什么想象？

A：对于重庆来讲，我们现在的交通已经很繁荣了，一些全国有名的城市交通景观也都在重庆。总的来讲，我觉得立体交通可以继续发扬光大。我们重庆可以说是世界上都很少见的大规模山地城市，因此从宏观规划上来说，立体交通可做的文章还有很多，尤其是在乡镇上可以发展一些利民的立体交通项目。不是说非得做大规模的项目，我认为应该像电梯一样，解决局部交通问题，改善老百姓的生活环境，就很有前途。

我还想提两个建议。这么多年了，我还是希望电梯可以恢复原来的面貌。现在来说成本也不高，同时也可以恢复到原来彩色的外形，对城市、旅游的影响也是很正面的。另一个是因为很多特殊的交通工具基本上都在渝中区，所以我建议在渝中区建立一个博物馆。用这个方法才能把我们以前的历史性的、民族性的文化保留下来，至少可以告诉我们的后代我们曾经为这个社会做过什么，是一个很可贵的时代记忆留存。

嘉陵江索道营业第一天，两边的站房都排起了长队买乘车票，索道一整天都在运客，两岸参观的人更是络绎不绝。

龙通全

嘉陵江索道及长江索道工程师

The Engineer of Jialing River and Yangtze River Cableway

TONGQUAN LONG

1946年出生，毕业于重庆建筑工程学院，工业与民用建筑专业。曾在重庆巨能集团建安公司（原煤炭部41处）任技术员、助理工程师、工程师、高级工程师。1993年起享受国务院政府津贴专家，一级注册建造师。参与嘉陵江索道、长江索道、鹅岭两江亭等建设，担任项目总工程师。

1982 年 1 月 1 日，嘉陵江索道建成通车，极大解决了朝天门片区到江北城的交通问题。程良建 摄

Q：嘉陵江索道是重庆修建的第一条过江客运索道，您作为项目总工程师，能谈谈项目立项的情况吗？

A：嘉陵江索道是全国第一条过江索道，特别是用于公共交通的过江载人索道。最初是重庆市公用事务局提出来的，大概在 1979 年。计划是在江岸两侧坡地上选择适合高度设置索道站，就可以在不影响航道的情况下实现索道客运。这个计划很快就得到了市政府认可。1980 年，市政府就把这个项目提上了日程。因为这在全国其他地方还没有过，重庆也是初次尝试，所以项目带有一定科研性质。当时是由市科委牵头在做，还专门成立了嘉陵江载人索道项目领导小组。

在这之前，1978 年，攀枝花有一套准备投用在矿山工人上下班的索道设备，未能马上施工，但不知道为什么不用了。市政府就准备把那套设备全套引用过来。由北京起重设备机械研究所和长沙有色金属研究设计院等单位 来做索道项目设计。其他配件由四川江油机械厂来生产。

项目施工就找到了我们四川煤矿建设第12工程处，让我们来负责施工建设。因为我们有丰富的矿山索道建设经验。我当时还很年轻，三十几岁，负责过华蓥山的一些索道建设。单位就指派我为这个项目的技术负责人。虽然我们也没做过载人索道，但至少对索道是了解的，在施工中遇到问题再来研究嘛。

Q：作为嘉陵江索道施工技术负责人，您觉得载人过江索道最大的难点是什么？

A： 过江索道和矿山索道不同。矿山索道虽然一般都是长距离的，但它中间有支撑，其实两点之间的跨度就不太大，且在陆地上施工。而过江索道的跨度非常大，在水面上跨越，这就是最大的难点。

我接到任务的时候，嘉陵江索道的设计工作都已经完成了。我们只负责施工建设。从图纸上来看，嘉陵江索道的跨度是740米，设计为单承载单牵引往复式架空索道，两岸站房的高差有30米，也就是索道两个支撑点的高差有30米。

索道跨度越大，产生的水平张力就越大，那么对于南北两岸锚绳的站房，在结构和承重上要求就很高。索道架设上去后，站房不能出现一丁点倾覆或位移，否则就会出现重大安全问题。

建设初期，索道确定的载客量是45个乘客加1个乘务员，还有车厢的重量，所以站房和钢索都要承受很大的拉力。站房内用来固定钢索的重锤是70吨，也就是说，每根钢索的最大承载力是70吨。我记得嘉陵江索道最初用的钢索是德国进口的。后来检修更换绳索时，换成了奥地利进口的。奥地利的索道在全世界都比较有名。

Q：嘉陵江索道施工中遇到哪些困难？你们整个施工团队是如何克服的？

A： 一个是施工站房的结构建设，为了保证承载绳的锚固强度，剪力墙的基础又深又大，且必须整体施工确保结构的抗倾覆强度。

二是设备运输到现场很困难，嘉陵江索道项目是先修两个站楼，再安装内部设备。因为当时交通不发达，路面崎岖也不宽阔，那两个70吨的重锤要先运输到站房，再弄到地坑下面去，还是很费力的。

三是安装的困难，嘉陵江索道要安装八根绳子（两侧各四根）：永久承载绳、避雷绳、牵引绳、辅助牵引绳各两根。永久承载绳就是承重绳。此外，怕雷击就必须要装避雷绳；牵引绳是拉着吊厢走的；辅助牵引绳则是为营救工作使用的。一旦牵引绳出了问题，我们就会启动辅助牵引绳来代替牵引绳作业。

Q：在这个过程中，是否关于绳索的部分难度最大？

A： 对，4根绳子中最粗的承载绳直径42毫米，单根绳子的重量就有15吨。承载绳一头固定在渝中站房里的钢筋混凝土剪力墙筒体上，另一头则是在江北站房，通过绳盘，连接到重锤，由重锤将绳子拉直。

1980 年，嘉陵江索道放线。程良建 摄

重锤还有一个作用，调节承载绳的弧垂。因为水平张力变化，如果绳索两头都固定死了，车厢行到中间时，绳索承受的拉力就会大大超过 70 吨，可能会出现安全问题。所以承载绳必须在一定范围内可滑动，来抵消增加的水平张力。

我们设计了滚子链装置来控制承载绳的弧垂升降。滚子链像一个弧形的小车固定在筒体上，承载绳卡在滚子链的凹槽中就可以滑动。但当时就是一直做不好滚子链，我们跟设计单位反复做实验，反复修改论证，以至于轿厢安装好后我们都还一直在调试传送机械动力链条。

还有架设空中缆绳环节，最难的就是这里。因为要把这种长且粗的绳子跨江架起来，在这之前我们是没有尝试过的。我们虽然有在山上架绳的经验，但那些绳子都不大，直径也就三十多毫米。而且跨江架绳过程中，绳子绝对不能落入水中，一旦下水，就拉不起来了。

Q：架绳的方案当时是怎么想出来的？有借鉴别的索道的架绳方案吗？

A：国外很多索道设备在安装跨中支架和架绳环节采取的是空军介入在上空中悬吊支架，在空中完成牵绳。经过反复研究，我觉得我们也可以借鉴这种方式。所以我们当时也找了空军部队，准备用飞机先拉一根小绳子过江，再通过这个小绳子牵引大绳过江。但空军部队没有这方面的经验，又考虑到安全问题，劝阻了这个方案。

最后，我们想到用渡船从水上引绳的方法。当时我们租了七条驳船，在江面上一字排开，用拖船把施工绳一点点地牵引到一条驳船上，再到下一条驳船上，最终才解决了过江难题。

施工绳架起来后，就开始牵引大绳过江。一开始渡过去的还不是最粗的承载绳。我们计算好荷载后，从小到大地引渡绳索。最后在牵引承载绳时，我们的施工承载绳走出一段距离后就把永久承载绳悬吊在施工承载绳上。当时设了很多小滑车（托绳轮），通过滑车隔二十几米设置一个环，把永久承载绳卡死后悬吊到施工承载绳上。这样永久承载绳带有滚轮，就可以在我们的施工承载绳上滑来滑去，就方便我们拖着走了，将永久承载绳拉过去后就轻松一点了。

Q：嘉陵江索道安装绳索用了多久时间？

A：安装过江施工小绳子用了一天时间。因为是跨江面作业，航道就必须停航。当时，给我们的停航时间就只有一天。当天除了停航外，两岸施工沿线还疏散了近千人。因为怕施工过程中，万一绳子掉下来引起安全事故。并且沿线居民楼上空也全部搭建了脚手架作为保护。万幸的是，那天我们工程进展得非常顺利。当然也得感谢所有人的配合和支持。

所有绳索安装完成花了两个月时间，其间，站房的设备也在不断调试。

嘉陵江索道客运架空道线路总布置图。重庆市城市建设档案馆 供图

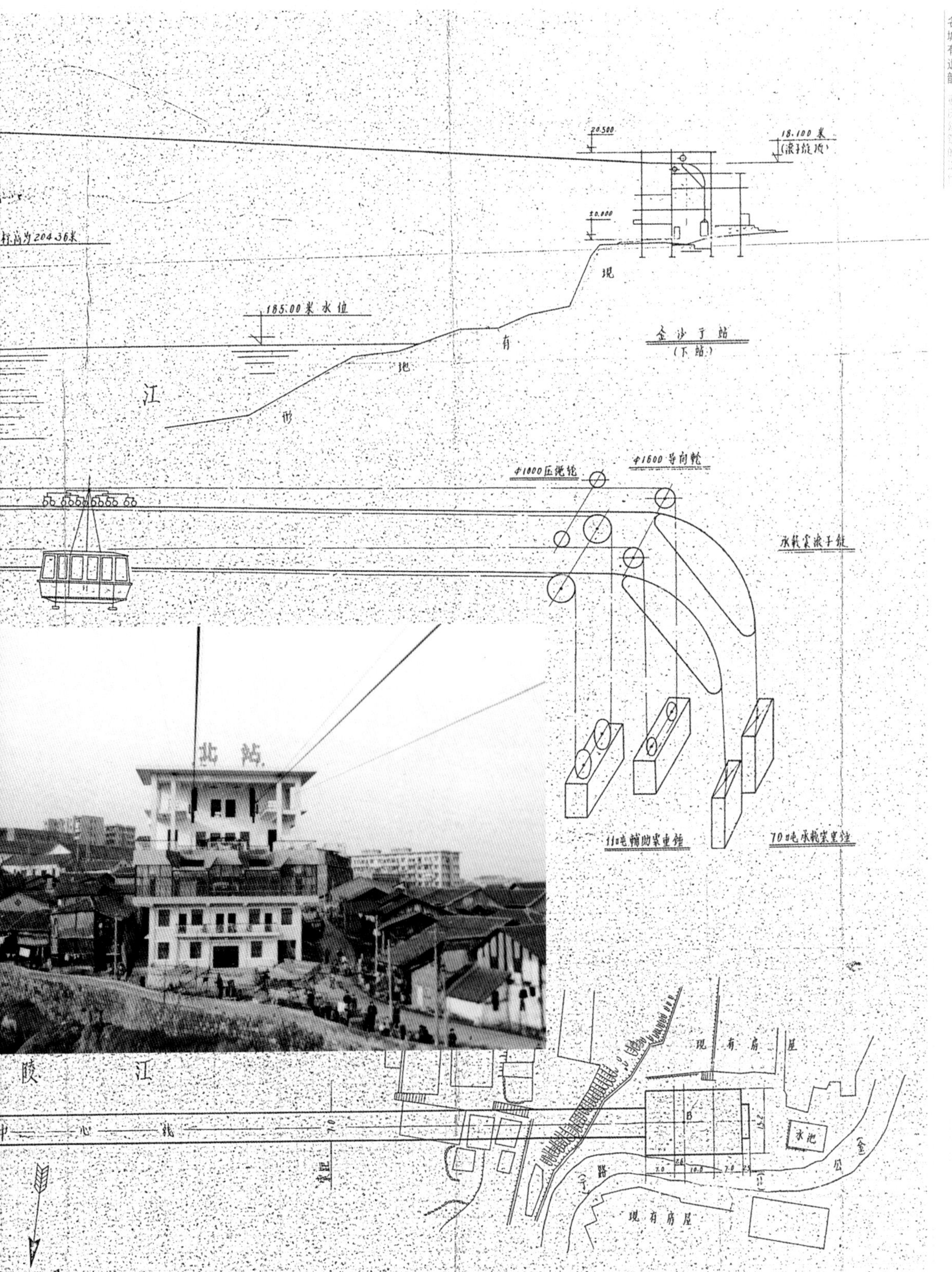
20.500
18.100 米
(滚子旋顶)
20.000
标高为204.36米
185.00米水位
现有地形
江
金沙子站
(下站)
φ1000压绳轮
φ1600导向轮
承载索滚子鞍
11吨辅助索重锤
70吨承载索重锤
北站
陵江
中心线
现有房屋
水池
公路
B

嘉陵江索道检修轿厢。程良建 摄

Q: 嘉陵江索道建设好后，您是第一个乘索道过江的人，对吧？

A: 这个索道是由矿山工人上下班用改为城市公共客运交通，并且是重庆市市政的第一个跨江交通设施，所以必须做到万无一失。轿厢肯定是没有问题的，但大家会担心江面上的绳子会不会断裂，所以谁也不敢去坐。

我们开始是在车厢里放沙包做试验，经过几次运行，都没有问题。我是技术负责人，我对它的安全性是充满信心的。因为钢丝绳利用在索道上是有标准的，安全系数一般在3左右，嘉陵江索道这个钢索的安全系数就是2.5至3。所以这个绳索是不会断的，绳索张力是70吨，承重就是接近200吨。所以我第一个坐过去，又坐回来，大家看到没有问题，就都敢坐了。

2011 年，千厮门大桥开始修建，嘉陵江索道即将停运。 王远凌 摄

当时，我很兴奋。辛苦了这么久，终于把索道架成了。过江时间 2 分多钟，整个过程都很开心。尽管当时担着很大的风险，但没有出问题心里的石头就落下来了。

Q：嘉陵江索道 1981 年竣工，1982 年 1 月 1 日投入使用后市民们的反应是怎样的？

A： 我们开始定的票价是 1 角钱。我担心贵了，可能会参观的人多，但乘坐的人不会太多。结果营业第一天，两边的站房都排起了长队买乘车票，索道一整天都在运客，两岸参观的人更是络绎不绝。

大家兴致过了后，嘉陵江索道就逐渐变成正常的交通工具。市民们觉得很方便，原来从江北嘴到渝中，要爬坡上坎去坐轮渡，坐轮渡还要等。我自己家就住在江北城，我很清楚江北城附近的老百姓有多高兴。

嘉陵江索道建成后，重庆其他地区的市民纷纷要求新建客运索道。1986 年 3 月 15 日，连接重庆渝中区和南岸区的长江索道也开始建造。1987 年 10 月 24 日投入试运行后，就成为了重庆第二条跨江客运索道。

Q：嘉陵江索道这样一个困难重重的项目，它的工程造价花费了多少？

A： 嘉陵江索道项目最初的总经费概算是 250 万元，这样的投资在改革开放初期的重庆已经是很不容易了。最后实际总投资好像是 378 万元，直接用于工程的费用 277 万元。具体的数目建设单位更清楚，我们施工单位主要做的就是施工。

长江索道放线。重庆市客运索道有限公司 供图

Q：长江索道的建设也是您负责的，过程中遭遇过哪些难题？和嘉陵江索道比起来，哪个索道的施工难度更大一些呢？

A：长江索道正式架绳是我指挥的，绳索更换方案也是我负责的。当时很多部门指定要我来负责，这点还是很开心的，因为得到了信任。

长江的江面跨度有1166米，设计采用的是双承载双牵引往复式大型客运架空索道，长江索道单根承载绳的张力是100吨，所以重锤就要达到100吨，这也导致长江索道的建设难度比嘉陵江索道难度大很多。

第一，长江索道位置人员密集，所以周围的施工场地相对狭窄；第二，过江索道共4根承载钢丝绳，单根就有25吨，直径为54毫米，而嘉陵江索道的承载绳是15吨左右，共2根。绳索更大，运输和架绳的难度自然就更大；第三，时间也比较紧迫，长江航道管理部门给我们的断航时间也只有一天。好在有嘉陵江的成功经验了，我们还能克服，还能想办法。

长江索道的建设最难的也是架绳。当时我真的捏了一把汗。因为有了嘉陵江索道架绳的经验，长江索道架绳的时候，我们就准备一次过两根绳，一根施工牵引绳和一根施工承载绳。一开始进行得都很顺利，但没想到快走到一半的时候，施工承载绳下水了。绳索一旦下水就怎么都拖不起来，而牵引绳已经走了很远了。

这不能怪任何一方，施工过程会有很多不可预测的事情。我们在江面上一字排开布

长江索道控制中心，技术人员正在操控索道运行。
重庆市客运索道有限公司 供图

置了九只驳船，但施工绳下水后，我们想尽办法都把它拉不起来。当航道指挥部催促我们的时候，绳子还没从水里拉起来。很多部门都在联系我们了解情况，大家都很担心。我当时下决心，反复想解决方案，如果继续拖，可能要出安全问题。最后决定把施工承载绳斩断，遇水的那部分不要了。斩断之后受力的影响，绳索腾空几十米，这是我遇到的最大的安全问题，万幸没有出事故。

长江索道和嘉陵江索道的施工技术最后还荣获了 1992 年四川省科技进步二等奖。而且长江索道建设好后，还吸引了外地很多机构来重庆取经，特别是一些旅游景区，比如泰山索道建设前，他们相关负责人就到重庆找过我。

Q：两个索道的绳子在什么情况下进行过更换？更换的时候要比第一次容易吗？

A：绳索的使用年限是 15 年。但在 1998 年，长江索道发现承载绳有根钢丝断裂了。

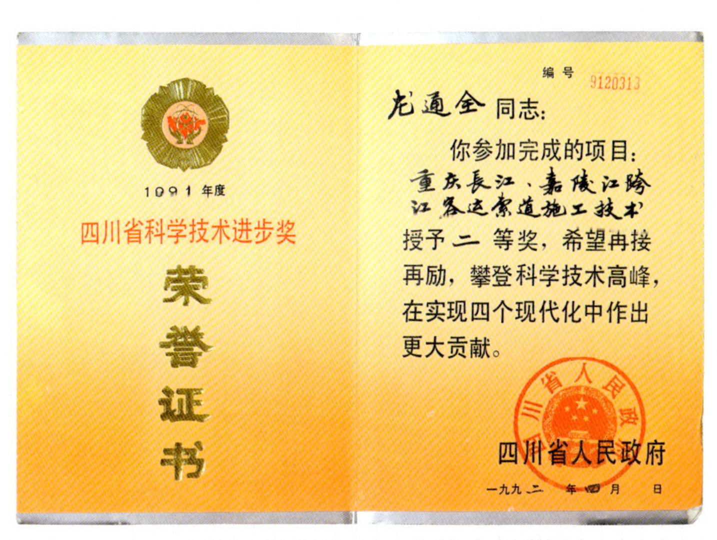

1991 年度

四川省科学技术进步奖

荣誉证书

编号 9120313

龙通全 同志：

你参加完成的项目：重庆長江、嘉陵江跨江客运索道施工技术授予 二 等奖，希望再接再励，攀登科学技术高峰，在实现四个现代化中作出更大贡献。

四川省人民政府

一九九二 年四月 日

长江、嘉陵江客运索道施工技术获得科技进步奖荣誉证书。龙通全 供图

正在运行的嘉陵江索道。龙通全 供图

为了防止引发安全事故，那年长江索道进行了首次换绳。长江索道的绳子换了之后，嘉陵江索道的绳子也快到年限了，也进行了及时更换。

更换绳索就比架绳容易得多，工作人员只需要在站房的检修平台将新旧绳进行连接。然后松开旧绳的固定装置，利用专用设备，通过南北站的放收绳，就可以实现更换了。

但也不排除施工现场会存在各种突发难题，比如当时更换长江索道的绳子时，因为绳子距离高压线太近，还产生了火花，这其实是很危险的。

Q：作为嘉陵江索道的技术负责人，当得知嘉陵江索道要拆除的时候，你是什么感受？

A：一开始我也不理解。我觉得虽然现在建了很多过江大桥，方便人们出行。索道的客运量确实减少了。但它还是能起到一定辅助作用。我总希望能够保留下来。

最初我认为千厮门大桥在设计上是可以绕开嘉陵江索道的，但后来才了解到嘉陵江索道那个位置规划的并不只有一座桥，还有隧道、轻轨交通。那么在大规划上有冲突，当然得分主次了，但嘉陵江索道依然是我很骄傲的作品。

重庆市客运索道有限公司总经理

雷伟

General Manager of Chongqing Passenger Cableway Co.

WEI LEI

我们现在的转型已经走过了三个阶段，目前更是转向了生态型服务探索。相信未来大家看到的不仅仅是索道，更是关于索道的一个综合性文旅项目乐园。

1973 年 8 月出生，中共党员，中级政工师。现任重庆市客运索道有限公司党委副书记、总经理。在城市交通升级发展导致传统立体交通逐渐势弱的当下，引导探索转型发展新模式，成功试验出一条以文化赋能、以旅游赋力的立体交通创新驱动发展之路。

索道从江面划过。贺兴友 摄

Q：受城市山地影响，重庆衍生出了过江索道、皇冠大扶梯等缩短水平或垂直距离的交通工具，可以先为我们介绍下它们所属的重庆市客运索道有限公司的情况吗？

A：重庆市客运索道公司前身其实是轮渡公司，在索道发展以前，重庆的出行只能靠轮渡和大桥。但它们都会受大雾天气影响，所以就衍生出了索道这一交通工具。1987年，长江索道建成运行后，主管部门认为从索缆专业化管理角度来看，把凯旋路电梯、嘉陵江索道和新建成的长江索道从轮渡公司中独立出来成立一个新公司会更好。于是1989年7月1日，索道公司成立了。

公司成立之初，就是长江、嘉陵江索道，凯旋路电梯三个项目。后来的皇冠大扶梯是拆除两路口缆车后新建的，还有缙云山索道，它属于旅游交通，它们共同构成了索道公司的几大设施项目。

Q：您能谈谈嘉陵江索道、凯旋路电梯、皇冠大扶梯这些立体交通建筑出现的背景吗？

A：重庆交通有别于其他城市，首先是因为它的地理特点及气候特点。重庆作为山城，依着崇山峻岭，傍着大江大河，常年云深雾重，居民出行很容易被天气影响。所以上世纪八九十年代其他城市主流交通都是公共汽车的时候，重庆却出现了连通两江四岸的两江索道。因为它能够全天候保持畅通，不受大雾天气影响。

凯旋路电梯和皇冠大扶梯则和重庆的爬坡上坎有关，电梯解决的是垂直公共交通的问题，扶梯解决的是坡地公共交通的问题，说白了就是让我们的老百姓出行免受爬山的烦恼，让客运电梯连接了上下半城。

从时间上来说，最早建成的是嘉陵江索道，它在1982年元旦运行。然后是凯旋路电梯，1986年3月运行。长江索道，1987年12月24号运行。最后就是皇冠大扶梯，1996年运行。

升级改造后的两路口皇冠大扶梯。黄祖伟 摄

这几个设施从时间段来说都在上世纪 80 年代和 90 年代，是特定时期交通发展的产物。

Q：2000 年后，重庆立体交通结构升级，重庆也开始成为“桥都”。从 80、90 年代对辅助交通的依赖到 2000 年后的交通转型，能谈谈其中的变化吗？

A：对一个城市而言，它的整体交通发展离不开主流交通和辅助性交通的变迁。重庆的骨干交通现在就是轨道交通，其次是公共交通，也就是俗称的公交车，最后是索道、扶梯、出租车、网约车等辅助性交通。还有一部分比较特殊的交通，那就是旅游交通，比如观光巴士、缙云山索道等。

当然在它们发展的同时，重庆也建了很多的桥，所以很多人又称重庆为“桥都”。桥肯定是解决江面过江的一个最好承载形式。在这个发展过程中，索道等辅助性交通开始被弱化。这当然是时代发展的必然。而对企业而言，考虑这种老的交通形式如何在新的时代背景下焕发生机也是必须要经历的转型课题。

Q：重庆市客运索道有限公司是如何处理自己在时代之下的转型的？

A：今天我们的凯旋路电梯和皇冠大扶梯还在延续原来的这种模式，以交通为主，同时辅以游客打卡拍照。但长江索道的转型比较大，它从 1987 年运行至今，曾经最高峰的交通人次在三百多万。但转型旅游之后，2019 年它的旅游人次就已经突破了 500 万。也就是说，它是具备转型条件同时转型成功的。我们谈转型并不是说要把以前的交通设施全部摒弃掉，而是要在保证原有交通功能的基础上去做转型，长江索道上走的就是这条路子。

我们内部评价它是天时、地利、人和，缺一不可。“天时”是随着社会经济发展，人们游玩的方式发生了改变。以前我们都是热衷于去名山大川走一走，现在则更倾向于体验式旅游，到一个城市去深入了解它的历史、它的文化，以及整个城市积淀下来的东西，这对转型做旅游来说是一个非常好的机会。

“地利”就是不管凯旋路电梯也好，皇冠大扶梯也罢，甚至两江索道，它们是重庆地理特性催生出来的立体结构。所以作为交通工具，它有历史，有文化，同时还有科技性的一面。比如长江索道，它就是我们国内自行设计、自行生产、自行安装的大型往复式配送交通，这在当时来说还是全国首创。

“人和”则是长江索道的转型最初源于人大代表的议案，大意是“阅两江风景”，也就是怎么转型立体交通才能更好地游览两江风景。这样一个提案拿到后，我们就在全力推进这个事情，因为它和我们本身想转型的内在动力是一致的。

从经济角度上来讲，企业要生存，要发展。特别是像索道这种交通工具，它有别于一般的交通工具，是群体性作业。所以为了把整体运营好，我们可能按照规范性的岗位要设置好几十人，不像公交车，以前 2 个人，现在售票员减掉后只剩 1 个人，所以我们本身的内生动力与成本控制也要求转型。政府对我们的支持也是很有力的，不管是政策支撑还是人才支撑，再加上我们自己的努力，它们共同构成了“天时、地利与人和”。

Q：能谈谈像长江索道、凯旋路电梯、皇冠大扶梯它们的改造思路和升级吗？

A：我们对老的交通建筑的改造原则第一是“修旧如旧”，也就是最大可能地保有它原有的模型和基本面貌，不要用太过现代的眼光把原有传统的东西全部抹掉。第二是要满足转型后的基本功能需求，比如游客游览需求，或者公共出行需求。

长江索道的转型是在 2014 年，但最大的一次改造是在 2016 年。长江索道转型后，第一年我们的旅游人次就达到了 127 万，这在当时全重庆的收费景区里面都是相当了不起的。等到第二年，也就是 2015 年，游客人次大概是在 218 万。按照这种增长幅度，我们很快意识到长江索道必须要进行大改造。而且 2016 年我们重庆分管旅游的副市长谭家玲也来到长江索道调研考察，还专门针对长江索道的提档升级问题开了一个专题会，形成了市政府的专题会议纪要。当然里面有很多功能性的建议，比如游客服务中心，停车场的问题，还有游客休息等方面问题，都做了规划，所以 2016 年我们就进行了一次建筑层面的大改造。

重庆立体交通发展进入了一个新阶段。张坤琨 摄

两路口皇冠大扶梯的改造则是在去年，原本我们是计划对它进行一个非常宏大的改造，但是基于以下三个方面的考虑就没有实现。一是疫情的影响，让经济运行态势不太明朗；二是菜园坝片区的改造方案一直没有敲定下来；三是从内部来讲，设施的安全性必须放在首位。所以实际上我们去年的改造只是两路口皇冠大扶梯改造的第一步，也就是解决美观性和安全性的问题。以前扶梯下面很狭窄，摊位很多，改造后我们就把摊位全部取消，这样整个大厅就变得敞亮了起来。同时，整个扶梯的廊道我们全部做了更新。

廊道的施工难度比较大，从 1996 年运行到去年，整个廊道的钢架结构已经出现了很多问题，有些地方生锈腐蚀比较严重。更新后我们还从游客角度增加了裸眼 3D 的内容，希望能给他们提供一个更舒适的空间。

Q：这些项目的改造，您觉得还有哪些可以完善的地方吗？

A：大的方向上我们明确的就是转型旅游，同时满足出行的功能性需求，但是细节上还有很多值得精雕细琢、仔细思考的东西。就像皇冠大扶梯，怎么填充内容体现它的文化属性？交通工具的转型不应该仅仅只是一种载体性的转型，它更应该具备文化内核。因为这个我曾和文投集团、四川美院等专家学者聊过很多次，就是到底怎么融入重庆本土文化进入立体交通建筑中。我刚才谈到的裸眼 3D 虽然是把洪崖洞、长江索道、人民大礼堂、轨道穿楼等这些东西融入进去了，但它其实还是表象上的东西，深度不够。我们更希望的就是能够挖掘它的历史文化特性，让它的历史沿革能够有一个很好呈现的通道。

这条思路我觉得不管是运用在皇冠大扶梯，还是长江索道或者凯旋路电梯，都是需要我们去考虑的。文化不应该只是点缀，最后呈现出支离破碎的效果，它更需要全局考虑，我觉得这也是我们未来转型需要升级的一个重点。

Q：嘉陵江索道作为中国第一条城市跨江客运索道，也曾被评为重庆市第二批市级文物保护单位，但却在 2011 年开始停运。您能介绍下当时的情况或者背景吗？

A：嘉陵江索道的价值很大，首先是它的历史价值，它是中国第一条客运索道。其次是它的观景价值，它可以在运行的过程当中直接观赏两江交汇。但它的停运是因为东水门大桥和千厮门大桥的修建，重庆人又叫它们姊妹桥。因为姊妹桥连通的是渝中半岛，所以需要通过隧道把东水门长江大桥和千厮门嘉陵江大桥连接起来，而这个隧道刚好就在嘉陵江索道下面。

从结构安全性来讲它可能影响了嘉陵江索道的安全，所以为了人民群众的安全保障起见，嘉陵江索道就按照正式流程拆迁了。但是反过来讲，因为群众、媒体还有学者呼声比较高，我们公司也一直在做复建工作。复建工作的核心难点在于选址，因为按照嘉陵江索道作为市级文物来讲，选址有恢复文物的限制，也就是它的选址要在原来的位置附近做选址。但按照江海口岸的要求，新建的项目距离口岸一定不能太近。这种情况的悖论导致我们选址很难，我们前后选过的地方都不下十个。

如今来重庆旅游都要体验一下长江索道。 黄祖伟 摄

2009 年嘉陵江索道新华路那面拆除完毕后，站房和设施设备也在 2012 年全部拆完。从 2012 年到现在，我们一直在为嘉陵江索道的复建努力，从未放弃过。而且我们还有个想法，希望在复建嘉陵江索道的时候能够把重庆整个立体交通考虑进来。比如在嘉陵江索道附近建一个重庆立体交通博物馆，让它成为一个整体的生态型交通建筑。

Q：重庆立体交通的很多转型升级都在向旅游或文化方面过渡，它对重庆整体的结构或者城市功能又有怎样的作用或者意义？

A：它对城市的影响相当大，首先是城市形象提升了。旅游者来到这里通过你的交通看向外界，你就是城市前沿的窗口，所以交通是一定要转型升级的。其次是对经济的拉动，以前有个记者曾经写过一篇报告，说的是长江索道旅游人次如果带动周边经济发展，每年可以撬动几个亿的市场，这就是它的经济好处。

为了服务升级、内容升级，我们去年还成立了一个重庆全域旅游服务中心及数据联动中心，融合周边一些闲置或经营不太好的商业板块资源共享，形成文旅综合体，其中有文投集团的参与，也有广电集团的参与。有了全局性考虑之后，我们的物理空间也被打开了。

另外我们还增设了一个观景平台，到现在为止我们周边共有三个观景台，一个是在来福士，一个是在 WFC，还有一个就是我们现在的联合国际大厦高空观景台。对比其他两个点它现在绝对是流量最好的，这也是我们做文旅项目的一个思路体现。就是通过现代技术手段，扩大我们的物理外延范围，来让更多的人喜欢这里，感受到这里的乐趣，实现真正的“目之所及，皆是风景”。

Q：重庆市客运索道有限公司的转型目前经过了哪几个阶段，未来打算如何发展？

A：我们现在的转型已经走过了三个阶段：2013 年到 2015 年，由传统城市公共交通向旅游交通的转型；2016 年到 2020 年的智慧化转型，我们叫它智慧赋能。我们启用互联网票务系统，以预约排号分流的方式，让大家不排无用的队，不用像以前那样在马路上排几个小时的队。

从今年开始，我们的发展思路转向了生态型服务探索，也就是全域融合发展，相信未来大家看到的不仅仅是索道，更是关于索道的一个综合性文旅项目的乐园。

千厮门大桥的修建让嘉陵江索道成为历史，成为城市记忆。这也是城市交通发展的见证。 张一白 摄

承载历史记忆的文化殿堂

CHONGQING CHINA THREE GORGES MUSEUM

重庆中国三峡博物馆

黄祖伟 摄

建筑时间：

2001 年 7 月立项
2005 年 6 月竣工

建筑类型：

文化建筑、公共建筑

建筑设计者：

郑国英、郑勇

在中国，重庆中国三峡博物馆是唯一一座身处地方却冠以“中国”二字的博物馆，其独特地位可见一斑。它因三峡工程而生，却不只为三峡文化而存在。它的身上，既承载着远古巴渝文化、移民文化，也传递着近现代抗战文化、城市文化与三峡文化。虎钮錞于、鸟形尊、景云碑、乌杨汉阙、江姐遗书……馆藏之宝虽然是中华文明万珍之一沙，却足以带领我们从古看到今。

重庆中国三峡博物馆作为中央地方共建的国家级博物馆、首批国家一级博物馆、全国最具创新力博物馆，其前身为 1951 年成立的西南博物院，1955 年它因西南大区撤

销更名为重庆市博物馆，2000年又因承担三峡文物保护工程的文物抢救、展示和研究工作，经国务院办公厅批准成为重庆中国三峡博物馆。

它体量巨大，以现代建筑语言和重庆市人民广场、人民大礼堂共同形成“三位一体”的城市标志性建筑群，却又在对水文化的想象中显露出传统文化的底色。今天，它正与重庆白鹤梁水下博物馆、重庆宋庆龄纪念馆、涂山窑遗址、重庆三峡文物科技保护基地共同构成全新的三峡博物馆群落。未来，在它的身上，我们或许会读到更多。

对城市而言，博物馆是历史记忆的载体，是收藏展示历史文化和城市精神的殿堂。重庆中国三峡博物馆在这方面作出了自己的贡献。

重庆中国三峡博物馆名誉馆长

王川平

Honorary Curator of Chongqing China Three Gorges Museum

CHUANPING WANG

1950 年生，中共党员，1982 年毕业于山东大学历史系考古专业。曾任重庆市文化局、文化广电局副局长，三峡文物保护领导小组组长，重庆中国三峡博物馆筹备组组长、首任馆长，现任重庆中国三峡博物馆名誉馆长，重庆市政府文史研究馆馆员，国家文物局专家库专家。已出版研究文集《在历史与文化之间》、诗集《王川平诗选》，主编《中国地域文化通览·重庆卷》《重庆库区考古报告集》等。

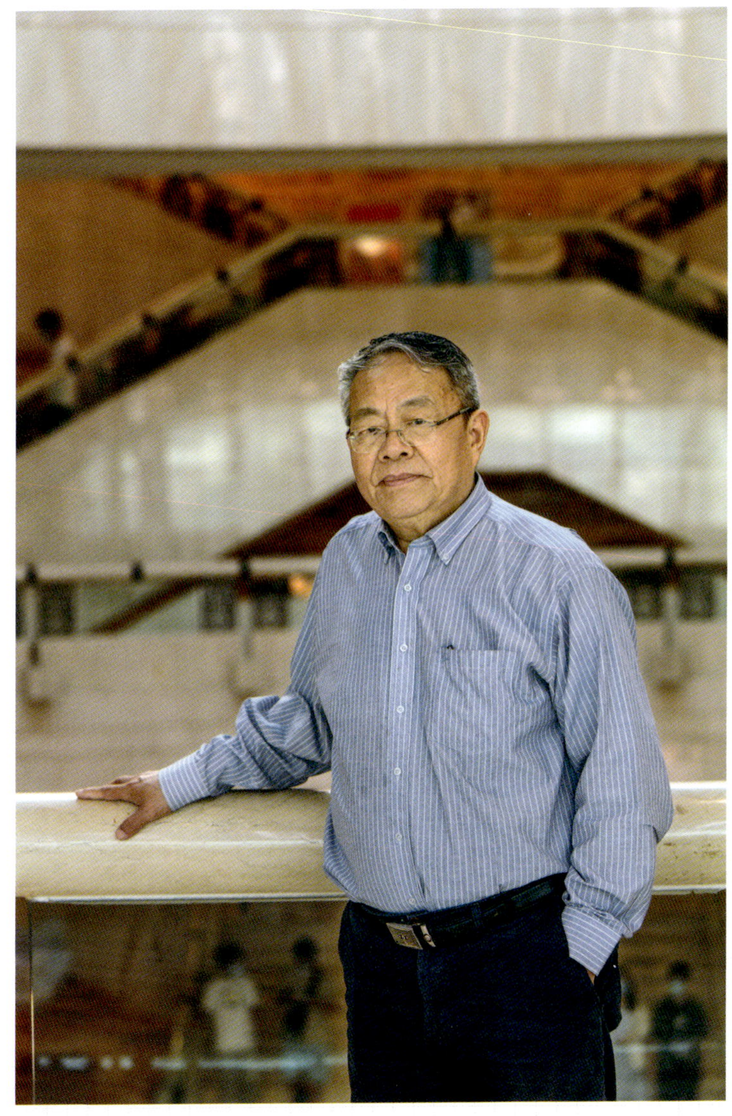

Q：重庆中国三峡博物馆是首批国家一级博物馆、中央地方共建的国家级博物馆，文化地位可见一斑。您能为我们介绍下重庆中国三峡博物馆立项时的基本情况吗？

A： 作为一名重庆的文物工作者，我心中一直渴望有一座能够代表重庆历史、文化以及当代城市建设水平的博物馆。

1997年6月19日，也就是重庆正式挂牌直辖后的第二天，国家文物局和重庆市人民政府共同召开了“三峡文物抢救全国协作会议”，目的就是保护三峡文物。我们抓住了这个契机，决定立项申报重庆三峡博物馆。

当时三峡文物保护的场馆选址不只有重庆，还有宜昌和万州。为了获得国家文物局的支持，我们去做了汇报。当时我以分管文物的副局长身份担任了三峡文物保护领导小组组长。

在汇报时，我说一个博物馆就像一棵大树，一定要在肥沃的土地上才能好好成长。无论是从博物馆的从业人员水平，还是地理辐射范围上看，重庆都应该是这三者之中最好的，这也得到了国家文物局的认可。国家文物局与重庆市政府联署向国务院报告筹建三峡博物馆事宜。

在讨论博物馆命名时，我表示这个博物馆应该是现代化的，既能与重庆这个新的直辖市相匹配，又能满足三峡文物的保护需求。国家文物局同意馆名应该加上“中国”二字。这样一来，三峡博物馆从理论上为进入中央和地方共建的国家级博物馆序列做出了预设。

2000 年 9 月 27 日，国务院办公厅正式批准同意将三峡博物馆定名为“重庆中国三峡博

建筑外形设计灵感来源于三峡大坝与长江水面的感觉。
黄祖伟 摄

物馆”。这是重庆直辖后首个严格意义上的一级博物馆，也是当时重庆的 号工程、民心工程。因此，博物馆的选址也选在了渝中区最好的位置，重庆人民大礼堂对面，共同围合成人民广场。

Q：重庆中国三峡博物馆与重庆人民大礼堂相对望，它在建筑设计上有什么特殊的考量呢？毕竟重庆人民大礼堂曾被梁思成先生评价为“20 世纪 50 年代中国古典建筑划时代的最典型作品”。

A：重庆人民大礼堂是当之无愧的重庆地标建筑。它建于 50 年前，意义非凡。它从故宫角楼、天坛和天安门吸取皇家的建筑语汇。而50年之后，我们在它的对面修建重庆中国三峡博物馆，希望以一种现代化的建筑材料和语言与它形成呼应和对话，由相反相成转化为相辅相成。

事实上，在重庆中国三峡博物馆最初的投标设计方案里也有传统建筑风格的，并且还有很多人赞成那个方案。但是经过反复斟酌后，我们觉得这不可行。

我一直认为三峡博物馆既是城市博物馆，又是地域性博物馆，不仅承担着文物的保护收藏功能，更应该是重庆文化的生长之地。它应是具有现代感，并能长出新的文化的场所。虽然这很难，但该做的还是要做。所以在博物馆设计要求上，我们从一开始就把实现文化生长的功能纳入其中。

法国夏邦氏、重庆市规划设计院、同济大学为三峡博物馆所做的建筑设计方案。 重庆市城市发展建设有限公司 供图

与此同时，三峡博物馆还应该是市民的，大众的。它不是一个高高在上的存在。我们希望能由市民投票来选出他们心中的理想设计。当年，初步评选出的设计方案面向公众进行了公开投票。

票选出的方案不是立刻投入建设的，之后还经历了一个比较长的修改完善期。在公开投票的过程中，我们收集到了很多意见和想法。这些意见和想法也汇聚到建筑设计师处。最终才成为我们今天看到的重庆中国三峡博物馆。可以说，这是真正的市民的博物馆。

整个建筑取日月山水之意，透亮的玻璃圆形中庭代表的是太阳，与月牙状玻璃长廊一起寓意文化像日月一样照耀人间。还有喷泉从房顶玻璃幕墙上流下来，意味着文化之水滋润大地。更重要的是，它确实与重庆大礼堂和人民广场共同构成了一个文化空间，不但让市民感觉到有趣、有文化感，也让外地游客来到重庆这个会客厅有喜悦感，还能在这里有所收获。

Q：重庆中国三峡博物馆的成立和三峡文物保护密不可分，您能谈谈三峡文物保护的过程吗？

A：建重庆中国三峡博物馆的一条充足理由是为了给三峡文物一个“家”，所以它其实是应急而生、应运而生。急的就是对三峡文物进行抢救性保护的迫在眉睫。

三峡文物保护严格说来是从 1992 年开始。1992 年，全国人大通过兴建长江三峡工程决议后，6 月国家文物局分管局长就带着专家队伍来考察了。第一阶段是国家文物局主持调查和制定三峡文物保护规划，时间从 1992 年持续到 1996 年。之后，1997 年到 2009 年，则是三峡文物保护规划的实施阶段，俗称“前三峡”。

调研显示，三峡工程完成 175 米蓄水前，库区有超过 1087 处文物需要保护，其中有 752 处就位于重庆。重庆库区的文物抢救工作占到了整个三峡库区的 70% 以上。时间紧，任务重，我们得和蓄水赛跑。单凭我们的力量远远不够，所以全国二百多家单位参与进来，东到上海，西到青海，北到黑龙江，南到海南岛，甚至于台湾岛都有考古队伍前来，上千名工作人员对我们进行支援，一同来完成这项“不可能完成的任务”。

抢救工作除了考古发掘，还有地面工程（含水下白鹤梁工程）等。当时文物组工作主要分为地面文物组和地下文物组。其中，地上文物组主要精力集中在云阳张飞庙、涪陵白鹤梁、忠县石宝寨等重要文物建筑，地下文物组则凝神于当时已知的一些大型遗址如涪陵小田溪、云阳故陵、巫山大溪等。

现在回过头来看，三峡文物抢救性保护是一场中国文物保护界的大会战。我很荣幸地

2007 年，三峡库区文物考古现场。马力 摄

担任了三峡文物保护领导小组组长，从 1992 年开始，往返三峡库区四百多次，亲历和见证了三峡文物保护的全过程。对于做文物保护的人来说，这是人生中最大的幸事。

Q：三峡工程作为我国最大的跨世纪的水利工程，是阶段性进行蓄水的，那么三峡文物保护的实施是否也是阶段性开展的？

A：是的，虽然三峡文物保护是一个漫长而持久的工作，但它确实是跟随三峡工程自然分阶段进行的。

三峡工程分四期蓄水，从 2003 年蓄水到海拔 135 米，再到海拔 145 米，后来到 156 米，最终达到 175 米。那么我们的文物抢救性保护也是根据这些时间节点推进的。1992 年起，我办公室里就一直挂着一座三峡不同水位时期的倒计时表。这就是我们文物保护工作的时间红线，必须在红线前完成相应的抢救发掘和保护工作。

重庆库区一共考古发掘了30多万平方米，体量非常巨大。然而，在考古发掘前，还有约1700万平方米的考古勘探工作。通过考古勘探，寻找文化层厚的地方。因为文化层越厚的地方出土文物的机会越大，揭示的社会历史和文化信息越多。可想而知，当时的抢救保护工作有多紧迫。

为了抢时间，很多考古队伍春节都不回家，坚持抢救工作。正是这种对文化的尊重和敬畏，保证了我们每一阶段都按时完成了任务。所以我经常说一句话，我们三峡文物保护发掘的面积是全世界没有的，当然，相应的收获也是空前的。

直到2009年，三峡库区175米水位线下的地下文物考古发掘任务、地面文物迁出和原地保护任务才真正全部结束。我们共发掘了130万平方米，实际完成了1128项文物保护项目，出土文物25万多件（套），其中较珍贵文物6万余件（套）。后三峡文物保护随即展开。

Q：您既是三峡文物保护领导小组组长，又是三峡博物馆筹备组组长。基于这两种不同的身份，您对三峡文物保护的思考是否也有所不同？

A：之前说了三峡文物保护是从1992年就开始了，第一阶段是抢救135米蓄水以下的文物。随着工作的推进，我们心里又有了另一方面的焦急。勘探发掘只是文物保护的开始，出土的文物如何保护好、研究好、展示好，这也是大问题。

当时很多文物出土后都是在区县的文管所或库房，临时存放。一些存放点是达不到文物保护要求的。而三峡博物馆的修建也需要时间，文物的迁出也不是一蹴而就的。但我们等不起，文物更等不起。当然，还有很多项目是需要原地保护的，比如白鹤梁的题刻。

三峡库区蓄水前的江岸崖壁。张枫 摄

白鹤梁水下博物馆。图虫创意 供图

我们借鉴国内图书馆系统和国外公共文化系统的组织模式，提出了三峡博物馆应该可以试行总分馆模式。重庆中国三峡博物馆是总馆，下属很多分馆，比如江碧波教授在巫溪创办的巫文化博物馆，比如白鹤梁水下博物馆，其归三峡博物馆管理，设为分管。此后，不少区县博物馆也列为分馆，比如巫山博物馆、忠州博物馆等。

分馆建设中，我思考最多的是如何避免博物馆之间的同质化。因为三峡文物有个特点，在同地域同时期出土的东西很可能同质化严重。比如汉代墓葬出土都没什么变化。但我还是决心要让它们不一样。这就要从文化上入手。现在看来三峡库区的几个馆确实做到了不一样。巫山博物馆的主题是“巫山、巫水、巫文化”，忠州历史博物馆是忠义之魂、人文忠州，开州博物馆是锦绣开州，奉节夔州博物馆是夔门天下雄。这些三峡博物馆群不但给重庆文化增添了新的面貌，也和重庆中国三峡博物馆一起承担了教育职能与文化传播的职责。特别说明一下，总分馆制在现任馆长程武彦的主持下发展得很好，我当时只是小小的试验。

Q：能给我们说说您在建设三峡博物馆群中经历过的比较有意思的事情吗？

A：以白鹤梁水下博物馆为例，它是“世界上唯一一处非潜水到达的水下遗产地”，也是世界建筑史上的奇迹。它前后迭代过 6 版方案，“复壁双层壳体”“蜂巢拱顶壳”“高围堰”等。最后使用的是中国工程院院士、中科院武汉岩土力学研究所研究员葛修润提出的无压容器水下博物馆方案。并且白鹤梁水下博物馆的修建还动用了海军的力量，这是真正打硬仗的队伍。

有了院士的天才方案，有了海军对建设的支持，即便这样，我们也差点因为一个小小的失误而功亏一篑。因为白鹤梁水下博物馆这种设计和建设没有先例，不到真正建成启用，谁都不能保证一定成功。

白鹤梁水下博物馆开馆三天后我们就遇到了问题。那就是“水下保护体”里的水质逐渐变浑浊，水里出现很多牛奶样的絮状物，让观众在游览时看不清是什么东西。如果水质问题不解决，那么我们修建这座水下博物馆就没有意义了。所以我们紧急闭馆排查问题。白鹤梁博物馆里用的水是比我们喝的纯净水还要纯净很多倍，为什么会出现这种情况？我们反复换水、逐项检查，也请来专家、工程师共同研究。最后发现是水下照明用的不锈钢灯头没有按照原设计被换成了铝合金灯头，而这种灯头和化学药剂发生反应引起了水质变化，更换成不锈钢灯头问题就迎刃而解了。它就是一个细节决定成败的典型。

Q：说回重庆中国三峡博物馆，它作为三峡博物馆群中的总馆，在文物的选择和展示上又有怎样的考量呢？毕竟发掘出土的三峡文物数量巨大。

A：重庆中国三峡博物馆建成后，近几年又有了新的发展，建筑面积达到 7 万多平方米，展厅面积有 2.7 万平方米。但即使是这样的体量，对于三峡文物来说，也不足以陈列展示全部。目前，三峡博物馆馆藏文物 11.5 万余件套，单件超过 28 万件，涵盖 23 个文物门类。

我们在重庆中国三峡博物馆开馆一周年的时候举办过一个“十大镇馆之宝”评选活动，由观众来评选出他们心中最好的文物。这是当年一个政协委员的提案，我们根据提案把它落实了，社会反响也很好。先是由文物专家在馆藏的十余万件展品中选出 29 件文物，再由市民投票。

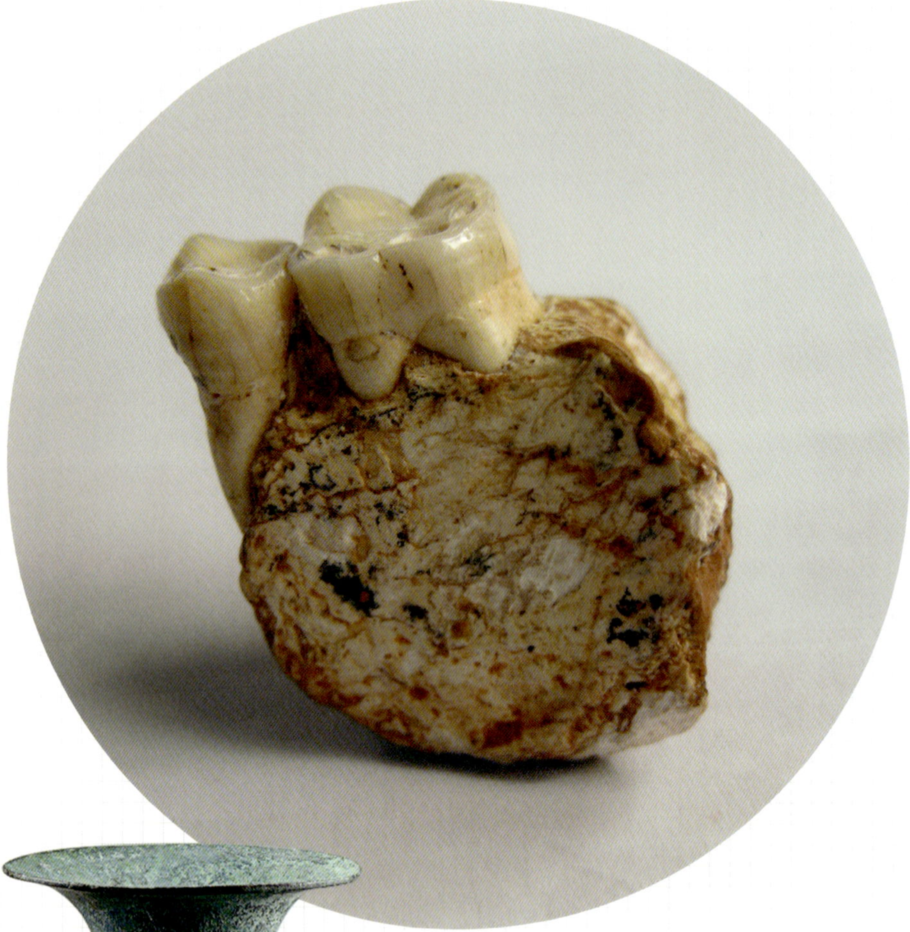

虎钮錞于

“巫山人”左侧下颌骨化石

鸟形尊

三羊尊

何朝宗制观音像

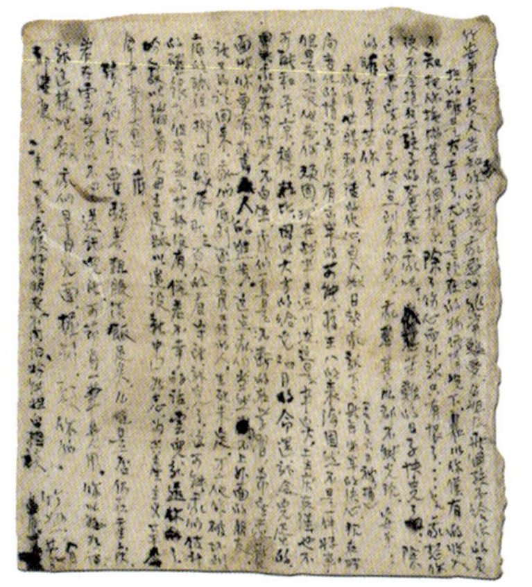

竹筠烈士的遗书

景云碑

偏将军印章

因为它是有计划有准备的，所以最后评选结果也令人比较满意。从古到今，到革命文物都囊括其中，有 200 万年前的“巫山人”下颌骨化石、景云碑、江姐遗书，还有我想重点谈谈的十大镇馆之宝中的乌杨汉阙。

乌杨汉阙作为我们的镇馆之宝，不管是专家还是老百姓，大家首选就是它。乌杨汉阙是在长江边上被一个挖中草药的农民发现的，文管所报备后考古所迅速到位。我在简报里看见乌杨汉阙后批示说，重庆中国三峡博物馆的镇馆之宝来了，我们大堂里面有东西放了。当时，三峡博物馆还在做基建。我立马找到设计师，在大厅里给这一对阙规划了位置。

开馆后人们都很惊叹，这么一对汉阙是从哪弄来的？我开玩笑说是菩萨保佑给我们送来的。因为在文物考古界，凡是汉阙，只要它没有倒下它就是不可移动文物，是国家级文物保护单位，国家级文物保护单位在哪里发现就在哪里保护起来。但是这对汉阙发现时就是倒在江边的，三峡成库后将被水淹没，便成了可移动文物。现在重庆中国三峡博物馆马上要举办一个“巴蜀汉代雕塑艺术展”，我告诉他们可以从乌杨汉阙说起，不能因为它位于大堂，不在展厅就不把它看作展览的一部分。面对文物我们要把它放在心里，放在很重要的位置。

Q：除了馆藏文物的展示选择，展品陈列也是一个博物馆最核心的部分，不同的陈列方式体现出的气质和文化也不一样。

A：一个好的博物馆应该是收藏、展示历史和文化的殿堂。而主题陈列是博物馆个性化的展示平台，是博物馆面向市民和大众的窗口。博物馆的陈列肯定是根据其藏品来设计的。三峡博物馆四个基本陈列的名字都是我取的，“壮丽三峡”“远古巴渝”“重庆：城市之路”“抗战岁月”，是我实实在在根据重庆文化面貌进行的展览设计。

这里我可以说说我对它们的思考，“壮丽三峡” 是我们三峡博物馆的招牌展厅，博物馆就是为它而建的。所以除了三峡文化外我们还要表明三峡工程的必要性、艰巨性以及山水的壮丽性，就取名为“壮丽三峡”。“远古巴渝”则是对新石器、旧石器、夏商周等古代文明的回应，因为巴渝地区是世界上少有的人类文化绵延不绝的地方，是巴渝文化的发祥地。“重庆：城市之路”是对城市发展的回溯，城市变迁、商贸金融、工业崛起、英雄城市，它们都展示了重庆城市近代化的成长历程。最后就是大家都熟知的“抗战岁月”，它是重庆很英勇辉煌的一段历史，集中展示了重庆的抗战文化与统战文化。

Q：重庆中国三峡博物馆开馆后就成为了收藏、研究、展示重庆及三峡地区历史和文化的殿堂，能为我们说说开馆时的盛况以及之后的趣事吗？

A：为了庆祝重庆直辖八周年，中国三峡博物馆选在2005年6月18日开馆，这也是希望在这特别的一天为重庆市民送一份文化建设上的惊喜。当天的开馆仪式邀请到了全国人大副委员长，全国政协副主席和各部委、各有关省区领导，还有国内外参加三峡文化保护的专家、学者也出席，甚至还邀请到了俄罗斯的杜马主席。

因为开馆时前来参观的民众太多，我们决定靠售票来限流。2005年年底，11月26号，时任国家文物局局长单霁翔来我们博物馆考察。他看到我们收费后还有那么多观众排队购票，很是惊讶。因为他本来以为只有故宫收费才会有那么大的人流量，没想到重庆中国三峡博物馆也有。

在我担任馆长的任期中，有一件事我印象特别深刻，那就是汶川地震。2008年5月12日是周一，按照国际惯例周一是博物馆、美术馆的闭馆日，但我们那时开馆后从没闭馆过，周一实行馆长轮值班。那天是副馆长刘豫川值班，我在家写稿，结果地震了。

等我赶到博物馆外面一看，整个广场都是躲地震的人。有人说你看三峡博物馆多好，一块玻璃都没有碎。本来我想第二天闭馆的，因为地震不安全。但听到市民们这么说。我理解了，屹立不倒的三峡博物馆在大灾面前给了大家信心，让人们有了安全的寄托。

我马上下了一个通知，第二天照常开馆。只是推迟半个小时，开馆前工作人员把瘦高形的展品放倒在泡沫垫上，防止余震损伤。文物库房的藏品也照此办理。在2008年汶川地震这个特殊的时期，我们的博物馆也发挥了特殊的作用。它既给大家带来了一定的安全感，也拉近了和城市居民之间的距离。

立于大厅的乌杨石阙是三峡博物馆的十大镇馆之宝之一。 黄祖伟 摄

Q：您作为曾经的重庆中国三峡博物馆馆长，又是文史专家，您能给我们说说您觉得博物馆对于一个城市来说它的意义是什么吗？

A：对城市而言，博物馆是历史记忆的载体，是收藏展示历史文化和城市精神的殿堂。中国三峡博物馆在这方面就作出了自己的贡献，它不仅成为了重庆这座城市的文化符号，也生产着新的文化元素和再造着新的人文景观。

建筑师

郑勇

Architect

YONG ZHENG

重庆中国三峡博物馆不是孤立的阳春白雪的存在，它是一个社会文化活动场所，与城市文化相结合、与市民生活相融合。

出身于建筑世家，教授级高级建筑师、国家一级注册建筑师、四川省工程勘察设计大师，享受国务院政府特殊津贴专家。现任中国建筑西南设计研究院有限公司总建筑师、郑勇建筑工作室主持人。从事建筑设计行业30余年，完成多项充满地域文化特色的建筑作品，创作多项具创新意义的大型公共建筑项目，获得国家、省部级设计奖项十余项。

三峡博物馆大厅采用了圆形拱顶大跨度设计。重庆市城市发展建设有限公司 供图

Q:在您的设计生涯中,重庆中国三峡博物馆有着怎样的意义?它的设计方案又是如何迭代的?

A:重庆中国三峡博物馆是我参与过的最重要也最有意义的一个建筑项目。当年,我才三十出头,工作没几年,有机会参加这么一个国家级大项目,无论从个人经历还是专业技术来说,都意义非凡。

1999年三峡博物馆全国招标后,很多国内国际的设计院都来投标。我们西南设计院的方案主要想通过三点来表达三峡博物馆:一是用当代的建筑语言和重庆人民大礼堂形成对话;二是三峡工程很多抢救性文物是要运到这里的,所以应该对三峡文化有所体现;三是建好后和大礼堂、人民广场形成完整的三位一体。当时为了表示对重庆人民大礼堂的退让和尊重,我们设计方案采取了比较"隐"的方式。把整个馆埋在半山上,只保留少量的建筑外观,看起来像个小房子。但因为退让的姿态太低了,所以也出现了一些建议的声音,认为如果重庆人民大礼堂代表一个时代,那重庆中国三峡博物馆应该代表另一个时代。所以建筑应该展现的其实是两个时代的对话,而不是一个时代对另一个时代的臣服。我们觉得很有道理,在历经一年左右的调整后,最终形成了现在的方案。

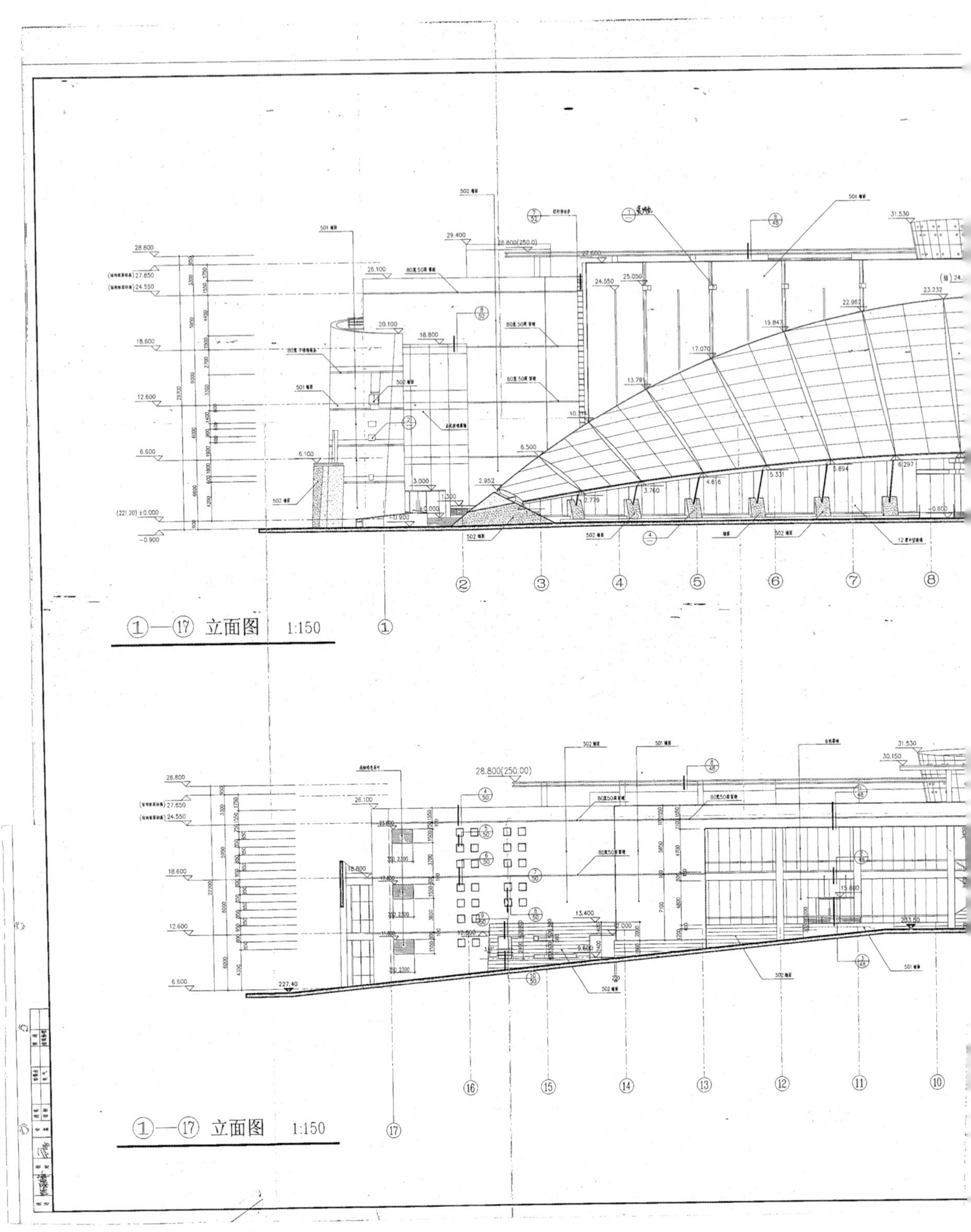

重庆中国三峡博物馆立面图。重庆城市建设档案馆 供图

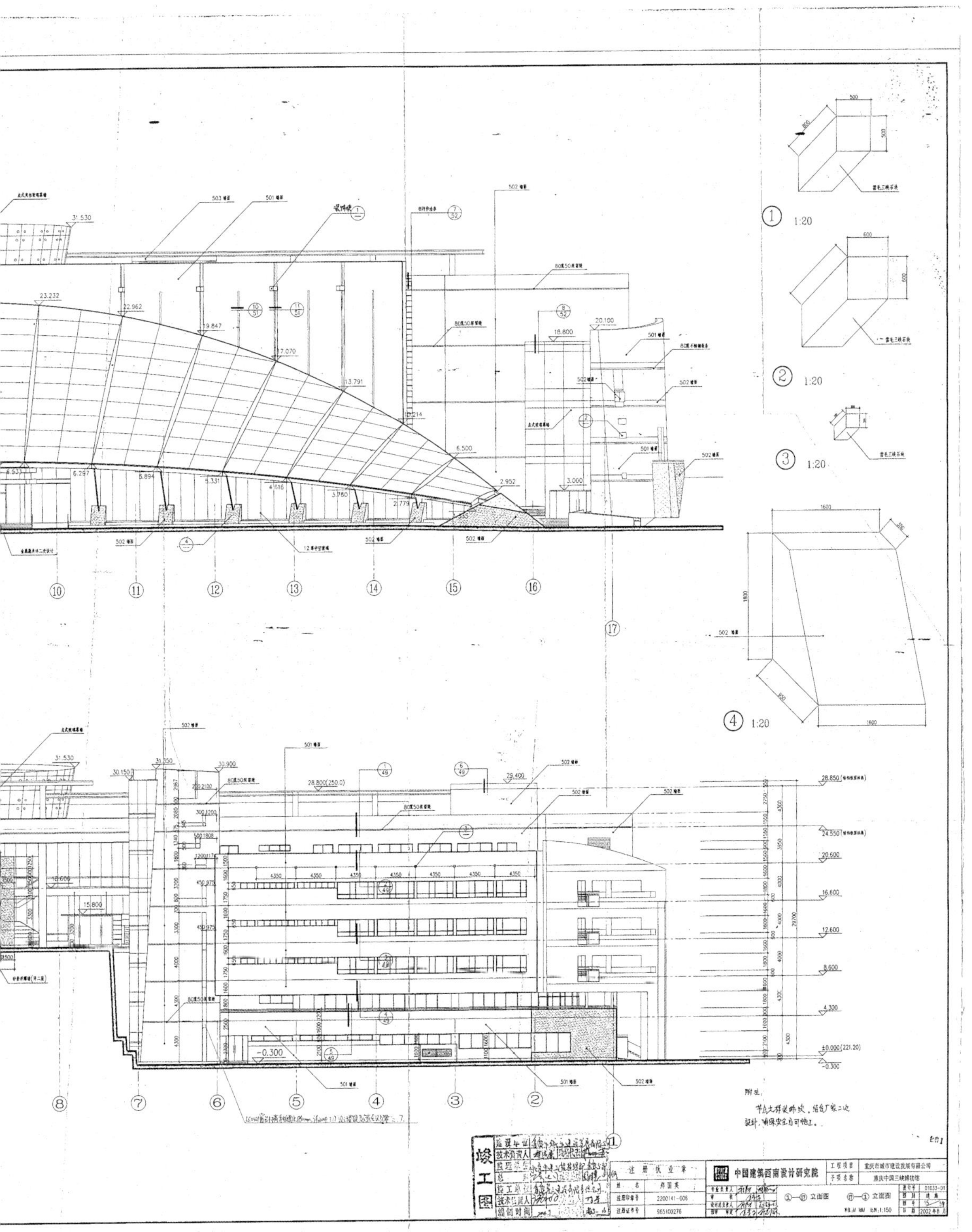

重庆中国三峡博物馆“环抱”着重庆人民大礼堂。 张坤琨 摄

Q：重庆中国三峡博物馆确实所处地理位置特殊，您刚才也提到设计时需要考虑其与重庆人民大礼堂、人民广场的关系，甚至周边山体和道路的关系，那么当时是怎样考虑整体布局的呢？

A：建筑不是独立存在的，肯定得和周边环境相呼应。三峡博物馆也是一样，并且在这一点上，它的要求更高。我们在设计之初，首先考虑的就是它与周边环境的呼应度。

三峡博物馆处在重庆人民大礼堂、人民广场中轴线上，周边还有人民路横穿而过。我们在方案调整的过程中不断地在平衡三者之间的关系，最后形成了让人民路下穿解决人民广场不被道路截断的完型问题，再让三峡博物馆以弧形姿态去环抱人民广场，呼应人民大礼堂。

为了体现重庆山城爬坡上坎的感觉，我们还在博物馆前面设计了大阶梯。不过最初这些阶梯是分置于两侧的，就是从两边走台阶上去，它不是一个整体。后来我们去汇报时，时任市长黄奇帆刚从上海调来不久，他看了我们的方案后表示对场馆设计没意见，但是他对重庆阶梯的理解应该是朝天门那样的，可以有很多的人坐在上面休憩、闲聊、吹风。这确实给了我们启发，因为他是在用另一种角度看重庆。所以后来的方案修改成了长条形阶梯设计，让它成为广场的一部分，这也真的提高了它与人民广场的契合度。

Q：您能从设计师的角度为我们讲解一下整个场馆的设计思路和匠心亮点吗？

A：重庆中国三峡博物馆是依山而建的，所以它不是那么张扬，它有点顺势而为的意思。我们在设计过程中也是希望它能结合山势、山石与重庆文化融合在一起，所以不同材料的运用都是有讲究的。

先说它正上方的圆形穹顶，出于对三峡工程的崇敬之情，我们让水通过三层叠瀑，一泻而下，寓意“三峡之水天上来”。但因为它是圆面，水流容易偏向一侧，所以我们当时也是通过重力和水流的设计让它均匀地通过玻璃流进水池。另外屋顶的绿化也做了处理，因为我们希望整个建筑能和背后的山体通过不同的标高对接，来达到更加自然融合的状态。

然后，整个建筑从外面一眼就能看到的大面积月牙形蓝色玻璃幕墙，它的弧度设计化解了博物馆的部分体量，让它看起来没那么突兀或抢眼，这也是我们中标的一个优势。还有外墙材质我们选择了砂岩，这种石材本身会有一种水流冲击出的纹理，呈现出古朴的质感，内敛而庄重，而且它和三峡工程的水文化在表现形式上也有一定联系。

不过，在选材过程中我们还是花了很多时间。因为当时中国不太选用这类材料用于大型建筑上，所以我们必须去产石材的矿山逐个考察。在看的过程中我们发现，大多数砂岩的色彩是不均衡的，同一块石料上，表面颜色比较深，越到下面颜色越浅白。要保证建筑外立面色调的整体统一，我们得把石材使用比例定得很清楚，颜色较深的上部使用占比最多，中间颜色渐浅的占比少一些，而石材底层发白的部分坚决不要。

还有令我印象比较深刻的一点就是当时因为整个中国的博物馆建设还在起步阶段。为了做好三峡博物馆的设计，我们先去了上海博物馆，向馆方请教经验，又去了美国古根海姆博物馆和大都会博物馆考察。古根海姆博物馆的圆厅设计对方向感的融合度很高，它能有效地把整个展厅连成一体。我们在对三峡博物馆的场馆进行设计时也吸取了这个经验，以及它们对声光电的运用我们在抗战文化厅也有借鉴。

大面积的玻璃幕墙是对三峡水文化的一种体现。 黄祖伟 摄

Q：重庆中国三峡博物馆设计时对其他场馆有所借鉴，那您认为它和其他城市博物馆相比有哪些特别之处？以及现在的博物馆和当时的博物馆相比又有哪些不同？

A：所有的建筑发展都应该放在当时的时代语境中来看，在三峡博物馆建设的2000年初，中国的博物馆设计已经开始发生转变了。在七八十年代早期，博物馆建设都是为了满足基本陈列功能而存在的，但到三峡博物馆时代，它更多是发展成了社会文化活动场所，是要融入进人们的生活而不是孤立地作为阳春白雪的存在，所以更要考虑它与城市文化的结合度以及它建成后市民的参与度。

三峡博物馆和其他博物馆很大的一个不同就在于面对重庆直辖，它既需要反映自己独立的文化系统，又要通过博物馆展现三峡文明。这其实是很有难度的，因为它不像陕西博物馆那种，可以把一个阶段一个阶段的历史故事串联起来，或者像金沙遗址博物馆，只要把失落的历史还原展现就可以。

博物馆藏品《唐寅临韩熙载夜宴图卷》。重庆中国三峡博物馆 供图

三峡博物馆的陈列可以说是相对独立又相对关联的，这也是我们当时设计的一个难点。比如说乌杨汉阙，它一定要放在大厅台阶两边。当时博物馆已经在施工了，我们只能给这两个位置进行单独加固。因为这对汉阙有70吨，它超过了博物馆原本设计的承重荷载。还有每个不同厅的空间流线，比如重庆大轰炸历史及文物展示，这就是相对独立的厅，关联度不高，所以我们就采用了并列式主题空间构成来呈现。

现在的一些博物馆更像群落，它更注重人们的游览体验。比如我们最近在做的一个博物馆项目，大概有7万平方米，我们希望它的餐饮、演出能和老百姓的日常生活相挂钩。对很多观众而言，他们去一次博物馆只要有几个单品能让他们印象深刻，这就是成功的了。所以我们只要能把博物馆内金子样的东西展示到极致就够了，这当然也会对展陈提出更高的要求。以藏于北京故宫博物院的《夜宴图》为例，现在《夜宴图》展示可能会在你看过后，后续再以激光投影等方式让你身临其境，更多了解它的历史背景和发展过程。相信未来博物馆会以更多这样的方式进行设计和建设。

Q：三峡博物馆是一个典型的隐性建筑，但对有些建筑师来说，他们其实是希望自己的作品更个性更出挑。您能不能从个人角度出发，讲讲建筑中的“显”与“隐”？

A：“显”与“隐”是建筑存在的两种形态，我们不应该以“显”或“隐”来评判建筑的好坏，而是看它该“显”还是该“隐”，这是设计师需要经常去把握的。我个人觉得，“显”“隐”要根据城市空间的不同状况而有所控制。如果是在破败的空旷空间里，我会选择比较“显”的方式去改善它的整体风貌。比如说我们正在成都天府新区做的几个建筑，周边都是荒地，那我们就必须要用“显”的方式，整个区域的形象才会有所改变。

我在改造一个老城区很破旧的工业园时，因为周边都是两三层的那种老房子，我们就把建筑的底部抬高，这样大家一眼望去才能看到。整体修建好后，附近的居民都喜欢去那里玩。因为下面就是绿地，他们会去那里散步活动和交际。这就是建筑的“显”带来的好处。

回过头来说，三峡博物馆的周边已经存在非常好的地理优势了，我们就需要尊重空间本

身，是完善它，而不是霸道地改变它，这时候的建筑就是该“隐”。但也有“显”“隐”都要有所展现的时候，这就需要设计师凭借自己的智慧去把握。比如我们在沈阳设计的一个剧场，它与沈阳故宫只有一条马路之隔，周边还有很多民国时期的日本建筑，这样我们就不能单独地选择它是“隐”还是“显”。因为我们既需要保留对沈阳故宫的尊重与周边建筑融合，也需要体现出当下的时代性和个性。所以说建筑的“显”“隐”还是应该基于空间场域来看的，而不是单纯地看它是不是够出挑或者够特别。

Q：建筑设计除了与所处空间场域相融合外，就建筑本身而言，特别是如三峡博物馆这样的文化建筑，您更看重什么？

A：现在不管是做博物馆也好、剧场也好、体育馆也好，我更多希望它是文商旅的结合，是有烟火气的文化建筑。在这里观众不但可以感受文化的熏陶，还能吃饭、购物、玩乐，我觉得这才是成功的建筑。

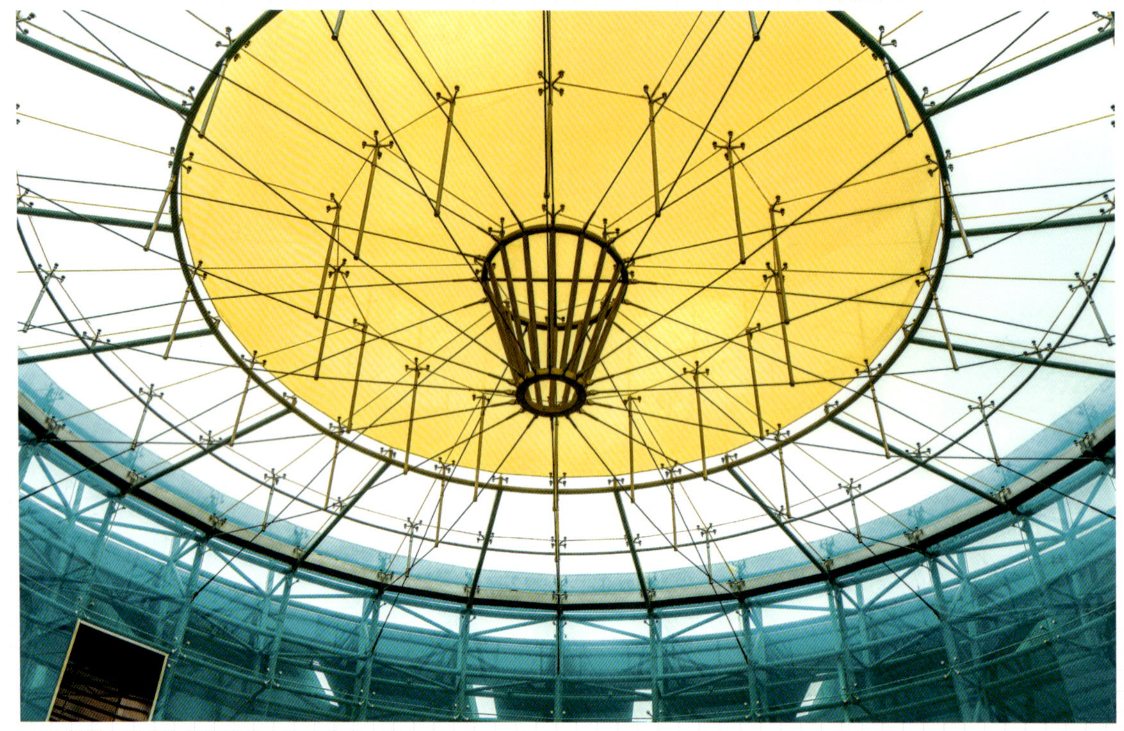

博物馆中庭的穹顶既象征太阳，也表达对三峡工程的崇敬。 黄祖伟 摄

我们现在为大运会设计的体育馆，我就希望它是充满汗臭气味的体育中心。所以在述标的时候，我就表示特别希望这个体育中心建成后，世界杯的时候老百姓都能来这儿看球，哪怕它到处都是啤酒瓶，到处都是进球时疯狂的欢呼和嘶吼，也比那种总是关起铁门冷冷清清的体育中心要强。现在这个体育馆快要建成了，绿化完成后就可以投入使用了。

Q：重庆中国三峡博物馆建筑设计总负责人郑国英先生是您的父亲。您在与他共事过程中有怎样的收获？您如何看待建筑设计中的师承关系？

A：一个好的、成熟的建筑师既需要对美、技术和安全负责，更需要对城市负责，他就像是科学家、艺术家和社会学家的结合。前几天我在北京开会时，就有院士说，做建筑必须从城市需要出发，要优先思考这个空间能给城市带来什么，而不是上来就考虑我要做一个怎样炫酷的建筑。我父亲也是如此。

我和他一起合作过很多项目，包括四川大学博物馆、西南交大新校区规划等。除了技术层面的东西，我更多地学到是"如何认识你的建筑"。因为随着城市发展，建筑师也要不断处理空间和周边环境的关系。尤其是在面对甲方的时候，他们也会有不同的需求和意见。比如说规划局的关注点是建筑设计会不会和城市整体规划相冲突，政府的关注点则是建筑设计能给周边带来什么，而个人空间改造就会关心建筑设计是否满足空间功能需求。

所以好的建筑师一定是要具备匠人精神的。不但能在细节处完善，更能明白做一个建筑，不一定是去实现个人的试验或想法，而是要从城市本身出发去思考：这个建筑，到底能为这里带来什么。

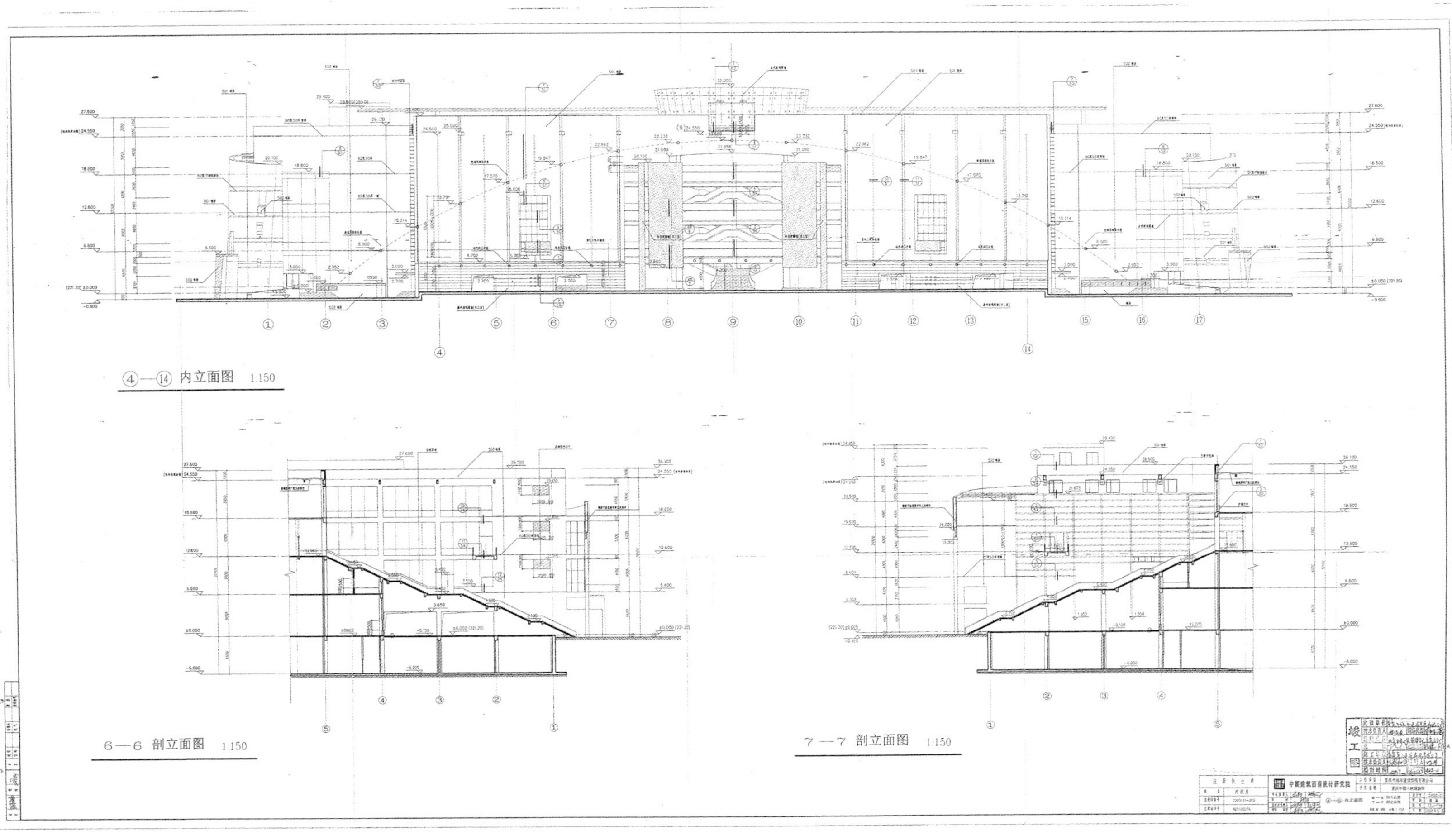

重庆中国三峡博物馆剖面图。重庆城市建设档案馆 供图

重庆中国三峡博物馆
工程总负责人

张枫

Project Cheif
of Chongqing China Three Gorges Museum

FENG ZHANG

有一群人一直以创作艺术品的精神在建造三峡博物馆，祈祷我们能成功。

原重庆市城市建设发展有限公司董事长、重庆中国三峡博物馆项目总负责人，曾担任“重庆奥体中心”“重庆中国三峡博物馆”“重庆国泰艺术中心”等市重点工程总指挥。

透过人民广场上的牌楼可以看到三峡博物馆的全貌。张枫 供图

Q：重庆市城市发展建设有限公司（以下简称城发公司）刚成立就承接了重庆中国三峡博物馆这样的大项目，您能介绍一下城发公司的背景吗？

A：城发公司成立于 2000 年，是以建设重庆中国三峡博物馆和人民广场应运而生的。

当时重庆直辖不久，城市建设正处于高速发展期。道路、桥梁、学校、医院、文化场所等很多政府投资的重大建设项目相继上马。这时就暴露出来两个问题。一是很多建设资金无法及时落实，需要贷款开展建设。而贷款的载体必须是一个企业。二是以往建设项目归口管理模式有很大弊端。比如新建学校就是由教委牵头、新建文化场所就由文化局牵头。这些局、委、办在自己的领域很专业，但却没有建设管理经验，导致项目建设资金渠道单一，投资效率低下、工程管理混乱。所以市委市政府决定组织一个专业化程度很高的业主公司，专门从事市级重大投资项目的建设。

于是，城发公司就成立了。我担任了公司的第一任法定代表人。后来，2003 年国务院颁发了关于投融资体制改革的若干意见，明确提出今后政府投资项目要实行代建制。其中，就包含了重庆市在政府投资项目专业化集中管理的经验和教训。

Q：您能谈谈城发公司接手重庆中国三峡博物馆项目和人民广场项目时的情况吗？

A：重庆中国三峡博物馆和人民广场两个项目是作为一个设计项目，在 2000 年进行的方案设计公开招标。城发公司成立和接手项目时，三峡博物馆方案已经征集完成，并且筛选评审出来了结果，西南设计院的方案是第一名。评审结果正在市人民大礼堂向市民进行公示，准备汇集市民意见后，最终确定设计方案。当时，公示主办人是市规划局。公司组建后，市规划局就把项目全部资料、公示征集到的意见移交给了我们。

我们认真看过材料后，觉得西南设计院提交的方案还需要进一步完善。虽然这个方案的建筑师郑国英设计过三星堆博物馆，非常有经验，但他不了解三峡和三峡文物。于是，我们就和文物局一起组织设计团队，专程包了一艘船从忠县始，沿三峡去考察三峡文物发掘现场和尚未搬迁的场镇。

我们花了半个多月时间，把沿途主要的文物发掘基地都看了一遍。邀请了文物考古人员给建筑师们介绍发掘的情况。在考察过程中，就下一阶段深化设计的重点，我们和建筑师达成了一致，就是将三峡地区的历史文化糅入设计方案里。

重庆中国三峡博物馆馆址是市级机关密集地，需搬迁 15 个市级单位。我们利用这段时间，对比国内外知名博物馆，调整修改了三峡博物馆设计方案，就和国家给予的三峡文物抢救展示基地这一定位，高度契合起来。这也直接导致后来我们的方案和初步设计送国家审批时，整个流程都非常顺利。

Q：城发公司其实是从设计阶段就开始了对三峡博物馆整个项目的管控，这样理解对吗？

A：在项目建设中，不仅仅是建筑外观设计，还有内部的结构设计、机电设计、装饰设计等大大小小的专项设计。可以说，设计是一个持续化的工作，需要贯穿始终。像三峡博物馆这样的大型工程，涉及大大小小几十个设计单位。所有设计单位的工作都要贯穿“三峡文物”这一个思路，就必须统一管理。由于种种原因，中国三峡博物馆没有搞设计总承包，于是，城发公司就是专门做这件事的。

我们这种专业化项目管理公司对常规性的设计管理很熟悉了，于是，我们的眼睛就放在了我们不熟悉的历史文化上。在市文物局的全力支持下，三峡文物考古基地的考古人员专门从考古发掘出来的文物中，选择最典型的图案、最典型的器物，统统拍摄成照片，做成一张光盘交给我们，作为三峡博物馆后期深化设计的基础资料。现在大家看到的三峡博物馆外墙上和入口处的浮雕，还有走廊、栏杆上的一些装饰性图案，都是根据这些图案设计来的。

三峡博物馆设计方案审查会。重庆市城市发展建设有限公司 供图

三峡博物馆外墙浮雕图案来自于三峡文物。黄祖伟 摄

包括“重庆中国三峡博物馆”这个馆名，用什么字、怎么上墙都是特别设计的。由市文化局在重庆书画界招标征集，因为很多三峡文物上的图案线条和金石篆刻的很像，确定用金石篆刻方案。征集的一套金石篆刻的馆名，方形的纳入外装修，用在了建筑外墙的馆名上，圆形的用激光蚀刻在了电梯门上。

场馆内的很多东西都是根据三峡文物元素设计特制的，都是为三峡博物馆定制的。这样才能保证整个项目主题贯穿始终。

Q：除了三峡文物元素的设计使用外，三峡博物馆建设中还有什么特别之处吗？

A：三峡最重要的实际上是三样东西：岩体、水体、森林植被，最重要的是岩体，也就是石头这个元素。那么三峡博物馆的建筑外立面用什么石头，我们算是煞费苦心，找遍了整个库区以及渝东南地区。

因为重庆是个山区，本来就是出石头的地方，三峡的岩壁非常美，我们想用三峡的石头来建三峡博物馆。同时，也想借此带动一个产业的发展。那时候，不仅我们，很多人都加入到找石头的行列中。开发商吴亚军就和我一起溯乌江上游山区找石头。如果只有我们一家用这些石头，价格就贵了，而开发商要用，形成批量生产，价格就会便宜很多。市领导也在帮三峡博物馆找石头，时任市委书记黄镇东在三峡船闸通船时看到坝区的石头，就找长江三峡实业公司要石头。三峡博物馆的入口地面就是大坝基石花岗岩加工的。

我们花了大量的精力在库区找石头，但到了最后，最重要的外立面还是选用了澳大利亚布里斯班的黄色砂岩。说实话，这是一件非常非常遗憾的事情。我也反思和总结了这个事情

重庆中国三峡博物馆无论建筑设计，还是内外装饰设计都贯穿着三峡文化的主题。（左）张枫 供图

没做成的原因，还向市委市政府书面汇报过。第一，石矿开采需要达到一定储量。当时重庆没有经过严格的地质勘查，我们没有石矿勘查资料。有些露头了的石矿，我们能发现，但当地却不具备规模开采的能力。第二，运输能力跟不上。我们在山区要把成吨的整石运出来难度太大，豆腐盘成肉价钱。

反而，采用进口石材更省钱。为了进一步节省费用，采取了在国外购买原材料，运回国内沿海加工的方式。

在寻找石头的过程中，我拍摄了很多三峡岩壁的照片。在三峡大坝一期蓄水前，我把这些照片做成台历，给它取名叫做"消失的江岸线"。我在这份台历上写下了一段话："有一群人，一直是以创作一件艺术品的精神在建造三峡博物馆，祈祷我们能成功。"

台历做出来后，我把它送给了很多参与建设三峡博物馆建设的人，他们都觉得很珍贵。

(右上)黄祖伟 摄;(右下)马力 摄

Q:既然说到石头,您能谈谈三峡博物馆这些石头的故事吗?

A:馆内的很多配石都是我们从长江、乌江开采的,大批量地用车、船从三峡库区运输回来。

我们还用了很多三峡大坝里的花岗石。这些花岗石分两种,一种是河床清理基底,清淤的时候挖出的巨型鹅卵石,直径都在两三米或者三四米。我们运回来的石头中最重的有接近30吨;另一种是三峡大坝开挖时,开采出来的大石块。当时在三峡大坝上堆积了很多。之前说到,时任市委书记黄镇东去三峡大坝看上的石头就是这个。

当时,黄镇东书记跟长江三峡实业公司董事长沟通,希望对方将这些石头给我们用到三峡博物馆的建设中。我接到这个消息的时候,正在四川华西医院看病,一听到有这么好的石头,我就马上办了离院手续,开着车就往三峡大坝赶。那个时候还是非典时期,我到了之后还先去三峡实业公司的医院去做了检查,拿到健康证明才进到三峡大坝,找对方负责人向他们要石头。那一趟，我们租了条大船，运回来了几百吨三峡大坝里的花岗石。包括从坝底钻探出来的几十米岩芯。

这些石头都用进了工程。三峡博物馆大厅进门便能看到的那些灰黑色花岗石台阶，就是三峡大坝的基岩。这些石头纹路有点乱，而且因为开挖时经过爆炸，时间长了后有些裂纹，看起来有些陈旧破烂，可能会误以为这是“豆腐渣工程”，但实际上这些都是很好的东西，原汁原味的三峡坝基石。入口两侧的柱础也是这些石头做的。

还有壮丽三峡厅里的纤夫石，展厅的岩壁，观众能接触到的都是从三峡大坝运输回来的真石头，因为要考虑到馆内的承重，没有全部用真石头。所以说做一个博物馆不容易，它不像做别的建筑。因为博物馆建筑是要根据它的主题、收藏品，甚至展览布置来整体设计、思考的。

Q：正如您说，博物馆建筑相对来说是特别的。那么在建设三峡博物馆的时候，你们有参考过别的博物馆吗？

A：我们接手三峡博物馆建设时公司刚成立，没有建设博物馆的经验。设计团队分批分期把国内国外的知名博物馆走了一圈。那时，全国范围内博物馆都比较老旧，可以称之为“样板”的就是上海博物馆。上海博物馆特别豪华，外观像一座雄浑壮美的青铜大鼎，而且藏品很丰富、质量精湛，在国内外都享有盛誉，有文物界“半壁江山”之称。他们回来给我说，要我一定去上海博物馆看看。

我抽空去了，回重庆之后他们问我感想。我伸出手掌翻了翻，说：后修的建筑一般都会比先建设的更好，这是我国建设的规律。三峡博物馆是后修的建筑，超过上海博物馆就易如反掌。

当时很多文化、文物界的人觉得我这个人不是一般的狂妄。因为他们觉得达到上海博物馆水平已经是一件不容易的事了。但是隔行如隔山，上海博物馆是上海文博系统建设的，他们不是专业搞建设的，而我的专业是做工程建设，所以我干得比他们好是应该的，一点儿不值得夸耀。

后来听说，国家文物局、国家博物馆和上海博物馆对三峡博物馆的评价很高。

Q：现在回过头来看，经历了三峡博物馆建设的全过程，您最大的感触是什么？

A：建房子并不难，但博物馆不只是一个房子。我认为博物馆就跟它的馆藏一样，它是一件艺术品，是需要历经岁月考验的艺术品。

艺术品需要精雕细琢、岁月打磨，博物馆要成为艺术品首先要扎实，然后是思考如何艺术地体现三峡文物和地域文化。无论是建筑外观、空间构造，还是馆内陈设以及布置，都要统一在这个主题之下，所以我们才会抓住每个细节不放，力求在各个方面都能有三峡文化元素的体现。

从 2000 年立项拆迁到 2005 年建成开馆，我们花了 5 年时间来做这个尝试，也得到了很高的评价和认可。中国国家博物馆在 2007 年改扩建工程中都借鉴学习了三峡博物馆当初修建的一些经验。后来很多博物馆建设都逐渐开始运用这种方式，就是建筑要体现地方文化特征外，还要体现馆藏文物特色。大家已经不再是毫无思考地去建设博物馆了。

博物馆与一座城市是相伴相生的，是城市文化发展的产物，也是一座城市的文化地标。它既收藏历史，更面向未来。

程武彦

重庆中国三峡博物馆馆长

Curator of Chongqing China Three Gorges Museum

WU YAN CHENG

曾任重庆市文化广电局党委委员、副局长。2013 年 5 月至今任重庆中国三峡博物馆馆长。2020 年 11 月 18 日，当选为“成渝十大文旅领军人物”。

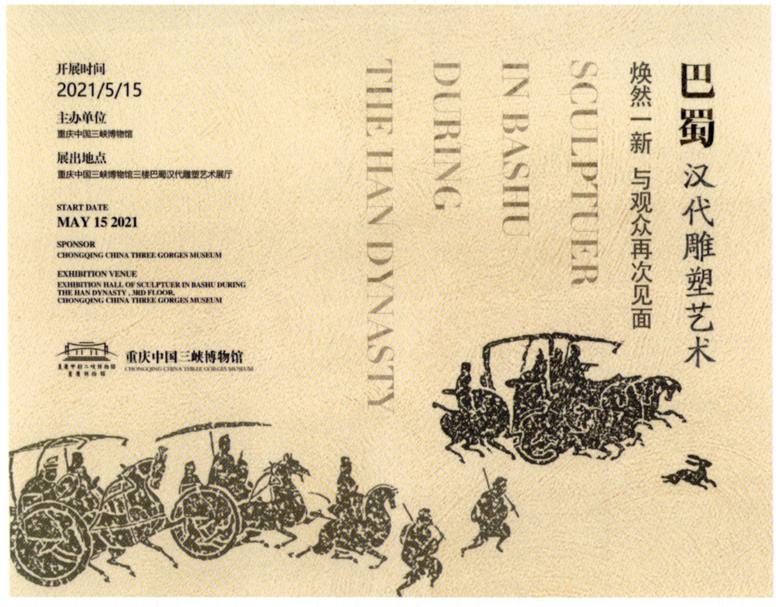

Q:5 月 18 日是国际博物馆日，今年（2021 年）中国主会场的主题是“博物馆的未来：恢复与重塑”，您能介绍一下重庆中国三峡博物馆的情况吗？

A:今年国际博物馆日的主题其实是比较特殊的。早前确定的主题只有“博物馆的未来”。但经历 2020 年新冠疫情之后，对于博物馆行业来说，同样需要在 2021 年进行恢复与重塑。

我们馆这次是以三个新的展览来迎接国际博物馆日。一个是反映地域历史的《神秘的巴国》展，汇集了渝、川、鄂等地的巴文化文物精品，以巴文化区商周至西汉时期青铜器为主，尝试讲述一个完整而真实的巴国故事。

第二个展是一个常设展览，由原来的“汉代雕塑艺术展”而来。我们根据现在新的学术进展、考古发现、研究成果，对原有展览做了较大的改进，几乎是重新布设了展览。从内容的构架、展陈的设计和布展的手法，都有新的变化，更符合现代人的审美。

第三个展览设在景仁怀德厅。在今年的国际博物馆日，我们特意策划了一个专属于捐赠者的展览。为了感恩在重庆中国三峡博物馆 70 周年建馆历史进程中的一大批文物捐赠者。他们无私地把一批珍贵的文物捐献给博物馆。

Q：今年是重庆中国三峡博物馆建馆七十周年，您能讲讲整个建馆历程，以及每个不同时代博物馆对于城市的意义吗？

A：我有一个观点，博物馆与一座城市是相伴相生的，它是城市文化发展的产物，也是一座城市的文化地标。因为它收藏城市的历史，它见证城市的发展历程，所以城市博物馆都对一个城市的高光时刻有记忆与表达。

以我们重庆中国三峡博物馆为例，它的前身是 1951 年 3 月成立的西南博物院。当时全国刚解放，整个西南大区的管理机构就设在重庆。所以顺应着当时国家建设的需要、文化发展的需要，我们组建了西南博物院。那时，我们馆是面向整个西南地区的历史收藏和研究。我们馆的工作人员在大西南进行了大量历史考证和文物调查，不仅仅是重庆。

西南大区撤销后，1955 年 6 月，西南博物院更名为重庆市博物馆。这一段时期，我们博物馆的收藏和展示主要是面向“小重庆”的概念。这段时期的藏品在市外的就不多。我们办的展览大多是面向重庆本土的。

1997 年，随着重庆市直辖，重庆城市地位上升了，版图扩大了。博物馆就变成了需要面

三峡博物馆内“重庆：城市之路”讲述了重庆的发展变迁。黄祖伟 摄

重庆中国三峡博物馆前身西南博物院。重庆中国三峡博物馆 供图·

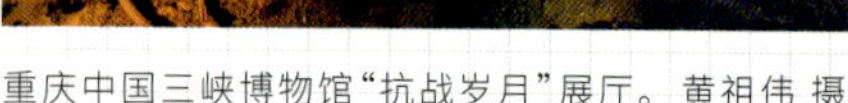

重庆中国三峡博物馆“抗战岁月”展厅。黄祖伟 摄

向 8.24 万平方千米土地的场馆，辐射更广泛的人群。同时，三峡文物抢救保护的一批文物也需要找地方“安家”，所以我们开始建设“新重庆”或者说“大重庆”的博物馆，也就是现在的重庆中国三峡博物馆，同时也是重庆博物馆。

随着这座城市的变化，博物馆的藏品、展览和文化研究都会有很多变化。这就是我说的博物馆和城市相生相伴，一直到老。城市有多老，博物馆就有多老。

Q：就重庆中国三峡博物馆的发展历程来看，它既是城市博物馆，也有三峡主题，同时，又冠以“中国”之名，那么您觉得它与其他博物馆有什么不同？

A：首先，从藏品上来说，我们馆是一个综合性大型博物馆，收藏非常丰富。国家文物局对全国馆藏文物划分了三十五大类，而重庆中国三峡博物馆的收藏覆盖了整个三十五大类。

根据新的考古发展、研究成果重新布置的“汉代雕塑艺术展”。黄祖伟 摄

我们的收藏特点主要体现在古人类标本、巴蜀文物、三峡文物、抗战文物、近现代文物和少数民族文物上。在历史文物当中，我们收藏的汉代文物又是特别丰富的，这就与很多博物馆有了一定区别。

其次，重庆中国三峡博物馆和三峡紧密相连。仅从博物馆建筑来看，它的造型既体现了三峡大坝，也体现了重庆 3D 立体城市的特点，爬坡上坎、弯弯曲曲，这跟北方平原城市的博物馆很不一样。

最后，也是最重要的，文化气质上的不同。每个地域都有自己不同的文化，因而体现出不同的文化气质。博物馆作为城市文化的收藏和反映，也会体现出自己的文化气质。

三峡博物馆当然也有自己独特的文化气质。第一，它体现了巴渝文化特色。巴渝文化特别强调的是“忠、勇、信、义”，所以在我们的展览中有大量反映这一文化的内容、人物和展品。比如我们的兵器、我们的青铜以及巴蔓子、邹容等一些特色人物。

另外一个文化气质的体现，就是我们巴人留下来的乐观、豪迈的性格，特别能吃苦，特别能战斗。巴国曾经在江汉、峡江、川东嘉陵江等广大区域与秦、楚、蜀等强国争锋，在这个夹缝当中，巴人能够生存，靠的就是自己的勇敢与豁达。在我们过去的收藏，特别是陶俑中就能看到，巴人那种发自内心的乐观和豁达。今天的重庆人也秉承了这种文化的气质，并表现得淋漓尽致。这也是一座博物馆文化性格的体现。

Q：博物馆是收藏历史的地方，同时，它也有自身的发展历史。博物馆发展到今天有一百多年历史了，您如何看待未来博物馆的发展趋势？

A：博物馆从最初的收藏、保护、研究、展示文化遗产的机构，逐渐转变为服务于人的全面发展、面向未来的文化服务和教育机构。

我认为未来的博物馆应该具有以下几个趋势性的变化。第一，从收藏上来讲，博物馆应该更侧重于现代、当下。这是一个非常明显的趋势。历史是不断推进的，记录历史推进和变迁是博物馆的重要职责和使命。

这些年，我们加大了对于现代文物、当代见证物的征集。2017年，我们发布了《文物藏品及经济社会发展变迁物证征集启事》；新中国成立70周年，我们发布了《“国强”的生活——庆祝新中国成立70周年重庆生活变迁物证展》专项征集启事。我们收到了很多私人藏品，包括恢复高考后，第一届学生的准考证、试卷、成绩单等。而2020年《征集抗击新型冠状病毒疫情物证的启事》便是对当代见证物的收集，为时代记忆保存物证。

第二，我们的展览和科学研究将会更注重人们对新知识、新文化的需求。我们应该越来越重视当下的社会和当下人们的关注，而不仅仅是古人。我们将更看重现代人怎么看待历史，他们需要了解什么，如何以大众的视角来办人们喜欢的展览，这是我们这一代博物馆人应该做的。

第三个大趋势，我认为是数字技术和公众传播手段的运用。进入数字时代，博物馆的展览除了文物加说明牌的形式之外，我觉得还应该有更丰富的应用。比如多媒体技术在展览中的广泛应用，可以把文物的故事讲得更透、更深、更有趣、更直观，让大家一看就能懂。此外，还有一个值得我们博物馆人关注的趋势，那就是博物馆已经由文化的殿堂，逐渐演变成了一个城市的文化客厅，人们到博物馆来更多是为了休闲甚至娱乐，所以博物馆的社会教育和文化传播需要越来越公众化、平民化。

重庆中国三峡博物馆已逐渐成为城市的文化客厅。 黄祖伟 摄

三峡文物科技保护基地内的展厅布设。黄祖伟 摄

Q:针对博物馆社会教育和文化传播的公众化和平民化,重庆中国三峡博物馆做了哪些方面的尝试呢?

A: 博物馆的公众化和平民化,在我看来,就是需要博物馆主动走出去,跟上时代的节奏,面对当下人们的需求,然后根据自己的特性和馆藏的特点作出一些尝试和创新。

比如我们通过展览手法、美学把握,努力让文物展示更适应当下人们的审美观。引入和增加一些多媒体表现形式,比如 3D 场景复原、数字体验厅等。让参观的人们,特别是孩子,能够观赏一些动画,参与一些动手的、体验式的游戏和社交活动。这是场馆、展厅贴近大众的一种方式。

比如我们越来越多地用到大众传媒的方法,建立博物馆的微信公众号、微博、视频号等,通过更贴近公众、更便利公众的渠道和途径来传播博物馆文化、实现博物馆社会教育职能。

当然,还有通过文物资源的创造性转化来实现博物馆文化传播的方式。我们馆的古琴收藏很好、汉代收藏很好。我们就编创了古琴雅集、汉服表演、香道表演等。古琴雅集已经办了很多年,在此基础上,博物馆还开办了古琴学习班,社会反响都很好。去年,我们利用馆藏最好的四架古琴、名琴,邀请中国当代最有名的四位琴家来进行弹拨演奏。名琴、名家、名曲,我们制作成了《古琴新声》专辑,在网络音乐平台上发布,社会反响也非常好,一经上线点播量就超过了两百万。

最近,我们馆还在尝试让博物馆文化与游戏文化进行结合。因为现代游戏文化拥有非常庞大的年轻人群。我们与时下最火的一款游戏,联合开发了一套博物馆主题的游戏皮肤,在下个月就即将发布。

其实不仅我们,中国的其他博物馆这些年来非常活跃,也非常吸引眼球。很多博物馆都成了网红打卡地。我觉得这就是博物馆公众化和平民化的一种体现,也是时代进步的一种体现。

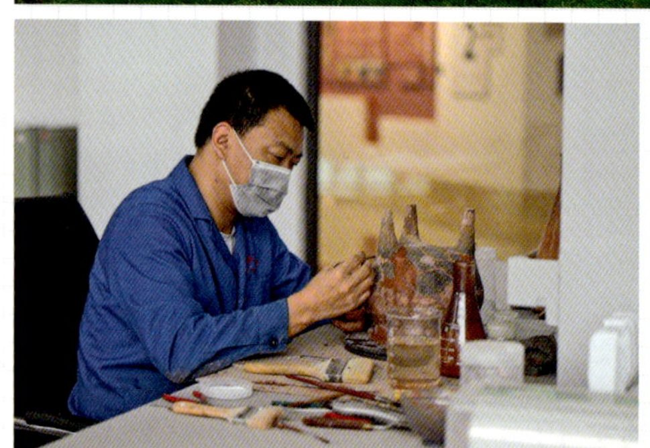

三峡文物科技保护基地更多地承载了三峡文物保护修复、分析鉴定以及文物保护装备研发等功能。 黄祖伟 摄

Q：目前，重庆中国三峡博物馆位于南岸区的分馆正在建设中，您能介绍一下这座分馆的情况吗？

A：在建的这个场馆叫三峡文物科技保护基地，主要从事科学研究、文物保管、保护及修复、分析鉴定、文物保护装备研发等工作，满足三峡文物保护修复的需要。它作为重庆中国三峡博物馆的一个组成部分，将加挂“国家文化和科技融合示范基地”和“国家文物局重点科研基地”的牌子。

这是一个专业性的博物馆，同时也是一个面向大众的博物馆。场馆建成后，有常规展览、数字展览，还有文物修复体验区、观赏区。参观者可以透过大玻璃，直接看到文物是怎么修复的。甚至可以通过预约或征选的方式，让一部分参观者走进文物修复体验区，与文物、文物修复师零距离接触。

实际上，在这个新场馆中，文物修复过程就变成了一个展览。我们将以这种方式向公众传播文物保护的重要性，展示文物保护工作，普及文物保护知识。也会开展大量针对青少年的文物保护与传统文化研学活动。

Q：近年来，重庆全域范围内开建了很多新的博物馆。不仅如此，全国博物馆建设似乎也进入了热潮期。您能谈谈重庆博物馆新建发展的情况吗？

A：伴随着经济社会的发展，文化建设也迈上了新台阶。各地的博物馆建设都与日俱增。这是一件好事。截至今年 5 月 18 日，重庆市在文物部门备案的博物馆已经有 107 座，其中有 24 家博物馆进入国家等级博物馆。这就表明重庆博物馆的发展已经进入到一种良性过程。

但这个数量还不够。目前重庆博物馆人均拥有量，大概是 35 万～ 40 万人一座博物馆，并且分布是很不均衡的，不能够满足人们对博物馆的需要。我们按博物馆发展比较好的城市作为参照，来科学地评估和测算我们自己的发展。那么“十四五”期间，重庆将按照平均每 20 万人一座博物馆的要求来进行建设。以这个标准，重庆至少需要一百六十多座博物馆。也就是说，未来我们可预期还要新建五十多个博物馆。

对于新建设的博物馆，首先是要以人为本。传统意义的博物馆是以文物为主，最好最大的空间是留给文物的。当然，这是对应了当时博物馆的功能需求。然而，我们应该看到，未来博物馆的主要功能是公共文化服务，是一座城市的文化客厅。那么新建的博物馆就应以人为主，为人创造出一个更好的文化空间。无论从功能规划、空间设计、设施设备配置，以及各种建筑参数都要满足人的最合理的需求。这也是现代意义的博物馆与传统博物馆的区别。

Q：您能谈谈重庆中国三峡博物馆未来的发展规划吗？

A：“改变”应该是我们未来发展的关键词。2005 年，三峡博物馆新馆开放时，建筑面积 45000 平方米是全国省级馆里最大的博物馆。时间过去这么多年，这个场馆逐渐不够用了。

我们馆作为国家一级馆有大量的馆藏，因为场地限制，目前还有很多文物无法跟观众见面。并且现在我们是“重庆中国三峡博物馆”和“重庆博物馆”两块牌子挂在一个场馆上，感觉三峡的内容和重庆的内容都没有展示得很完备，都留有遗憾。

所以我们正在着手建设一座新的重庆博物馆。新的重庆博物馆将系统展示重庆地域的历史、文化和特色，而三峡博物馆则认认真真地做三峡文化、长江文化和艺术博物馆的内容。

同时，我们还计划依托白鹤梁水下博物馆，通过地面场馆的扩建，打造中国水文博物馆。水资源和人类文明息息相关，白鹤梁的枯水题刻是一种最重要的水文历史记载。白鹤梁之外，中国还有大量水文题刻。但目前全国还没有一座水文博物馆。所以我们提出的设想也得到国家水利部的大力支持。我们憧憬在“十四五”期间把水文博物馆建出来。

今后，我们重庆的整个博物馆体系将会更加完备。我们可以给重庆市民、各方面观众提供更好的博物馆资源和条件。

黄祖伟 摄

在“母城”渝中的核心区域有一座独特的建筑——国泰艺术中心，它藏在高楼大厦的阴影之中，又以不容忽视的红色伫立于长江边。重庆人称它为“火锅筷子”，因为一根根探出的红色“题凑”仿佛中国风的筷子，不过它最初的寓意其实是“欢乐篝火”。

重庆国泰艺术中心占地面积 2.91 公顷，总体布局共 10 层，上部为重庆美术馆，中部为城市公共空间，下部为国泰大剧院。建筑的设计灵感来源于重庆湖广会馆中的一个

建筑符号语境下的城市新秩序

CHONGQING GUOTAI ART CENTER

国泰艺术中心

建筑时间：

2005 年至 2013 年

建筑类型： 文娱建筑

建筑设计者：

崔愷 景泉

多重斗拱构件，以传统斗拱空间穿插形式表达出传统建筑的精神内涵，高高迎举、顺势自然的外观态势也正符合重庆人火热奋斗的精神追求。其中题凑的利用更是巧妙，30%用来悬挂建筑结构，40% 左右作为空调系统管道，是一座真正会“呼吸”的建筑。

国泰艺术中心集展示、戏剧、娱乐为一体，其不但入选过《人民日报》发起的“你最喜欢的中国现代建筑”主题活动，更被评选为“重庆十大地标建筑”之一。随着重庆文旅发展的不断推进，国泰艺术中心正越来越明确地发挥着其城市会客厅的作用。

国泰艺术中心非常像重庆人的生活，它是立体的、有张力的、生活化的，同时又很激情浪漫的，它就是为重庆而设计的，为渝中而设计的。

建筑师

景泉

Architect QUAN JING

教授级高级建筑师，入选国家百千万人才工程，获“有突出贡献中青年专家”称号，2018年获2016中国建筑设计奖·青年建筑师奖。1996年本科毕业于哈尔滨建筑大学，获建筑学专业学士学位；2003年获得哈尔滨工业大学科学管理与工程学位（建筑经济方向）；2017年获得哈尔滨工业大学城乡规划专业博士学位（城市设计方向）。

中国建筑设计研究院有限公司建筑专业设计研究院院长、院副总建筑师，中国建设科技集团中央研究院既有建筑中心更新与再利用中心主任。同时兼任住建部、民政部等多部委专家，中国建筑学会理事，2022年冬奥组委会工程建设领域专家，清华大学校外导师等职务。

从事建筑设计25年来，作为设计主持人承担多项国家及地区大型公共建筑项目，如重庆国泰艺术中心、广西南宁园艺博览会建筑群、2019世园会中国馆、北京城市副中心博物馆、重庆朝天门片区治理等。中国馆得到了习近平总书记的高度评价称该建筑“体现了厚重的地域文化，汇聚了中国生态文明建设成果，体现了中国与世界追求绿色生活、共享发展成果的理念”。此外，还承担了多项城市设计、城市更新项目，完成了多项国家及省部级科研课题，在核心期刊发表多篇论文，解决多项重大工程建设技术难题，完成多项技术推广应用及创新。

Q：国泰艺术中心是“重庆十大地标建筑”之一，广受重庆市民喜爱。作为主创设计成员，您能谈谈这个项目伊始的情况吗？

A：国泰艺术中心项目是2005年启动的。当时重庆即将迎接直辖十周年。随着城市的快速发展，经济水平的提升，人们精神层面的诉求就增加了。那么国泰艺术中心作为公共文化项目，也是重庆新规划的十大建筑之一，被放在解放碑这么一个核心区域。

国泰艺术中心的前身是国泰大戏院，拥有非常深厚的历史背景，因此，重庆市政府对项目的定位是希望做一个有民族风格、地域风格的建筑。这一点就和我们中国建筑设计院选择项目的初衷吻合了。我们院在做项目时很重视地域特色，而重庆的城市和重庆人的性格都非常特色鲜明。

因此，为了这个项目我们做了大量的前期调研，包括国泰大戏院的抗战历史、建筑地块的实地考察、重庆地域文化的考察等。国泰项目地块有一个6米的高差，它具备重庆独特的山地地貌特征，那么我们的设计就需要有山地建筑的属性。

而这块地曾经是重庆市公安局的原址，那么国泰项目实际上是一个城市更新项目，我们需要按照以现代的角度对国泰进行复建的同时，更重要的是在这片高楼林立的核心商务区留出一块真正让老百姓能“呼吸”的地方。当时项目定义为重庆的“城市森

国泰大剧院一侧万箭齐发的建筑表情。苏适 摄

林”“森林广场”以及“城市阳台”这几个概念。

现在看来，这些都是特别有意义的，有公益性、有时代性，更具有地域性。

Q：您提到中国建筑设计院在选择项目时很重视地域特色，那么您是如何理解重庆的地域特色或者说地域文化的呢？

A：我在 1994 年的时候就来过重庆。那时我是哈工大学生会主席，以建设部优秀学生干部的身份来到重庆大学进行交流学习。重庆的美食非常吸引人，辣的层次、鱼的鲜美，所以当时对重庆就有很好的印象。

2005 年，因为国泰项目调研，我又来到重庆。因为我是北方人，对重庆这种山水、

国泰艺术中心的“题凑”灵感部分来源于湖广会馆的斗拱结构。
中国建筑设计院 供图

人居状态并不了解，所以就去到中山古镇认认真真住了一个多星期，尝试去寻找重庆人自己的文化状态是什么。

通过这趟行程，我就深刻地感受到崔愷院士提出的“本土设计”，也理解了重庆的一些独特性。俗话说“一方水土，养一方人”。在重庆这样一个高温高湿的地区，人们怎么处理建筑与这里山水环境的关系。我看到大量的穿斗建筑和吊脚楼建筑，它们都特别适应重庆的山水环境，具备通风、遮雨、遮阳、易于建设几大特点。我认为民居是每个地方最具地域特色的，它能反映特定生态环境中滋长出来的特定生活文化、居住文化。比如吊脚楼的叠檐关系，穿斗中的梁柱穿插，就是重庆非常独特的适应山地地域特征的文化表现。

重庆美术馆一侧更偏宁静的建筑表情。中国建筑设计院 供图

这些体念、感受和认识都对我后期理解国泰项目具有很大的影响。

Q：基于对重庆地域特色的调研分析，国泰艺术中心的设计理念和构想最终是怎么确定下来的呢？

A：国泰项目的投标要求是按照民族的、地域的风格来体现现代的精神。这是一个特别有意思的命题。

当时，很多人认为坡屋顶是重庆民族、地域风格的一种表达。在应标方案中，我们也看到很多坡屋顶的表达。但我们认为这个命题并没有那么简单。它不是一个单纯的建筑问题，而是用建筑的语言来表达城市以及人的时代精神。

我们知道郭沫若的话剧《屈原》是在国泰大戏院首映的。抗日战争时期，国泰大戏院是重庆乃至全国抗日救亡、民族精神的一个重要载体。而到了 2005 年，重庆迎接直辖十年，这时重庆城市以及人的精神面貌也是一种“比学赶超”，想为家乡、为国家作出更多贡献的状态。这种精神头和历史上的抗日情怀，和当下国家社会发展都是相合的，这一切奠定了国泰项目的基础。

我认为真正能体现国泰气质、重庆气质的是中国传统建筑中的斗拱。斗拱其实不是一个装饰，它是建筑承重结构中的基本构件，代表着力量。同时，它呈现出的密集状态，又和重庆城市的感觉很相近。所以我们和崔愷院士决定用这个具有时代性、结构逻辑性的构件作为设计的母题。

红黑两色的“题凑”结构不仅用于建筑外立面更深入到了建筑内部。 中国建筑设计院 供图

建筑色彩的选择来源于我对重庆人性格的感受。重庆人性格耿直，脾气火爆，这和辣椒、火锅都有相近性。同时，重庆还有很多刚烈的故事，比如红岩。红是重庆的一方面，另一方面是深沉。我选择了黑色，重庆很多建筑都不惧怕黑色，这与重庆气候的潮湿、石材的运用都有关系。红和黑的运用上，我们借鉴了国画点染手法，想创造出层林尽染的感觉。

关于色彩还有一个小插曲。我们方案提交后，最初有人担心，重庆已经很热了，做这么一个红彤彤的建筑，会不会让人觉得很烦躁。其实我们是有所考虑的，所以崔愷院士最终确定的是亚光红和亮光黑的搭配。为了这个颜色我跑了4趟重庆，详细解释为什么这样选择搭配。

国泰建成后，我还接到市人大代表的电话，说重庆市民都很喜欢这个建筑。虽然它确实是个红色的建筑，但看上去一点也不会很躁，还给重庆带来了新的活力。

Q：国泰艺术中心的造型一直很引人注目，有人说它像筷子，也有人说它像帆船或乐器芦笙，那么您当时设计的原意是什么呢？

A：好的建筑一定是多义的，它会留给人们很多遐想空间。而且这种遐想一定是不经意间体现出来的，如果刻意为之，它的高级感反而就没了。现代建筑的抽象性很重要，它能让人们用更多元的眼光去看待和理解。

那么有人认为国泰像一艘船，有人认为像乐器芦笙，我觉得说得都很形象。这都是

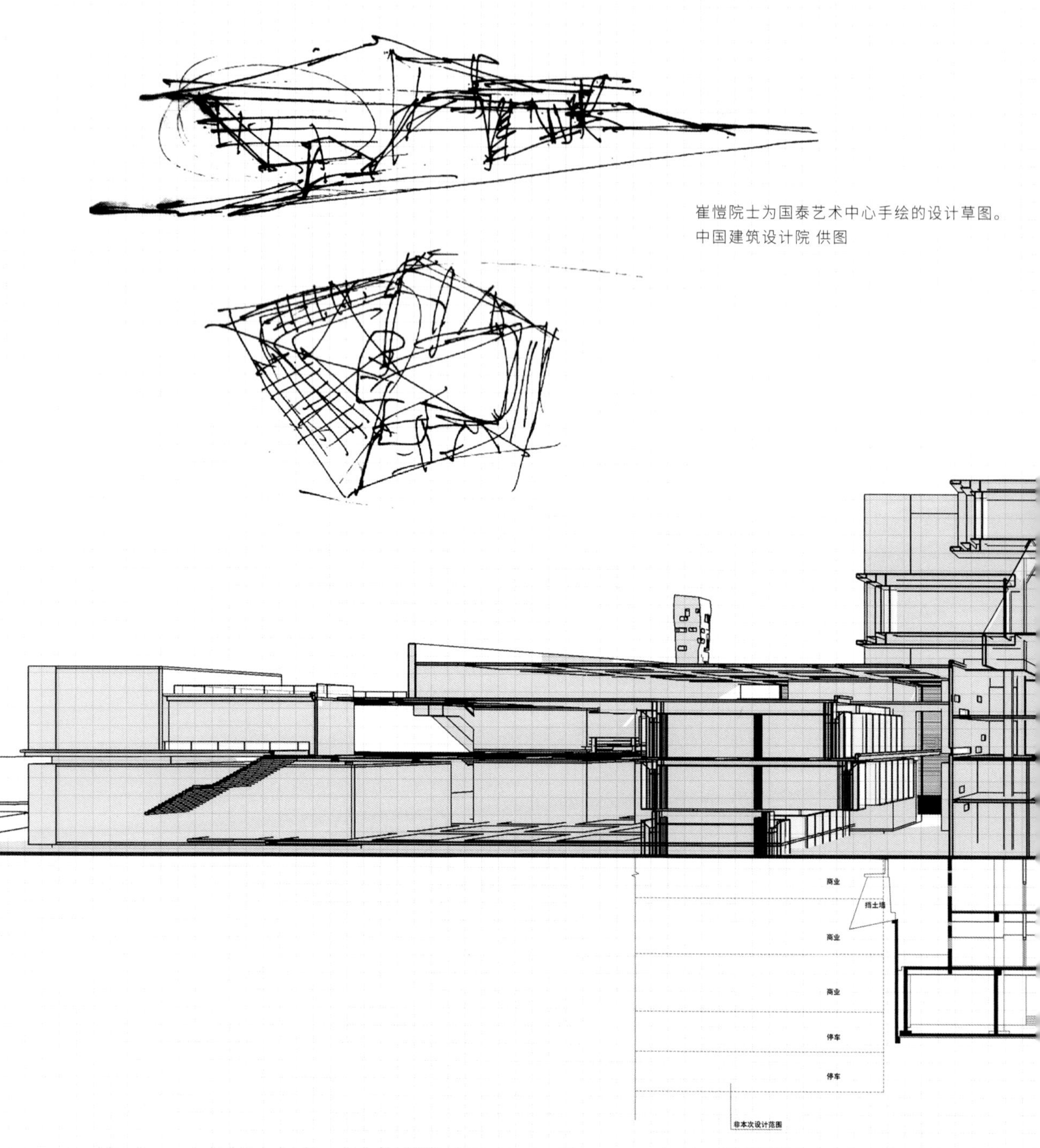

崔愷院士为国泰艺术中心手绘的设计草图。中国建筑设计院 供图

国泰艺术中心剖面透视图。中国建筑设计院 供图

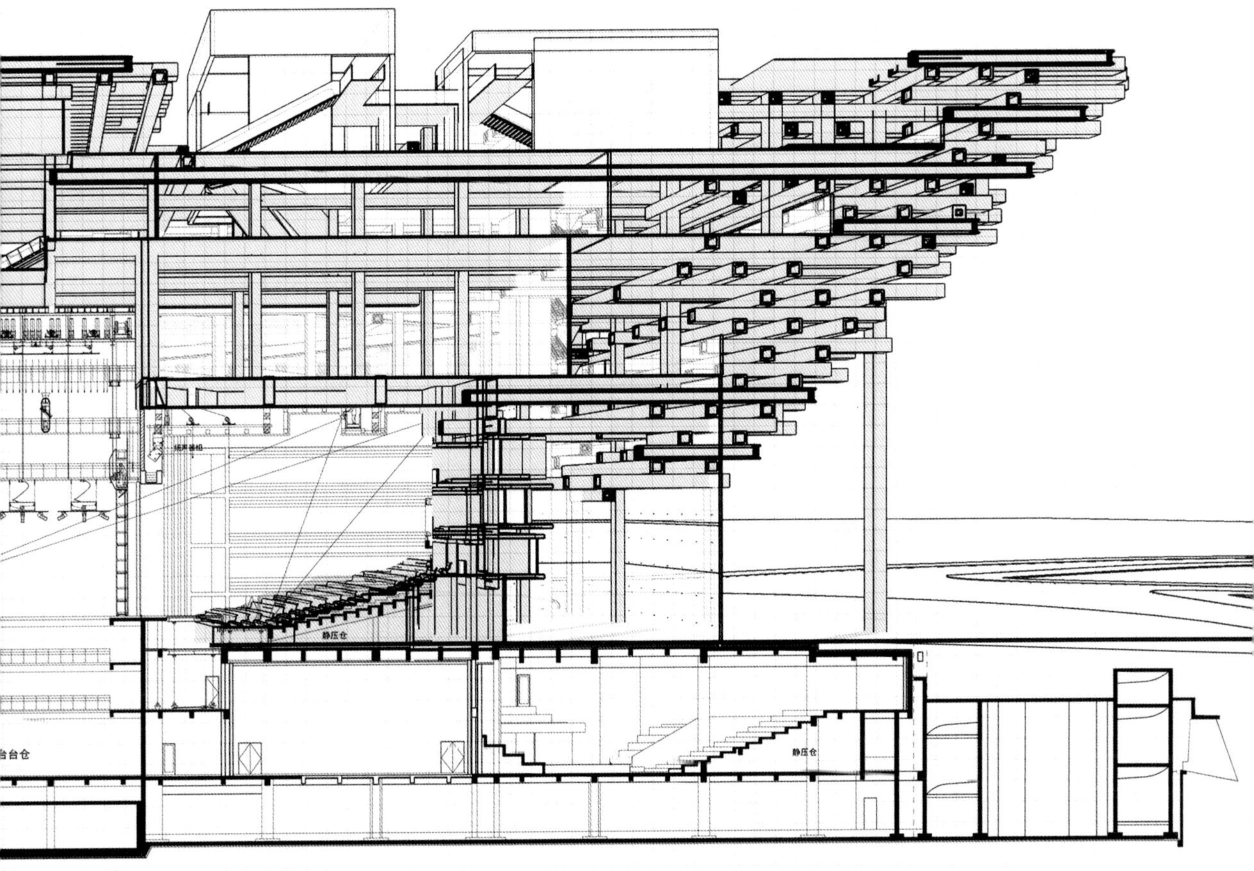
静压仓
台台仓
静压仓

建筑外形设计以中国传统文化特质为载体，创造歌舞“笙”平的寓意。中国建筑设计院 供图

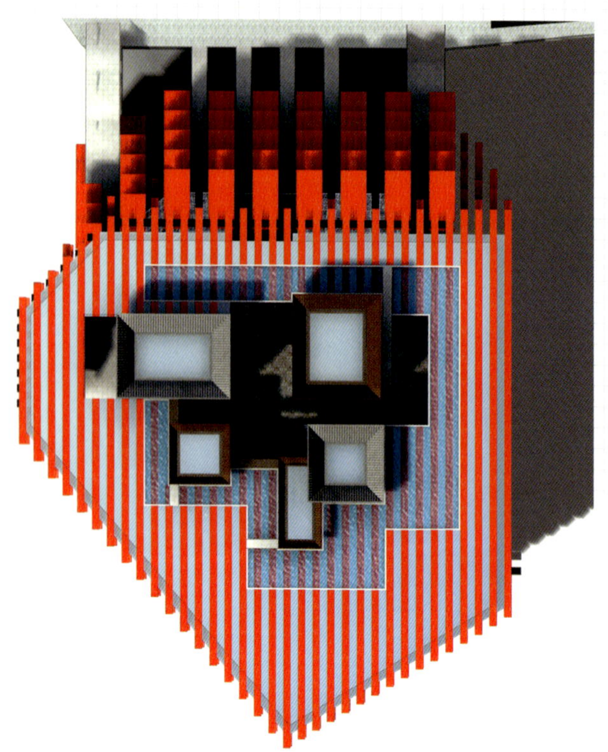

人们基于不同的理解，不同的视角，透过建筑产生的好的遐想。这也是我们做设计时所希望看到的。

我在设计国泰艺术中心时并没有给到它一个固定的形象。当时我在中山古镇时有一个场景给我留下很深的印象，那就是重庆的市树——黄葛树。它的根可以在岩石里扎得很深，树冠很大，很多人在树下乘凉，摆龙门阵、打麻将等等，这是一个景象。其实，国泰艺术中心也可以说很像一个巨大的树冠。

最初投标的时候，我们方案的名字叫“重庆的欢乐篝火”。因为当时我们觉得这个设计像篝火，也符合重庆“双重喜庆”的感觉。但最有意思的是，经过这么多年后，重庆老百姓给它起的名字就更重庆，叫“火锅筷子”。我觉得这个名字很好。“火锅”表达了建筑的形态，“筷子”描述的是建筑的结构。而且火锅红红火火的感觉也非常喜庆。老百姓是很智慧的，也有自己的审美。用这么样一个词来表达对国泰项目的喜欢，或者说评价，我都觉得特别好。

其实，我一直觉得国泰艺术中心非常像重庆人的生活，它是立体的、有张力的、生活化的，同时又很激情浪漫的，它就是为重庆而设计的，为渝中而设计的。

Q:国泰艺术中心这么特别的造型是通过怎样的建筑结构和技术实现的呢?其中难点在于什么?

A:国泰艺术中心最大的特点就是它的建筑造型。我们运用斗拱、穿斗等传统元素,用数百根巨大的钢棍儿穿插、堆积构建起整个建筑,也形成以点带面的建筑外立面。

实际上,这个建筑的难点也在于此。现在大家都能看到国泰艺术中心是一个“下小上大”倾倒的造型。很多人,包括一些业内人士,都会感到疑惑。仅凭建筑下部的几根钢棍子是怎么把上面这么大的体量撑起来的。它当然不是靠钢棍撑起来的,其实靠的是藏在建筑内部的悬挂体系来支撑的。

我们最初的设计方案中,整个建筑有一千多根钢棍儿,是累积的结构特征。第二轮深化设计过程中,崔愷院士提出这个建筑应该与外界有充分互动,需要调整累积结构的疏密关系。同时,重庆项目方也提出了“题凑”的概念。“题凑”是中国传统建筑的一种工法。我们按照这种工法对设计进行调整,将钢棍儿的数量减少到八百多根,到现在的六百多根。而到处抽棍儿就会带来体系崩塌的结果,所以最后我们采用了悬挂技术,利用上面的三层“题凑”创造一个平板桁架,再来悬挂下面的建筑结构,这就是设计的巧妙之处。

建筑外立面的悬挂楼梯精巧地与“题凑”编织在一起。黄祖伟 摄

还有一个难点在于这六百多根钢棍儿与整个建筑是糅合在一起的。它们的功能、造型、结构都不是独立的，而是彼此交织的。比如这六百多根棍儿中有 20% 还承载了建筑除湿体系，它们与管道充分结合，红色棍吸气、黑色棍吐气，就像白蚁的蚁穴，大大降低了空调的能耗。

这虽然增加了建筑设计和建造的难度，但却让它真正变成了会呼吸的建筑。

Q：除了建筑造型外，您作为设计者能聊一聊国泰艺术中心内部空间的魅力以及特点吗？

A：国泰艺术中心 1 至 4 层是大剧院，5 至 7 层是美术馆，内部有很多不同的功能分区，并且大剧院有一部分还处于半地下状态。那么它的内部结构也是非常复杂的。因为使用功能的不同，就会造就不同的空间感觉和魅力。

我自己对几个空间很有印象。首先想说的是整合很复杂。虽然它平时使用的机会不多，但鉴于消防需求，它必须有。可是怎么把这些楼梯与“题凑”编织在一起，形成自然一体。我们也是花了很多功夫。我觉得这个空间也特别有意思，因为它还和城市形成互动关系。

大剧院，第一是剧场大厅的空间很有意思。大厅有一面是室外“题凑”引入到室内

国泰大剧院中剧场特别设计了包厢，以提高其商业价值。黄祖伟 摄

国泰大剧院小剧场依然是红黑色调贯穿始终。
黄祖伟 摄

国泰大剧院音乐厅则取意于三峡，色调和装饰上都有所不同。
黄祖伟 摄

定格下来的，而侧面是当时亚洲最大的一个索网幕墙，因为没有框，所以结构受力上也是一个考验。那么幕墙一面特别通透，与“题凑”墙一对比，就形成很大冲击力。第二是大剧场，红黑相间很有重庆的味道，剧场的小包厢也很有特点。2005 年时剧场包厢还不常见。我们设计它是希望有利于大家一边看戏一边谈事，提高它的商业价值。

还有音乐厅，我们的设计取意于三峡。音乐厅内的色彩就和“红黑”主题完全不同。曲形的木墙像水流、像音符一样，而吊顶采用的“三峡石”的色彩和形态。以此体现三峡气质，山水和鸣。

美术馆，首先就是那个巨大的楼梯，它一方面起到疏散作用，更重要的是它像一个巨大的雕塑立于这个空间之中。另外，美术馆室内设计更克制、静谧。在预留的屋顶雕塑

重庆美术馆的外部建筑表情与内部空间气质更克制、静谧。 黄祖伟 摄

空间里，光线还能透过“题凑”投下光影，和展示的作品辉映，真正构成艺术圣殿的感觉。

总体来说，美术馆和大剧院因为气质不同。那么两边的建筑表情也就不一样。大剧院外立面表情看起来是万箭齐发的姿态，更活跃、热闹。而美术馆则是层层叠叠的巨型框架，创造的是景框、相框的概念。

Q：建筑周边的环境、景观其实也是建筑的组成部分，您能谈谈对国泰艺术中心的环境景观以及与周边交通联通的设计考虑吗？

A：做设计的时候，我的第一考虑是如何在这么一个狭小的空间里，把更多的土地、空间留给人去用。这也就是国泰艺术中心是一个“上大下小”建筑的原因。我们想尽量

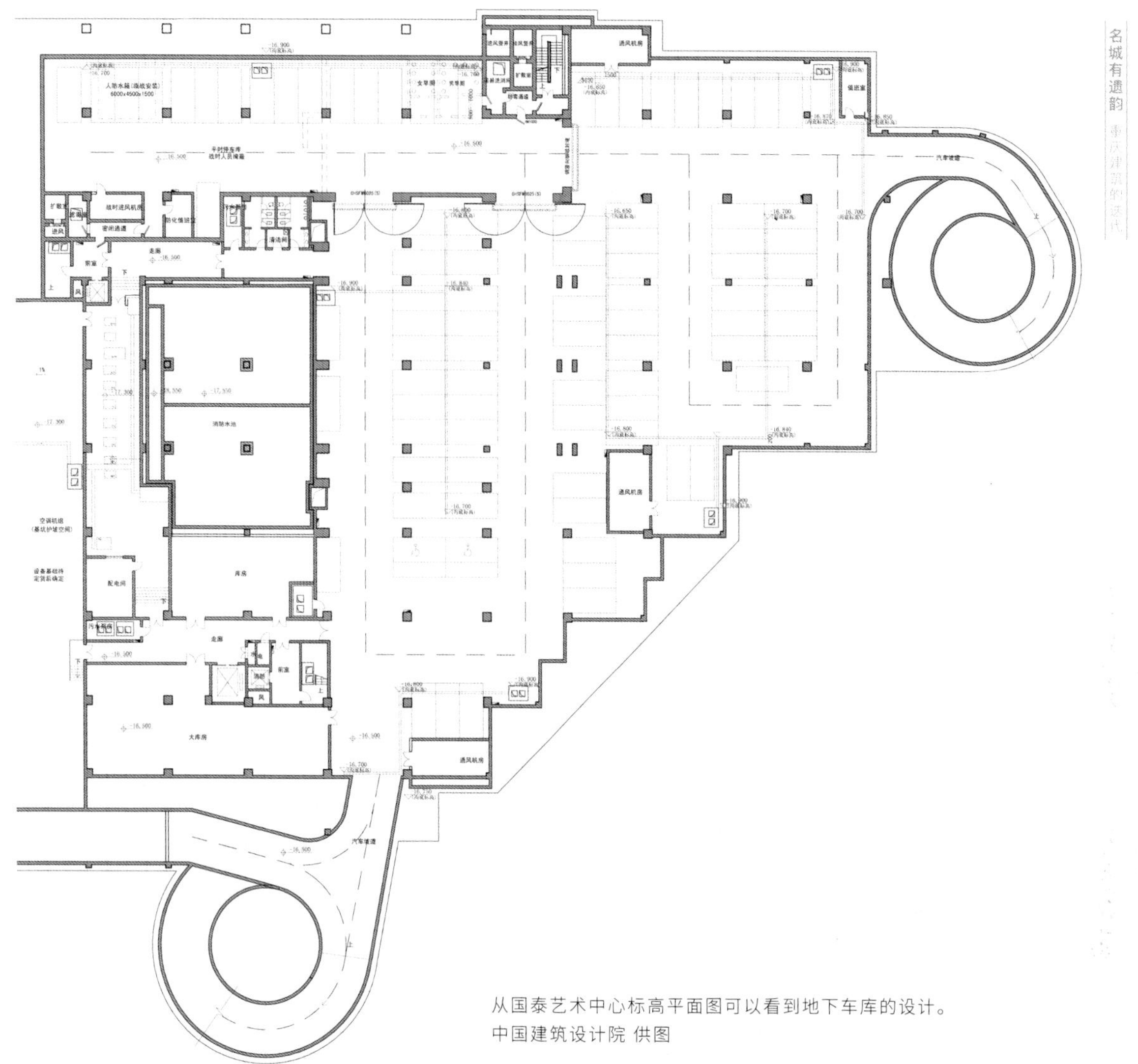

从国泰艺术中心标高平面图可以看到地下车库的设计。
中国建筑设计院 供图

减少建筑的占地面积，把更多的活动空间留给老百姓。

包括我们设计的地下停车场，它的出发点还是出于对人的考虑。一方面解放碑附近停车非常难，我们想在尽可能的情况规划一个停车场，即使停车量很少，但也聊胜于无。另一方面，我们考虑的一定是地下停车场。虽然在这个地块建地下停车场很难，但车不能抢了人的空间。所以就有了现在这个像漩涡一样，一直下行的地下停车场。

其实，崔愷院士的“本土设计”就是从城市、从人出发的。他当时对项目的理解，以及对未来建筑的理解，都是以人为出发点，这是他的基本原则。那么基于这个出发点，所有的空间组织、竖向的组织以及景观的设计、室内的设计都是一体的。

国泰项目对我来说，算是一次转型。我之前做一些小型公建，但这类大型公建做得不多。我从崔愷院士身上学到很多，这么多年来，他一直是我的好老师。

Q：国泰艺术中心项目从设计到落成花了8年的时间，这中间经历了多少困难？

A：我没记错的话，项目设计是2005年10月开始投标，然后2006年3、4月份两轮评审结束。评审结束后我们开始做施工图，在2006年10月份的时候全部完成施工图，完成后再继续优化。

像这样一个复杂的建筑，本地的建委要组织各种审查，比如施工图审查，建筑扩初审查，消防审查……国泰艺术中心项目因为设计比较独特，所以它和消防规范有些不太一致的，就要通过消防性能认定才行。还有就是结构超限，因为国泰建筑这种结构的方式超出了以往对结构的认知，甚至是有些和规范不太一致的地方，就要通过结构大师来认定这个东西到底合理不合理。

一切审查通过后，建设过程中首先就出现了爆破问题，因为它在CBD附近，所以爆破范围、怎么爆破都下了很大功夫。不能说你这边爆破，影响了其他楼的安全。爆破完成后，又面临着钢结构和混凝土怎么结合的问题。我记得当时是中冶赛迪公司做的钢结构深化，重庆建工做的施工总包。

施工过程中，钢结构有一个最大的问题。大家都知道重庆那段时间污染比较严重，有酸雨，还有灰尘和雨水接触后板材很容易发乌。尤其是钢架包完外面以后又怎么防水，怎么杜绝生锈。国泰艺术中心是用8000吨钢材打造的，这个问题不解决，工程就没法进行。最后，我们选择了军舰的涂漆材料，问题才顺利解决。

接下来，我们又遇到外包选材的问题。钢架防锈完成后，用什么材料来外包。最早是用的铝板。但我们想把项目做好，就给重庆市领导建议最好用蜂窝铝板而不是薄铝板。那时，蜂窝铝板已经能做到6米到12米。它平整度好、色泽度高、滚涂技术也比较完整。为这个事情我们用了半年时间跟市里面沟通。最后市级领导定下来，项目才呈现了很好的效果。

所以一切都是大家共同努力的结果，如果没有当地领导的支持，没有甲方、施工方的积极努力和相互协调，国泰艺术中心是不会达到今天这么好的效果的。当时为了这个项目我跑了一百多趟重庆，从各个点上去认真研究、落实。最后我和我的家人还在重庆住了两年。但今天回过头来看，我的职业生涯中能有国泰这么一个项目，还是非常幸福和满足的。

Q：国泰艺术中心曾被拿来与2010年上海世博会的中国馆相比较，您能谈谈二者的关系吗？

A：很多人从外形和颜色上来看都认为国泰艺术中心和上海世博会中国馆很相似，其实不是。中国馆的设计理念突出的是国家精神、国家气质，造型有“鼎”的感觉，被称为“东方之冠”，它的主色调是“故宫红”。

我记得一个中央美院的朋友看过国泰艺术中心后，立刻跟我说你的设计和英国蒲公英馆很像。其实，这两者之间才真是有相近性。因为我们都是通过密集的点来表达面的关系，这和中国馆的初衷就不同。

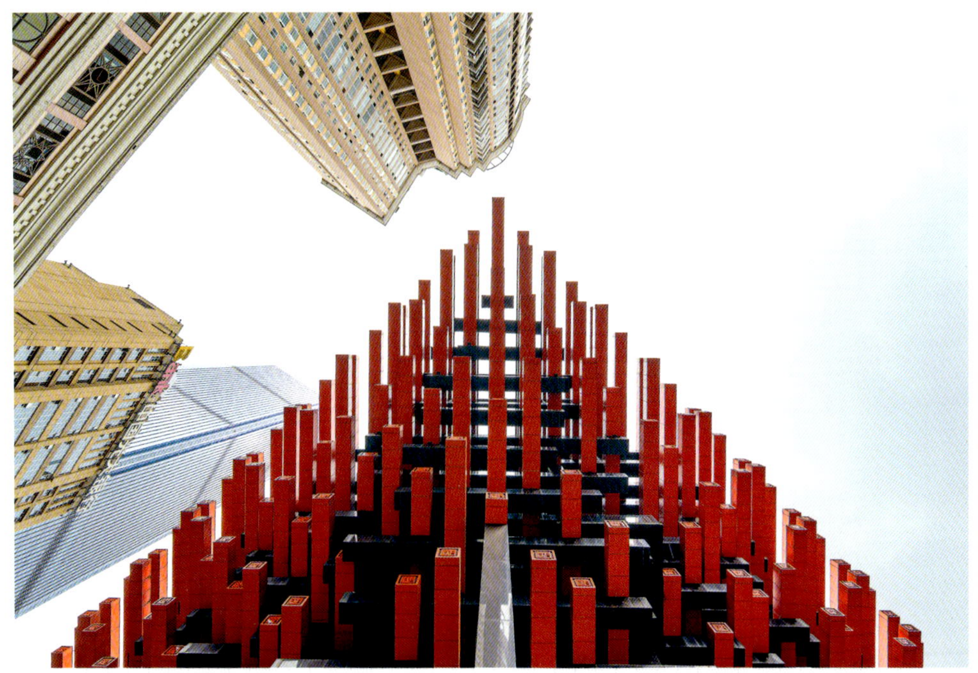

红黑“题凑”跳出了周边原有的建筑语序。 黄祖伟 摄

2009年至2019年中国建筑学会的建筑设计奖建筑创作大奖评选中，国泰艺术中心和世博会中国馆都双双入选。这是每10年评选出100个经典优秀项目的评比。在行业内，并不会把这两个建筑视为同出。让历史去评判一切，这才是最重要的事。

Q：在您多年的设计生涯里，您觉得怎样才算好的建筑？就今天的建筑来说，好的标准或者方向有没有改变？

A：每个建筑师心中都有自己的梦想，也都有自己的局限性。就我个人而言，70年代生人内心都会有一些责任或传统，我又是部队大院出身，所以我的建筑有时候会严肃有余而活泼性差了一点。

这也让我在面对很多项目时，如果它是地域独特或城市特点比较鲜明的，我就更容易把握，就像重庆的国泰艺术中心。但如果是时尚氛围更浓厚的，我对它的特点抓取可能就没那么准确。不过，这都是一个不断精进的过程。

我觉得好的建筑一定是既有传统灵魂又有现代精神的，是需要我们站在文化自信的角度上从传统中不断汲取力量的。

同时，一个好的建筑它可以是严肃的，也可以是活泼的。下一个时代，我认为它甚至可以是幽默的、放松的。因为我们这代人太急着赶路了，太急着证明自己了，可是真正的自信应该是能够让我们更温暖、更快乐、更放松的。所以我认为好的建筑有多种类型，最重要的是让人们觉得幸福，幸福是好建筑的唯一的标准。

作为建设者，我们需要去考虑地域文化，在建设时应该更多地去发掘地方文化，建设出具有地域性的标志建筑。

工程总负责人

张枫

Chief Engineering Officer

FENG ZHANG

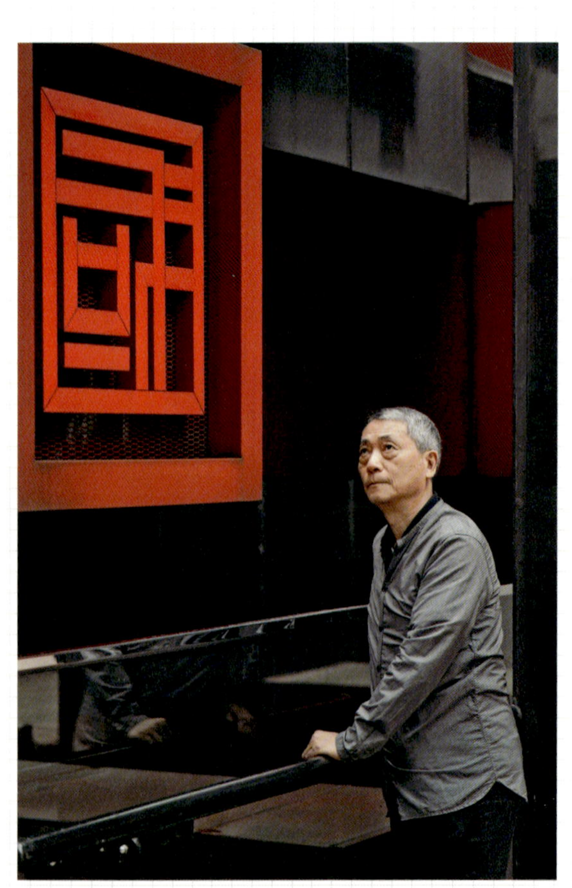

1955年生于重庆，曾为支边青年。工程管理硕士，教授级高级工程师。英国皇家建筑师协会（CIOB）资深会员，CIOB中国西部区轮值主席（2008至2010）。国家高等院校工程管理专业评估委员会会员（2003至2013）。

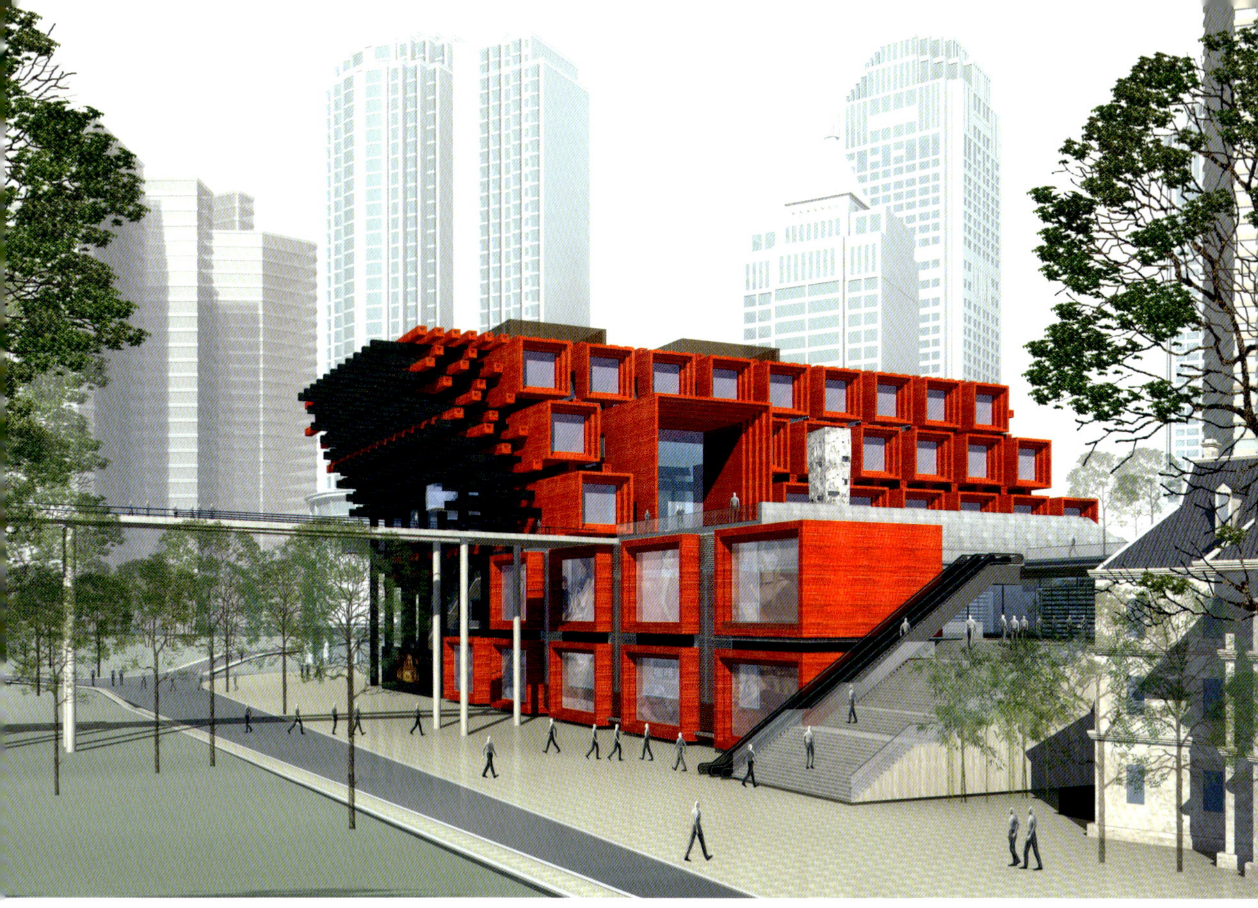

重庆美术馆效果图。重庆市城市建设发展有限公司 供图

Q：作为国泰艺术中心建设项目总负责人，您能谈谈国泰艺术中心立项的背景吗？

A：国泰艺术中心其实是几个项目合并重组在一起立项建设的。解放碑夫子池的群众艺术馆自抗战陪都时期一直承担重庆的美术作品展览，拆除后，已立项准备在南坪专门建设一个美术馆，2005年进行了建筑方案招标。2005年，市政府决定拆除来龙巷片区建广场，国泰电影院面临拆迁，计划恢复重建抗战时期的国泰大戏院。当时市公安局的整个地块已经全部拆除，国泰大戏院迁建至公安局地块的临江路、沧白路和江家巷交会处。

有人就提议把美术馆合并回解放碑来。这个提议得到了多方面的认可。最后经市政府市长办公会研究，美术馆合并过来，与国泰大戏院、国泰电影院一起建设成国泰艺术中心。

城发公司承接了国泰艺术中心项目后，就和市文化局一起讨论确定国泰艺术中心的定位原则：1. 市文化局提出：电影院是营利项目，进入市场运作。国泰电影院拆除后，不由政府投资建设；2. 原已立项选址的美术馆，由南坪移至现址，功能定位和规模不变，投资纳入项目；3. 难点是大戏院。当时，位于江北嘴的重庆大剧院功能完善，不能搞重复建设。重庆大剧院的剧场是一个1800座和一个1000座的两个剧场，市文化局根据多年演艺盈利分析，倾向于建一个1200座到1500座的大中型剧场。我不太赞同建个传统剧院，提出了城市核心商圈演艺文化的概念，希望突破镜框式舞台的传统，结合演

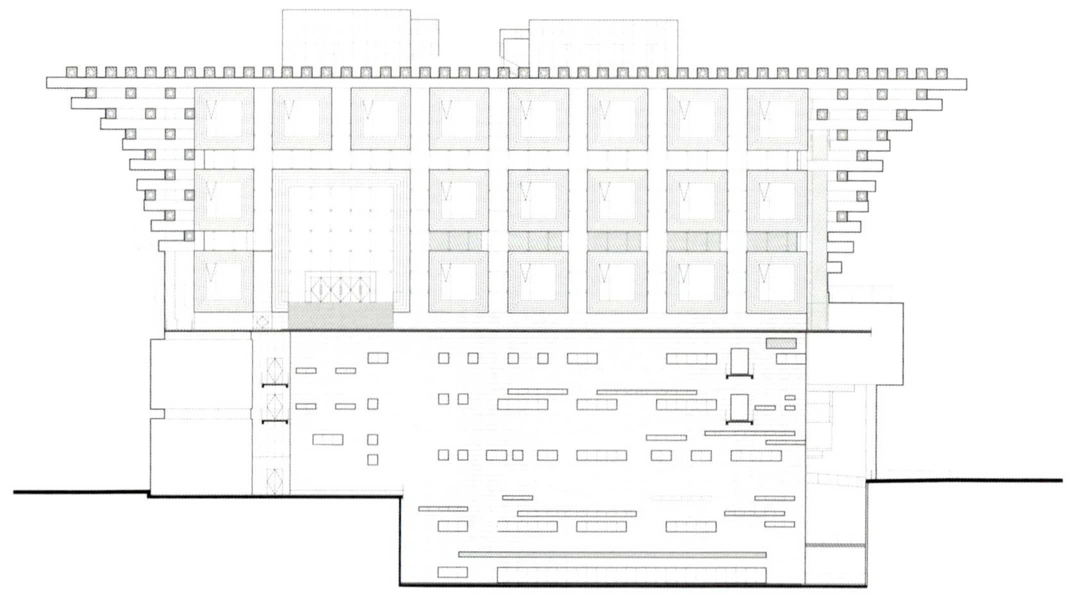

国泰艺术中心西南立面图。中国建筑设计院 供图

播厅，创新建设一种全新的“戏院”。经多轮磋商，确定了“立足商业中心，面向文化市场，服务大众需求”的18字定位原则。认为建总计1200座的800座小剧场和400座音乐厅，不搞创新，更容易商业化。即依托解放碑这个重庆最大的商业中心，建设一个商业文化设施。在茶余酒后，我开玩笑说想建一个有铜钱臭的剧场，你们非要建个阳春白雪。

诸如此类的讨论还很多。现在回想起来，国泰艺术中心建成现在这个样子，都和当时的很多讨论与争执都有密切关系。

Q：我们看到的国泰艺术中心却是很张扬、很现代的，这中间是否还发生了一些有意思的事情？

A：国泰艺术中心的方案设计招标是2005年底开始的，过程确实有些曲折。我们做了两轮方案设计和评审，打破了一些常规。

第一轮招标发布后，专家评审针对众多投标方案评出了名次。第一名是中南设计院，方案是一个基本上是很像台北圆山大饭店的中式建筑。第二名是西南设计院，设计的建筑造型是一座白色房子外延伸红色飘带。第三名是法国PBA设计的一个很像楼台亭阁的建筑。

而国泰艺术中心实际建设使用的方案是中国设计院做的，专家评审一致好评，但认为是超现实建筑方案，和招标文件的传统中式要求不符，就排到第四名。按招标文件是取前三名进行深化方案设计。我看了中国建筑设计院的方案之后感觉眼前一亮，这是一个非常具有雕塑感的建筑设计。说实话，重庆直辖后我参与了很多重大项目的方案评审，很久都没有这种感觉了。我觉得如果选中这个方案，可能是国泰艺术中心的福气，也是重庆人的福气。

因为解放碑已经高楼林立了，好不容易腾出来一个空间，就是需要一个有雕塑感的建筑来打破原有的建筑秩序。中国设计院的这个方案就刚好。国泰艺术中心要求的体量其实很大，但这个方案从外形看起来并不庞大、笨重，而外立面的木条搭建感的设计又撑出了足够的气势。可惜了，这么一个好方案！

Q：国泰艺术中心第一轮招标评选时，大家并不知道那个独具雕塑感的设计是中国建筑设计院做的，对吗？

A：对，在评选结束后，所有投标单位揭了底。我们才知道这是中国建筑设计院做的，崔愷大师牵头设计的，中国建筑设计院是全国唯一一个国家级的建筑设计科研企业。那个时候，国家一流设计单位大都是将一线城市落选方案投向重庆，一流设计院的建筑大师为重庆量身定制的设计作品，真的很难得。当时的重庆很少有中国建筑设计院投标设计的建筑。

方案再好，也不能违背公布的招标文件去选它。后来我去规划局开会时，和当时的

在建中的重庆美术馆。重庆市城市建设发展有限公司 供图

国泰艺术中心的建筑（左）融入了重庆传统吊脚楼（右）的元素。
图虫创意 供图（左） 中国建筑设计院 供图（右）

规划局局长蒋勇说到这个方案。他也有同感，觉得非常可惜，建议我作为招标人，可不可以给个机会？

我们又仔细研究了招标文件，上面有一条标明经专家评审出前三名，是最后报市政府来选择决定。看来还有余地。于是，我们就乘时任市长王鸿举到规划展览馆来视察项目时，把中国建筑设计院做的建筑设计方案重点介绍给市长。时任市长王鸿举在看过一众设计方案之后，表示在项目方案设计招标中过分强调中国传统风格，限制了建筑设计师的原创能力。表示建筑项目设计应该交给建筑师，充分相信建筑师，让他们去发挥。我们给建筑师的束缚太多了，对此，他还做了一个自我检讨 。

最后，王鸿举市长决定由市政府来承担这个责任，在招标大原则不变的情况下，把第二轮入围名单扩大到第四名，由市规划局去向各家投标单位说明。然后，我和市规划局派出的两名代表，就逐个前往前四名投标设计单位，把评审专家和市领导意见告知并

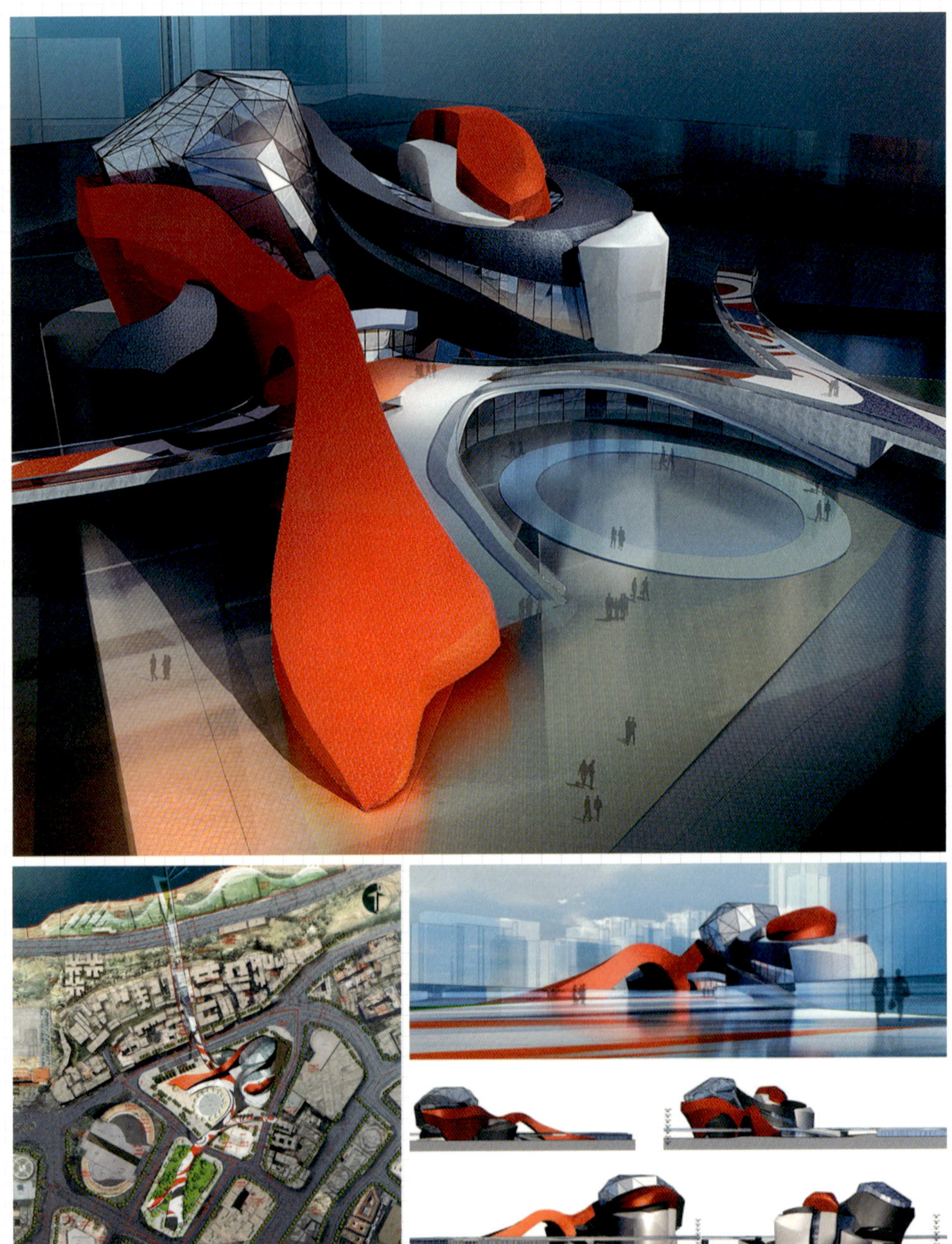

法国 PBA 设计工作室提交的国泰艺术中心第二轮设计方案。甘川 供图

进行沟通。我很坦诚地给每一家单位说，第二轮就是明标明投，大家可以打破束缚，任意发挥，做出一个好设计，能给解放碑一个亮点。

第二轮设计中，任何时候有任何问题都可以找市城发公司和市规划局，我们都立即到设计单位跟大家交流讨论。这次充分交流之后，四家设计单位对招标流程变化没有意见，主创建筑师的积极性被充分调动起来了。就这样，中国建筑设计院进入到第二轮深化设计评选。

Q：国泰艺术中心第二轮设计评选过程中还出现过什么插曲吗？

A：对于第二轮深化设计要求，我们取消了很多限制，甚至在造价预算上都松了口子。所以四家入围设计单位最终拿出来的设计方案都很惊艳。一个黑与白，一个红白黑，一个红与黑，一个红与白。

首先是中南设计院完全改变了第一版设计，重新做了一个非常大胆的空中建筑构想。新方案的整个造型像蘑菇群，剧场利用地形，白色的美术馆上天，由很多个电梯井支撑连接。地面是黑色的露天广场、露天剧院，一直往江边延伸，很有意思。但这个方案造价太吓人，很难实现。

法国PBA其实就是建筑师甘川的工作室，就在重大。他们也重新做了一版设计。用川剧变脸元素来设计的，采用红白黑三种颜色，从不同的角度看，建筑造型是不同的，寓意川剧的变脸，非常惊艳。但建筑内部结构不清晰，建筑功能划分不清晰。所以这个方案在第二轮评选中排在了最后。但我个人认为这是极具创意的一个方案，在会上我提出，今后的大型建筑的方案设计评审，是不是可以考虑增加创意设计环节。

西南设计院是在第一轮方案的基础上进行深化设计的。虽然大的设计理念没变，但很多细节也是下足了功夫。原本的红色飘带设计更加张扬，甚至延伸到了外面的广场上，让整个设计更具飘逸感。但优点就是缺点，而且还很致命。飘带大大超越了项目用地，难于实施。

而中国建筑设计院也对第一轮方案做了一个重大调整，给这个看起来很张扬、被第一轮评审誉为超现代的，极具雕塑感的建筑，赋予了中国传统建筑的内核。最后，专家评审团全票通过了中国建筑设计院的方案。

Q：您能详细聊一聊中国建筑设计院对方案的重大调整吗？

A：说起这个调整，就必须说到一个文化人，王川平。他是当时市文化局副局长，是我在中国三峡博物馆的重要搭档，参加了国泰方案的第一轮评审。评审结束后，他到我办公室来聊，给我讲了“黄肠题凑”的考古故事，说是当年他读大学考古系时，老师讲的。然后，给我详解了“黄肠题凑”这种汉代葬制。

王川平说中国建筑设计院做的方案有很多棍儿的支撑，就有点“黄肠题凑”的意思。认真一研究，我就有了想法，黄肠是材料，题凑是工法，如果把这个古工法加入国泰的建筑设计，那么做出来的建筑不管是什么造型，都是传统的中华建筑。因为它是有两千多年历史的中国传统营造工法。其实，当时让我有信心为项目去找市长，原因也在于此。

第二轮深化设计时，我就去了北京找到主创建筑师之一的景泉，让他跟我去丰台看大葆台西汉墓葬博物馆，就是王川平说的那个“黄肠题凑”。结果没想到景泉家就住在那附近，他小时候上学放学都会路过那个博物馆，但他居然就从没有进去过。跟崔愷大师讨论后，由中国建筑设计院归纳提炼，将“题凑”作为一个工法，采用BIM设计技术，进行重庆国泰艺术中心项目方案深化设计。

中国建筑设计院的副总建筑师秦颖女士亲自操刀，经过7个月的调整深化，完成了重庆国泰艺术中心设计方案的华丽转身，现在大家看到的国泰艺术中心，就是一个“题凑”建筑。这些“题凑”就打破了平整立面，并且贯穿到建筑内部的各个功能空间，成为了整个建筑统一的符号。

Q：您深入参与过国泰艺术中心的方案设计，您如何看待大家对国泰艺术中心与上海世博会中国馆的争议？

A：曾经一度，重庆国泰艺术中心被很多人说是抄袭上海世博会中国馆，这个问题我想说两句。

国泰艺术中心2005年开始招标，到2006年两轮方案评审结束。经过深化方案设计、初步设计和建设组织方案，我们都开始挖地基了，上海世博会中国馆的设计征集才开始。大概是在2007年，我们项目开工在前，他们在后，这些时间点都是可查证的。即使在方案设计时撞车，但深化设计我们走的是“题凑”的路子，肯定和上海世博会中国馆不同路。

重庆国泰艺术中心的设计概念是建筑师提出来的，调整深化也是建筑师做的。但“黄肠题凑”的概念是我给建筑师提出的，加入“题凑”工法也是我坚持的，可以看出，业主在设计理念上介入很深。我在那个时候就从不知道什么世博会中国馆，因为那时候压根就没有那个东东。为什么人们会有这样的误会？其实是因为中国馆先建成，大家先看到的是中国馆，有一个先入为主的印象。

我们项目的建设时间长达8年，主要是遇到一个很特殊的情况。因为国泰艺术中心与国泰广场项目密不可分，在设计时都由崔愷大师主导。但广场的实施是国美集团的鹏润公司，由于2009年黄光裕事件的影响，他们的国泰广场项目进度一拖再拖。广场正好在国泰艺术中心建筑的半腰上，美术馆主入口是由广场的大梯台进出。广场没修建好前，即使国泰艺术中心落成了也只是半吊子工程，连主入口都没有，只好一再放慢进度。广场项目的拆迁和建设耗费了很长时间，实事求是说，是重庆建工集团担当了很多社会影响。

参与国泰艺术中心项目的人都清楚这个过程，但大家都不愿多去解释，包括崔愷院士、景泉建筑师从没去争执过。可能我们做工程、搞建设的人都很像，大家都是“多做少说，只做不说”，只想把项目建好就可以了。但在这件事情上，我个人认为我们应该给国泰设计团队道个歉。确实是因为项目工程进度的问题，让他们遭受了社会质疑。

Q：那么国泰艺术中心之后的建设过程中还遇到什么难题呢？

A：国泰艺术中心的建设难度在于在剧场上重叠了一个美术馆。美术馆是小开间、小空间，而剧场则是大开间、大空间。也就是说，在剧场这个大空间的梁上，还要放置很多根柱子才能把美术馆支撑起来。用重庆话来说，这就是“睡倒瞌睡”。

别具一格的“题凑”结构以点构面打破了传统。张枫 供图

在高楼林立的解放碑地区展开工程建设难度非常大。马力 摄

按理说，美术馆在下面承重立柱很密集，到了上面的剧场大开间，柱距拉开。在结构上就很简单，施工就没什么难度。但剧场必须放在下面。这在所有的方案设计里都是共识。因为国泰所处的地形以及这个区域的交通组织，把瞬间密集的剧场人流放到上面广场去，这不合适。更合适的是利用重庆的山地地形，把剧场放下面，与周边道路和地下停车库相连接。

这就给工程施工造成了非常大的难度。最后，建筑结构就成了钢结构和钢筋混凝土结构混搭。结构混搭，设计难度就大，施工难度也大。举个例子，剧场舞台的台口梁，净宽18米。这么大的台口梁是一根钢梁。这根钢梁上又有很多钢筋混凝土的立柱。在建筑结构上，负责施工的建工集团就这个结构做了很多试验，最终才达成。

说实话，建工集团在做这个项目时克服了大量困难，做了大量试验。像这么做，作为企业很难赚钱。再加上我们城发公司在投资管理上又近乎苛刻。可以说，在城市公共建设的很多项目上，承担项目的国企付出都是很大的。

Q：重庆市城市建设发展有限公司在这些大型建筑项目里起的是一个什么作用？

A：举个例子。拍电影电视剧都有个制片人角色。制片人出钱，选剧本提供创意，选导演、选演员，把控流程和进度，整合各方资源，最终做出一部电影或影视剧，还要推广上演。作品成功了，大家知道演员是谁，导演是谁，甚至音乐作词作曲是谁，演唱是谁都知道。但是制片人是谁，大家可能就不知道。但缺少了制片人，没人买单，这部电影做不出来。

城发公司在项目中起到的作用也就跟制片人差不多。我常说这叫“上蹿下跳”，在重大公共项目中，我们上要对各级领导、各个相关“部委局办”，下要对设计团队、施工单位、

供应厂商，还要左右平衡各方关系。我们要做很多事情，最后还要接受社会质询和行政审计。但我们都认为该做。只要项目交给我，把它更好地实现，或者说呈现，就是我们的职责。

其实，我们同行里，有很多人都觉得我是上辈子修了福气。说实话，学我们这一行的，都觉得像这样的大项目，一辈子能做一个就满足了。重庆直辖之后城市建设的重大项目，我几乎都参与过。我觉得这是一种很大的福气了，所以做好事情是最重要的。

Q：参与了这么多重大项目，您觉得直辖后重庆城建筑的变化是否与城市的发展轨迹相符合呢？

A：相符合，包括和经济发展水平都是相符的。70 年代，大家都很穷，没有房子住。后来修了成套房，我们搬进成套房住。重庆市第一批修的成套房，较场口儿童阅览室楼上的成套房就是最早的标杆，20 平方米左右，一室一厅，带厨房和卫生间。现在那些成套房全部都拆了，没有了。因为这样的成套房已经远远不能满足现代人的生活需求。

随着经济发展水平和老百姓收入的提高，我们是一直在拆迁，拆一个旧楼后不断建设一些新楼，但是很快，这些新楼又旧了。因为它们很快就不能满足人们新的需求了。似乎就是一直在“拆一个旧城建一个旧城”。但现在我们慢慢不再拆迁了，开始做城市改造和城市更新。这就是大多数中国城市的发展方式。

这几年，全国的很多房子都太趋同，甚至趋同太过，因为大家都在用现代化的标准在衡量。什么时候建设者都不只是懂科技，还懂文化，我们就能建设出具有地域性的标志建筑。有种说法：建筑是凝固的音乐。其实，建筑不单是艺术，更是一种文化。作为建设者，在组织建设时需要更多地去研究历史文化，发掘地方文化。

陈家昆

重庆市话剧院原院长

Former Director of Chongqing Repertory Theatre

JIAKUN CHEN

因为有国泰大戏院、抗建堂和雾季公演，我们才有能力，也有条件，更有责任去恢复重庆在抗战话剧界的地位。

汉族，1963 年生于重庆（祖籍安徽）。毕业于中国艺术研究院研究生院（戏剧历史和理论专业）。曾在重庆市委宣传部文艺处、重庆市文化局艺术处从事专业艺术院团管理工作，后担任重庆市文化艺术节办公室常务副主任、首席策展人；重庆市话剧院有限责任公司董事长、总经理，并参与《中国艺术百科辞典》等多种国家级艺术学术文献编撰工作。

1941 年 2 月，话剧《雾重庆》在重庆国泰大戏院演出轰动山城。 重庆市话剧院 供图

Q：“雾季公演”作为重庆戏剧界不能忘却的记忆，如今还有哪些记忆载体？

A：这段记忆，确实不能忘却。抗日战争时期的重庆，由于日机狂轰滥炸，很多时候剧场都不能正常演出；不过，在每年的 10 月到次年 5 月，重庆进入雾季，浓浓的灰雾，不但使山林遁形，而且把低处的屋舍也都笼罩起来，就连房屋的窗子都像挂起了帘幕。敌机入侵骚扰，犹如坠入云海，已无法逞威。进步的文学家、艺术家就利用这个大自然给予的机会，在雾季举行大规模的抗战演出活动，形成了话剧运动史上著名的“雾季公演”。

自 1941 年到 1945 年，重庆共举办了四届雾季公演，演出话剧 118 部，参演的有中华剧艺社、中电剧团、中国万岁剧团、中央青年剧社、中国艺术剧社、孩子剧团、怒吼剧社等 28 个剧社剧团，演出的场地多在国泰大戏院、抗建堂、银社、青年馆等。

国泰大戏院新中国成立后改成了和平电影院，再后来被拆除重新建设，如今和当年演出载体相近的，应该只有抗建堂了。

1946 年，上海剧艺社《升官图》在渝演出剧照。
重庆市话剧院 供图

中华剧艺社首演《大地回春》剧照。
重庆市话剧院 供图

Q：在什么样的机缘下，开始了抗建堂的重新修缮工作？

A：2014 年我回到重庆市话剧团，2015 年 3 月的某天，我突然接到时任重庆市文化委主任汪俊先生的电话，说上海戏剧学院需要做一个反法西斯和抗战胜利 70 周年的抗战戏剧类主题展，询问我们重庆话剧团该怎么参与。

我当时想了一下，一般我们 2015 年的活动在 2013 年就该有所筹备，如果现在参与进去，时间上十分被动，电话里我表示不愿意参加，但同时我又提出了一个大胆的想法，我们不需要和他们合作，因为在抗战时期我们自己才是东道主，我们有抗建堂、有国泰大戏院，有雾季公演，这些都是抗战时期话剧演出的最高殿堂，我们有能力也有条件更有这个责任去恢复重庆在抗战话剧界的地位。

国泰大戏院已经拆除新建，成了一个焕然一新的形象，继续承担和话剧及演艺相关的内容。当时说到这里，才触动到了我内心的真实痛点："我每天上下班，路过抗建堂我在掉泪……"，在电话里，我就表达了我们希望修缮抗建堂的想法，汪俊先生也是一位非常有情怀尊重艺术和艺术家的领导，后来组织几轮讨论和专家论证，关于抗建堂的修缮就被提上议事日程和市文化委第二年的待办事项。

Q：在功能上，国泰大戏院和抗建堂有着怎样的差异？

A：重庆国泰大戏院在雾季公演开始之前，放映的影片堪称一流，戏院主要放映以美国为首的世界著名八大影业公司出品的电影，即当时的联美、福斯、米高梅、派拉蒙，哥伦比亚、华纳兄弟等公司的影片。那时重庆是抗战的首都，各国驻华使节云集，各大影业公司先后派驻重庆的美、英、印度籍代表都把最新影片交国泰首轮放映。如福斯公司五彩歌舞片《出水芙蓉》曾轰动山城。

《屈原》在重庆国泰大戏院首演剧照及演出广告。
重庆市话剧院 供图

而抗建堂不同，从诞生之初都是以话剧为主要方向，从 1941 年 4 月至 1945 年，抗建堂共上演了 33 出大型话剧，曹禺的《蜕变》《北京人》，吴祖光的《风雪夜归人》，郭沫若的《棠棣之花》等经典剧目都在抗建堂首演。

这些不朽艺术作品在中国话剧史上留下不可磨灭的一页，抗建堂也被众多抗战戏剧的亲历者称为“中国话剧的圣殿”。抗建堂的价值早已经超过了其建筑本身，其承载了抗战戏剧、话剧蓬勃发展的记忆，关于抗战戏剧的纪念活动，我们从来都没有停止过。

Q：后来你们组织过雾季公演的纪念性活动么？

A：早在 1985 年，为纪念抗日战争胜利 40 周年，我们就组织过重庆雾季艺术节，剧作家曹禺在开幕式上致辞：“为了爱国，为了抗战，为了驱逐侵略我们的敌人，为了祖国最美好的明天，多少同志写出了多少文艺作品，演出了多少戏剧……”这些都是抗建堂建筑背后的历史记忆。

当年的艺术节上，我们恢复了很多抗战时期的经典剧目。曹禺、吴祖光等当时的几位老艺术家就非常希望重庆市能建一个抗战戏剧的纪念馆，利用这些老艺术家还健在的时候搭建一个平台，让当年的历史痕迹、人和剧目能够保留下来。

Q：现在的国泰是全新的建筑，抗建堂是文物修复，在抗建堂建筑修缮的过程中，发生了哪些重要事情？

A：2015 年，市文化委设立了“抗建堂文物保养维护”“重庆中国抗战戏剧历史陈列

中國實驗歌劇團響應文化勞軍公演

中國第一部「大歌劇」

演出者：中國實驗歌劇團
編劇：陳定 詩詞：臧雲遠 李嘉 作曲：黃源洛
指揮：王沛綸
導演：吳曉邦 舞台監督：潘直庵
主演：張 權莫桂新田見銀
及全體團員百餘人傾力演出
日期：三十二年一月十九日起
地點：重慶抗建堂

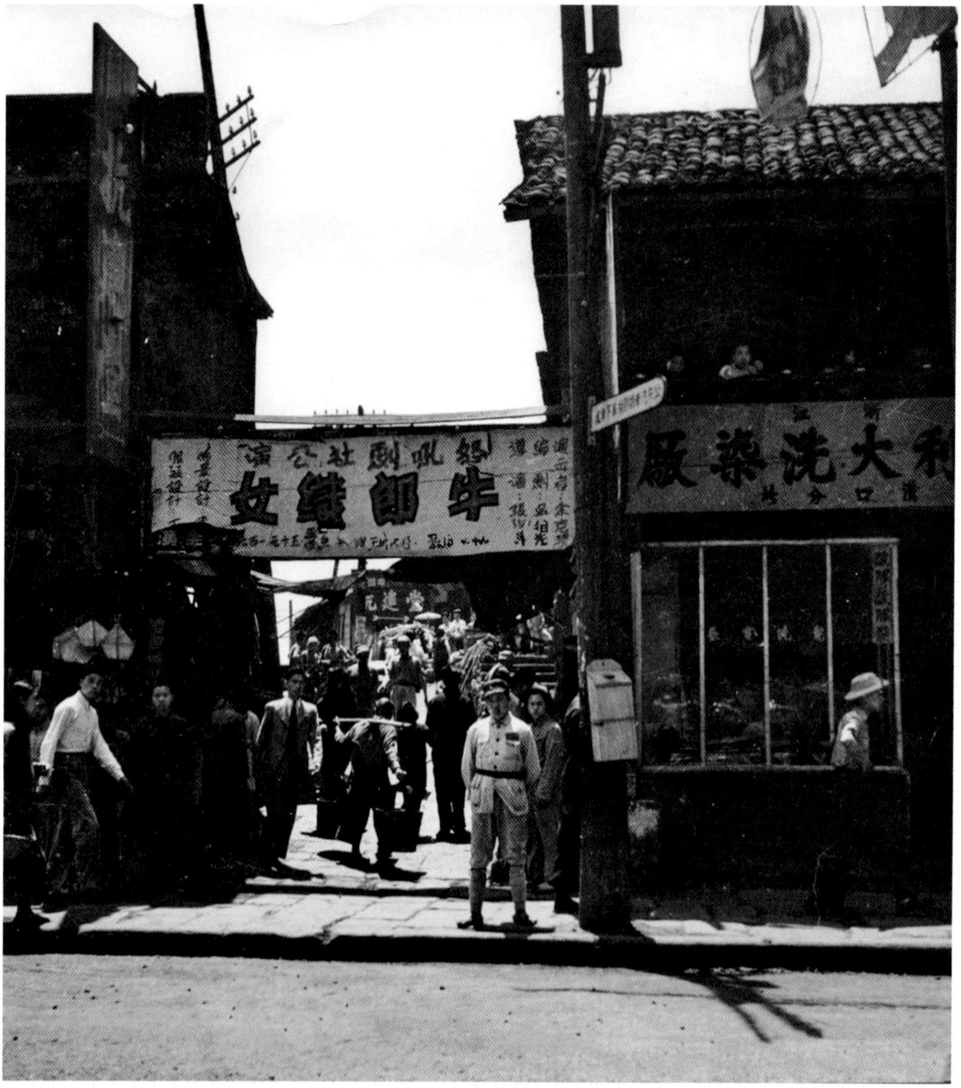

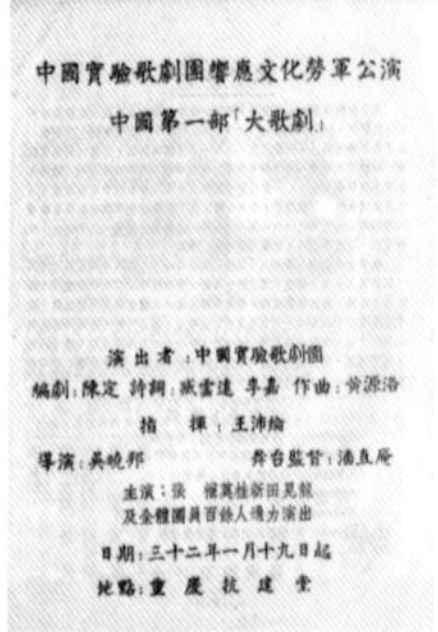

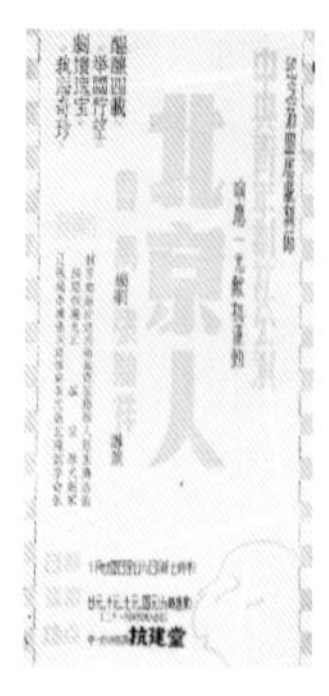

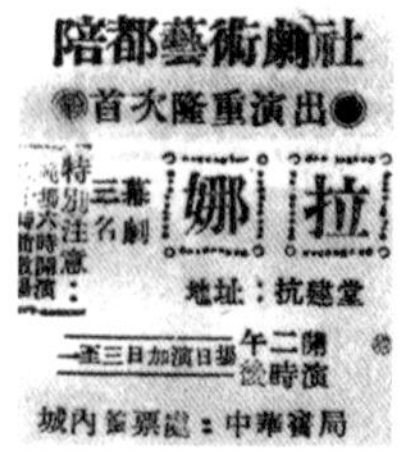

抗战时期，国泰大戏院和抗建堂都是文化抗战的主战场。
张真飞 供图（上） 抗建堂 供图（下）

展览”等专项工程，但当时我们话剧团的情况十分具体，大家工作都很忙，很难搭建一个专业和专注的工作班子。

当时，《朝天门》正好在全国巡演，同时，我们还参加了北京人艺的首都剧场邀请展和国家话剧院的经典原创剧目邀请展、曹禺国际戏剧节、中国艺术节等等，所以平时大家的时间都被用在剧团的创作演出，但是我们毅然而然地抽时间、请团队，一边兼顾剧团的演出，一边做抗建堂的修缮工作。

当我们开始做修缮这件事的时候，要面对三件现实事情，第一件事情，需要找到能够基本做成这件事情的经费；第二件事要把建筑体做一大的保护性维修，在保护过程中要最大限度地还复当年抗建堂的旧貌；第三件事是抗战戏剧博物馆要有好的学术和大量的史料、实物战争品来做支撑。

第一个难题领导非常重视，很快被解决；第二个难题，解决起来却不容易，在修缮抗建堂过程中，我们走过很多弯路，抗建堂抗战时期的照片保存至今的极为稀少，这为修缮建筑出了难题。

例如，围绕抗建堂的外墙最初是什么颜色这一问题，筹备组就斟酌了近半年，我们拜访了重话的王建武、纪幼坡等老先生，还咨询了众多文物专家，最终推断出为躲避日军轰炸，外墙最可能为深灰色。通过长期走访，我们了解到抗建堂外墙颜色曾被刷上灰、白、米黄等颜色，此次修缮刷上深灰色是对历史的尊重。

Q：你们是如何解决重庆抗战戏剧博物馆的展陈难题？

A：重庆抗战戏剧博物馆立项之后，首先前期要做大量的史料收集和展陈的规划和设计，尤其是规划这一方面，我们筹备组能够见到当年的亲历者不多了，好在原来中国剧协的副主席刘厚生先生还健在。

当他听到我们要做博物馆，睡不着觉，并反复表达让我们一定要坚持好好地做下去，否则这块东西再过个五年十年就消失了什么都没有了，初期都是我们去北京跟他交流，聆听他对当年一些抗战戏剧的点滴记忆，还原历史的一些真实记录，当时他还没有住院，每次筹备组去采访的时候他都非常热情地款待，经常一聊就是一整天。

其间，除了拜访戏剧理论家刘厚生（2019 年逝世），我们还走访了电影艺术家秦怡、指挥家严良堃（2017 年逝世）等重庆抗战戏剧运动的见证者和亲历者。严良堃先生是做音乐不是做戏剧的，但他也是抗战戏剧的经历者，他是当年抗战戏剧孩子剧团的演员，他对当年大后方抗战戏剧运动记忆犹新，在他的记忆中，重庆期间是他一生最值得回味的岁月。

当时，中国话剧协会也始终把重庆抗战戏剧博物馆建设作为话剧协会的一个重要工作，在这些前辈的关怀指导下，大约不到半年时间我们的展厅和设计方面基本成型，尽管我们最后呈现出来的文字只有 5 万字不到，但是 5 万字的背后可能就会有 50 万字的素材文字。

国泰大剧院用文化的方式记录着这座城市的历史，不光是一座地标建筑，还是一座文化丰碑。

朱凯

演艺管理者

Performing Arts Manager

KAI ZHU

朱凯，重庆演出有限公司执行董事、总经理。曾任重庆市川剧院副院长、重庆市京剧团副团长、重庆市越剧团团长、重庆市美术公司董事长兼总经理、重庆演艺集团总裁等职。是重庆演出行业协会会长、中国演出行业协会常务理事及剧场委员会副主任、制作人委员会主任委员、重庆市知联会常务理事、重庆市政协委员。全国文化名家暨“四个一批”人才，首批“重庆英才·名家名师”。2015 年至 2019 年、2021 年被聘为上海国际艺术节境外节目顾问；2015 年至 2018 年度被聘为国家艺术基金初评评委及 2017 年至 2018 年度复评评委；全国文化和旅游行业智库专家。

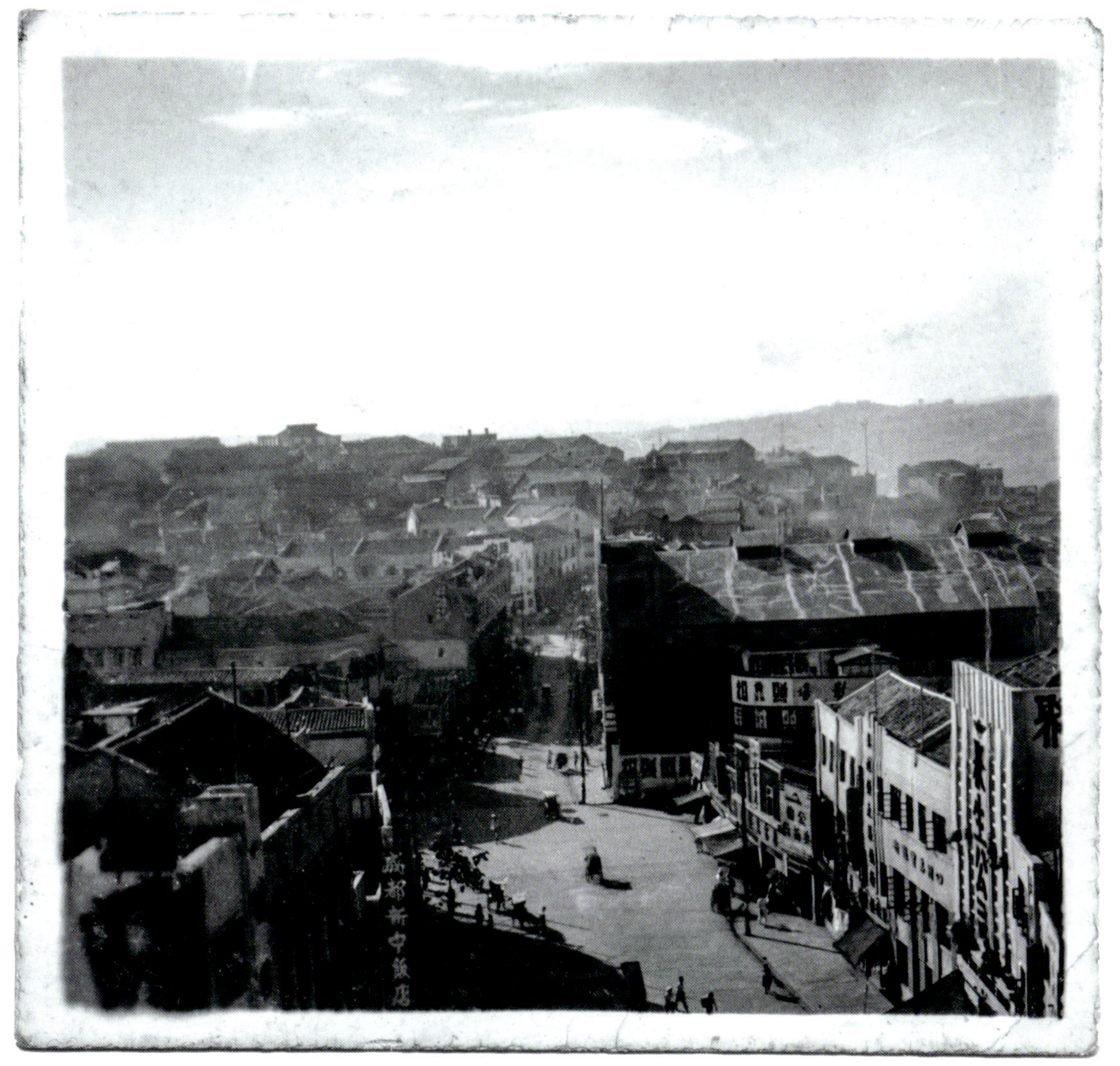

1947 年，从解放碑顶上拍摄的国泰大戏院街景。 颜笑竹 供图

Q：重庆国泰艺术中心虽然建成于 2013 年，但它实际却拥有 80 余年的历史。您可以讲讲“国泰大戏院”的前世今生吗？

A：国泰艺术中心前身为国泰大戏院，兴建于 1937 年，位于重庆解放碑的柴家巷口，是当时西南地区最大的戏院。国泰大戏院曾有过一段我国戏剧史上的辉煌岁月。

国泰大戏院是在硝烟弥漫的战火中诞生的，因此它身上自然而然地烙下了时代的印记。抗日战争时期，重庆成为战时陪都，大量文人、艺术家涌入，在重庆通过各种文化、艺术形式来开展抗日救亡活动。那么国泰大戏院就成了文化抗战的主要阵地。

在开业之初，国泰大戏院就上演了夏衍、崔嵬、张庚的抗战话剧《保卫卢沟桥》。在上世纪 40 年代，国泰大戏院共上演 94 部话剧，其中郭沫若的《屈原》、陈白尘的《升官图》、曹禺《蜕变》、老舍的处女作《残雪》《国家至上》等传世之作均在此首演。而且舒绣文、白杨、

50 年代和平电影院。/1969 年，国庆游行经过东方红电影院。 重庆美术公司 供图

张瑞芳、赵丹、陶金、项堃等许多中国戏剧史及电影史上的杰出人物，都在国泰大戏院的舞台上留下了他们的身影。

1953 年，国泰大戏院重新进行了修建，更名为和平电影院。1992 年，重庆市政府重新扩建了和平电影院，更名为国泰电影院。2007 年，国泰电影院拆迁，由重庆市政府出资重建为国泰艺术中心。2012 年 10 月，重庆国泰艺术中心主体落成。2013 年 5 月，进行了开业首演，由此淡出重庆五年之久的“国泰”，以全新的姿态再次出现在人们眼前。

Q：作为国泰艺术中心使用者，您认为国泰大剧院的特别之处是什么？

A：特别之处首先肯定是我们的建筑。国泰艺术中心由中国工程院、中国建筑设计研究院院长崔愷担纲设计，利用构件穿插，以搭砌的方式，将杆件一层黑色、一层红色重叠搭建起来，诠释重庆独特的巴渝文化韵味，强化了中国传统斗拱式的神韵。

我个人觉得，近看国泰艺术中心，杆件的穿插、悬挂，有重庆吊脚楼的意味。而远观，特别是江对岸远眺过来，红色的国泰艺术中心位于高楼林立的解放碑，很像是点亮了一颗城市的心脏。作为文化建筑，它首先就很吸引人。

同时，国泰大剧院的内部空间也非常独特。我们有重庆地区最专业的音乐厅。有人说这是重庆首个“不插电音乐厅”，因为它在没有任何扩音设备和麦克风的情况下，观众即使坐在最后一排都能听到最佳的声效。这得益于音乐厅非常专业的“建声”。不仅如此，我们音乐厅在艺术性上也非常独到，它是以三峡主题来设计的，你能在其中找到岩壁、水流、鹅卵石等三峡元素、三峡意蕴。我们还有以戏剧大师应云卫先生命名的云卫剧场。目前，云卫剧场担任着戏剧孵化基地的功能。

还有一点，国泰艺术中心所处的地理位置也是特别的，在解放碑商业核心区，它是有天然的地理位置优势的。

Q：国泰大剧院是如何定位的？与其他剧院相比，它的独特性或者说是偏重性体现在哪些方面？

A：一座好的剧院是随城市而生，随城市发展的。它的身上会留下这个城市独特的文化印记。比如上海的剧院就有浓厚的"海派文化"印记。而国泰大剧院的重庆印记应该是见证历史。它诞生于抗战时期，因为时代的特殊性，当初的国泰大戏院涌现了许多文化和演艺内容，比如张瑞芳、秦怡、舒绣文、陈波儿、黎莉莉、赵丹这些中国戏剧史及电影史上的杰出人物；怒吼剧团的《保卫卢沟桥》、夏衍的《法西斯细菌》，还有《为自由和平而战》等话剧史上非常著名的作品。它用文化的方式记录着这座城市曾经的历史，不光是一座地标建筑，也是一座文化丰碑。

除了文化独特性外，我刚才也提到了国泰大剧院所处地理位置也有独特性。我们位于解放碑和洪崖洞之间，既是地标性建筑，也是新的文化旅游目的地。我们拥有厚重的文化历史积淀、城市记忆传承的同时，又坐落在商贸繁华的解放碑商业核心区，所以国泰大剧院在经营上的定位是商业和文化相结合的。

再就剧院本身来说，我们的规模并不大，一个800座的中剧场，一个350座的小剧场，一个音乐厅。所以我们更偏重于"小、特、精、专"，话剧交流、孵化和教育是我们的一个主要发展方向。

Q：剧院具有公益、市场双重属性，如何平衡二者之间的关系？在提升文化影响力、培养公众文化修养的同时实现自身盈利和发展？

A：国泰艺术中心作为重庆十大文化公益设施项目，平均每年有两百余部演出在此上演，受到许多观众的喜爱。但如何让更多的观众朋友走进剧院，去亲身感受现场演出的艺术魅力，仍是我们剧院面临的最大问题，也是社会责任。

国泰大剧院中剧场的演出排练。国泰大剧院 供图

目前，除了引进国内外优秀演出剧目，剧院每年也都会不定期携手商业合作伙伴开展针对不同年龄段观众的公益性演出和文化活动。通过多年的积累，我们已经构建了覆盖社会人群、高校、中小幼学生的艺术普及全链条。

此外，市文旅委每年也都会举办文化惠民消费季，面向市民发行惠民演出门票。现阶段，我们仍把社会效益放在首位，也希望通过公益文化活动的开展，起到培养文化消费习惯、引导和刺激文化消费，让越来越多的市民愿意主动走进剧院，争取早日实现社会效益和经济效益相统一。

Q：剧院对于城市来说，应具有城市地标和文化名片的作用。国泰艺术中心已是重庆地标性建筑。那么在文化名片打造方面，国泰大剧院做了哪些工作？

A：2013年到现在，我们常年保持引进各种国内外优秀经典剧目，包括话剧、音乐剧、舞剧、戏曲等，给观众带来一场又一场的艺术盛宴。

如昆剧《南柯梦》《春江花月夜》；由吕丽萍、孙海英主演的话剧《独自温暖》；中国歌剧舞剧院大型民族舞剧《孔子》；高品质音乐剧《妈妈咪呀》《绿野仙踪》《一个美国人在巴黎》在国泰的上演也是进一步丰富和繁荣了重庆的音乐剧市场；舞剧《流浪》《大饭店》以及东野圭吾的系列作品等，这些剧目在国泰的演出丰富和繁荣了重庆演艺市场，也得到观众的一致好评。

值得一提的是，史诗级舞台剧《战马》。这个项目我们和演出团队跟进洽谈了三年，最终落地重庆。三年间，我们和国话团队不间断往返于北京和重庆之间，沟通协商、考察

《战马》剧照。国泰大剧院 供图

国泰大剧院常年引进各种国内外优秀经典剧目，丰富了重庆的文化市场。
国泰大剧院 供图

场地、研讨方案，最终敲定重庆站连演 15 场。这一度成为重庆年度文化事件，并打破重庆演艺市场多项纪录。

8 年里，国泰艺术中心演出一千五百多场，接待观众 62 万多人次，剧院品牌影响力逐步扩大，这也进一步提升了国泰艺术中心的高品质品牌形象。

Q：随着各地剧院文化升级，很多剧院都增加了诸如文创、展览、影像、沉浸式演出体验等内容和服务的升级。国泰大剧院未来又会怎样拓展？

A：现阶段，我们意识到也看到了市场的需求正在逐渐发生变化，多元化经营也是我们未来的发展要求。国泰艺术中心目前已逐步开展演出项目孵化，剧院服务升级，文创产品开发，艺术教育等多种业务。通过不同形式的业务，让百姓参与到演出项目相关内容的生产制作之中，提升观众参与感，同时带动观众走进剧院，对内容产生兴趣。

张坤琨 摄

百年老仓群，国宝藏身处。一座历经百年风雨的清代建筑，一座没有雕梁画栋的废弃仓库，但就是它，既是开埠建筑的代表，又是故宫文化的载体，它就是南滨路上的“故宫”——安达森洋行。

安达森洋行位于重庆市南岸区海狮路2号，面朝长江，背靠狮子山。1891年重庆开埠后，外商来到重庆建洋行，做买卖，安达森洋行就兴建于那个时期。它外形高直，建筑材料种类多种多样。砖木混合、夯土墙、小青瓦屋面、条石基座……既古朴又充满着当时建筑的智慧。但真正让它不朽的，还是它作为千年文物避难所的身份。

故宫文物南迁传奇与文脉新生之地

FORMER SITE OF THE ANDERSEN FOREIGN OFFICE

安达森洋行旧址

建筑时间：始建于1891年

2018年重新修缮，2021年正式开馆

建筑类型：文化建筑、公共建筑

建筑设计师：张永和

1933年，山河破碎、战火纷飞，故宫文物开始南迁。1938年，故宫文物沿长江运至重庆，安达森洋行以四间仓库存放了3694箱文物，为保护国宝作出了重要贡献。今天国宝虽然早已重回故宫，但安达森洋行与故宫的缘分却仍在继续。

2021年，在中国著名建筑大师张永和的主持下安达森洋行已经修缮完成，并以“重庆故宫文物南迁纪念馆”的身份面向世人。如今，这里的每一栋建筑都有自己不同的功能，紫荆书院、角楼咖啡、临时陈列厅、故宫南迁主题邮局……它很“故宫”，同时也很“重庆”，当历史文化以新的面貌彼此碰撞，安达森洋行将以更现代的方式谱写自己的未来。

我们对安达森洋行改造的切入点，是它作为文保建筑如何呈现时间的问题。所以对安达森洋行而言，我觉得更重要的是要在现代与历史之间寻找一个平衡点，让它既承前又启后。

建筑师 张永和

Architect YONGHE ZHANG

1956 年生于北京，中国著名建筑师、建筑教育家、非常建筑工作室主持建筑师、美国注册建筑师。担任北京大学建筑学研究中心负责人、教授；2002 年美国哈佛大学设计研究院丹下健三教授教席；2005 年 9 月就任美国麻省理工学院（MIT）建筑系主任。

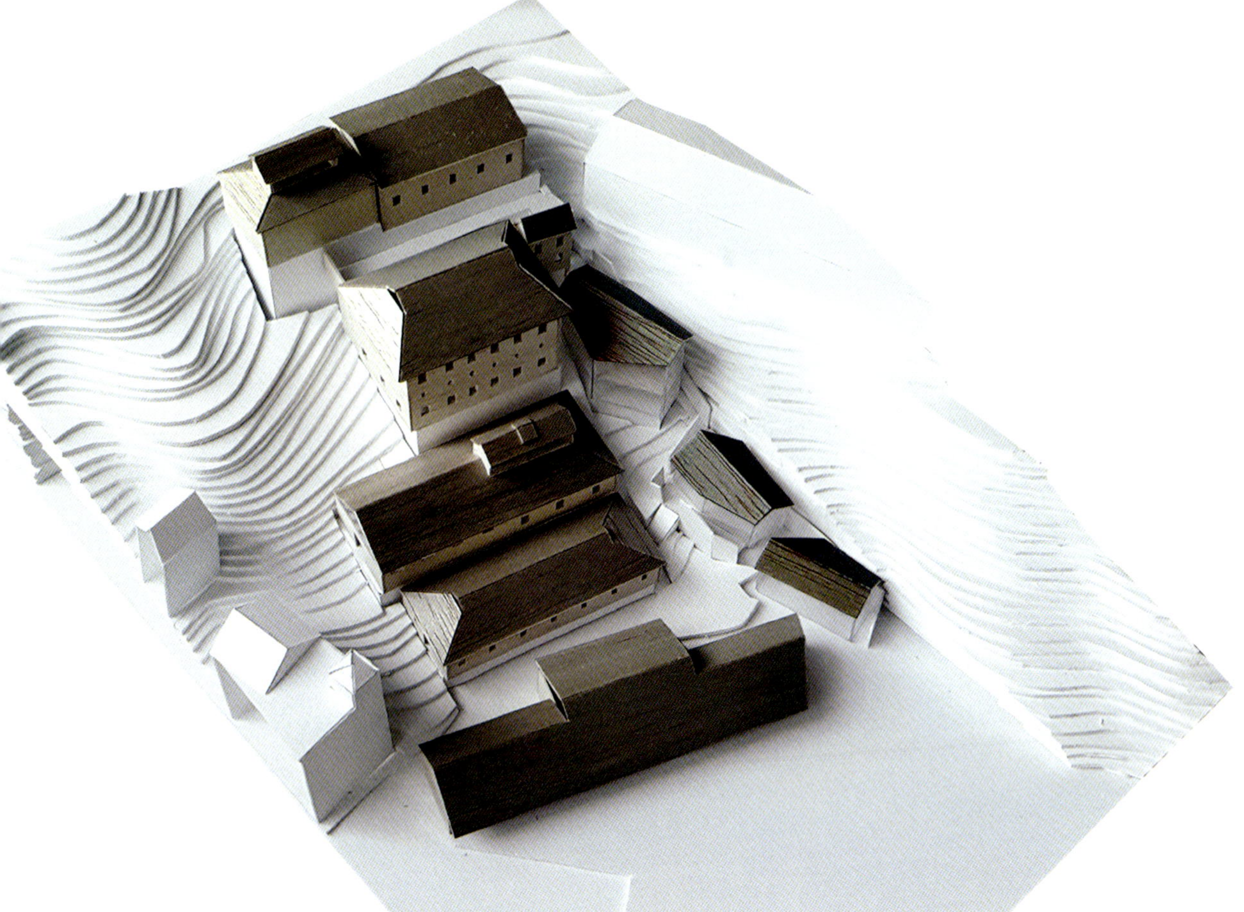

安达森洋行改造设计模型。非常建筑事务所 供图

Q：您与安达森洋行结缘于何时？和它又有怎样的渊源呢？

A：和安达森洋行结缘主要是受当时故宫博物院单霁翔院长邀请，我们都很高兴有机会接触到这样特殊的老房子。印象很深的就是安达森洋行的环境：建筑在一座红砂岩的山体上，体现出很强的本土性。

但我跟重庆的渊源其实更早、更深。第一次来重庆是在1976年，乘船、爬大楼梯……现在记忆还很清晰。我小时候也在很多文艺作品中接触重庆，比如像小说《红岩》和其后改编的歌剧、电影，我记得其中有一幕是甫志高买了一包辣牛肉回去，倒在下雨的台阶。我想，那个台阶跟安达森洋行旁的青石阶恐怕差不多吧，所以其实我对"山城"的接触和想象从很早之前就开始了。

作为一个北方人、一个非重庆人，我在改造中还是带了很多对重庆的感情，我希望从对岸的高楼大厦看过来看到安达森洋行，它仍然是纯正的重庆味儿。

Q：安达森洋行作为较为典型的开埠建筑，建筑本身还是相对中式传统的，而您作为受到西方现代建筑教育影响的第四代建筑师，在此改造项目中是怎样处理中西建筑、新旧建筑之间的关系呢？

A：如果要问安达森洋行的建筑风格到底算中式还是西式，到底是民国建筑，还是更传

修复新建的建筑与古老的石墙形成新旧对比。非常建筑事务所 供图

统的建筑，这个问题我也没有答案。因为从 19 世纪末期到现在，一百多年的时间中，它其实不断地在修建。而那些倒塌最严重的，可能就是最后建的。

其实，这个问题牵扯到对时间的认识。今天，我们用的是西方对建筑、时间的理解。他们对古代、近代、当代复杂的划分，反射出来是认为时间是匀制的、可切分的观点，包括近代西方的计时器、钟表等发明，其实也是按照这个原理设计的。当然，随着科学的发展，这也体现出一定的客观性。

中国呢，虽然有朝代，但不会有这么明显的划分。我想表达的是，中国对时间的理解是连续的，所以不管是怎样的历史，基本上都与“当代”有一定的联系。这种连续的时间有它的特点，那就是对所谓“老”没有明确的划分。具体到建筑、空间而言，这个问题则会转化成：“老”到底是好还是坏、是能用的还是不能用的。

也就是说，在现在这样一个全球化的时代背景下，思想方法有很多，要谈东西方是一个复杂的问题，所以我认为不要想太多外表的、视觉的形式。

因此，在回答这个问题之前，我认为应当回到建筑的本质。梁思成先生把中国传统建筑建立成一门学问。这门学问的本质是“建造”。认识建筑，起码对中国建筑来说，首先的切入点应该是研究“建造”。

你想想砖头，它既不是昨天发明的，也不是去年发明的；不仅在中国有，其他地方也有，所以无论是东方、西方，或是新、老的问题，最终都回归到“盖房子”这个行为本身。

正是“建造”本身将新旧、中西统一起来。所以在安达森洋行这个项目里，我更关心他们是怎么盖的，我们是怎么改的。对我们来说，建筑的思维方式就是回归“建造”本质。

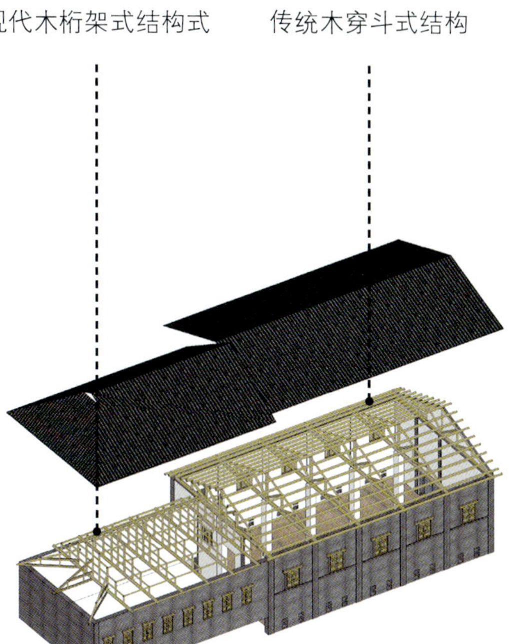

对文化保护建筑，修复部分采用传统穿斗式结构，恢复部分采用现代木桁架式结构。
非常建筑事务所 供图

Q：您提到建筑的本质在于“建造”，那么在安达森洋行的改造中是怎么体现“建造”的呢？

A：安达森洋行跟传统的中国建筑不是很一样，它建造成本不算太贵，造型更谈不上特别，但却比较典型。比如从它的木构架来说，就是典型的穿斗式和比较基本的三角桁架式两种。总而言之，安达森洋行并不是一个特殊的建筑，但它相对典型地呈现了不同时期的建造体系，我们的态度就是关注并学习这些体系。

另一个重要的点在于，安达森洋行里不同的建筑有不同的时间定义。现有的 8 栋单体建筑，根据文保等级不同分成三类，一类需要保持原结构、材料、工艺，一类允许外观上的少量调整，另一类则可以不拘泥于传统建筑去重新构造。这使我们意识到安达森洋行不是对于一个特定历史时间段的重建，而是要根据不同的文保条例需求进行改造。

建造体系的基础元素是建筑材料，这方面我们希望在设计表达与历史传承上达到一种平衡。安达森洋行原有的材料种类、使用方法多样：木结构，即原木和砖木混合；墙体是夯土及青砖；屋面为小青瓦。

修复设计中，建筑本身也被作为博物馆“展品”，增加了许多观看点。从建筑内望出去的景观（左）。从场地外可见的景观（右） 非常建筑事务所 供图

我们在改造中也保持多样化的材料使用，针对具体情况做了更新和沿革。在实木的基础上，我们引入一种新型的胶合木桁架结构，也就是工程木。在保持观感相似的同时，也体现出不同的时代感。原来的夯土墙有所损毁的部分很难修补，我们就按照夯土的工法重新做了新的。

Q：这三类文保等级不同的建筑，具体是怎么修缮的呢？

A：为了满足文保规则的要求，我们在安达森洋行里有区别地进行了新老材料、结构的应用。对于不能做大改动的两类建筑，我们或在原坍塌部位做了局部的新胶合木桁架结构处理，或令新结构与恢复重建的传统木穿斗、砖木混合结构共置并生。

对于需要重建的建筑，我们就只保留原有的卷棚屋顶形态，修复老的屋架，搭建新的弯曲型钢柱梁结构。这是一个“你中有我、我中有你”的思路，老的材料里有新的结构，新的材料里也有传统营造，整体感是比较强的。

在新建过程中，我们也选取了一些不同的材料，但目的不是为了形成新旧反差，而是体现地域性、本土性。我们特别采取了一种在重庆本地地理条件下孕育的材料，也就是红砂岩来做建筑的墙体，包括景观梯道重建也是用的红砂岩。而安达森洋行所处的这座山也是红砂岩的，那么这栋建筑就好像是从地上长出来似的。新房子的屋顶用的是石板瓦，也就是青石板，源自重庆的页岩。我们根据原本老建筑材料的性质，改变了结构的不同形式，其实是在现场老建筑的启发下，自然而然地去发展出一个更丰富的材料语言。

Q：完成安达森洋行的这个更新项目之后，您对于旧建筑改造和更新有什么体会呢？

A：这里我想讨论关于“建筑可持续性”的话题。科学发展到现在，理性思维是我们用

得最多的一个工具，所以对于建筑的理解就常常变成了对空间使用功能的强调。比如在公寓里，我们按照功能划分有卧室、厨房、浴室等。但这种思想方法不是唯一的。很多建筑，包括大多数中国传统建筑，基本结构体系是一个开放的空间，尺度也相对较大，里头做什么都行，其实就是更包容。

昨天在看的一本书里对比了两个案例，分别是苹果（Apple）和好利获得（Olivetti）两个公司以及他们对办公空间的不同态度。

苹果的新总部设立在硅谷，这栋建筑是否好看、舒适我们按下不表，但能确定的是这栋建筑位于郊区。为了满足员工的需要，建筑的功能分区做得非常多样和具体。员工开车来公司，钻进楼里就是一天，办公、娱乐、休闲活动都可以在里面完成。但我就在想，如果有一天苹果从这里搬出去，这栋建筑将如何存在，或者说能容纳什么其他内容？

而好利获得呢，他们位于意大利米兰的一个分部，选择了米兰市中心的一栋老神学院作为办公场所。他们在这栋建筑里面待了 30 年。之后，这栋建筑又迎来新的公司。所以它在城里不是一个孤零零的房子，而会跟城市发生若干可能性的联系。不仅是办公，这栋建筑改成住宅、商业、文化设施都没什么问题。而苹果的新总部即使再漂亮、再先进，它做不到，短期来说，它不具备这种可持续性。

举这个例子，其实我是在试想一种纯建筑，一种不带任何功能属性的建筑。有人觉得纯建筑是没用的房子，但我觉得恰恰相反，它的功能可以非常灵活多元。安达森洋行的开放性空间就有这样的特点，它的空间尺寸、尺度使得它有很多不同的利用可能。安达森洋行目前的身份是故宫文物南迁纪念馆，为重庆故宫学院装很多东西，但在未来，它也能作住宅、作办公建筑，这种建筑才是真正的可持续的建筑。

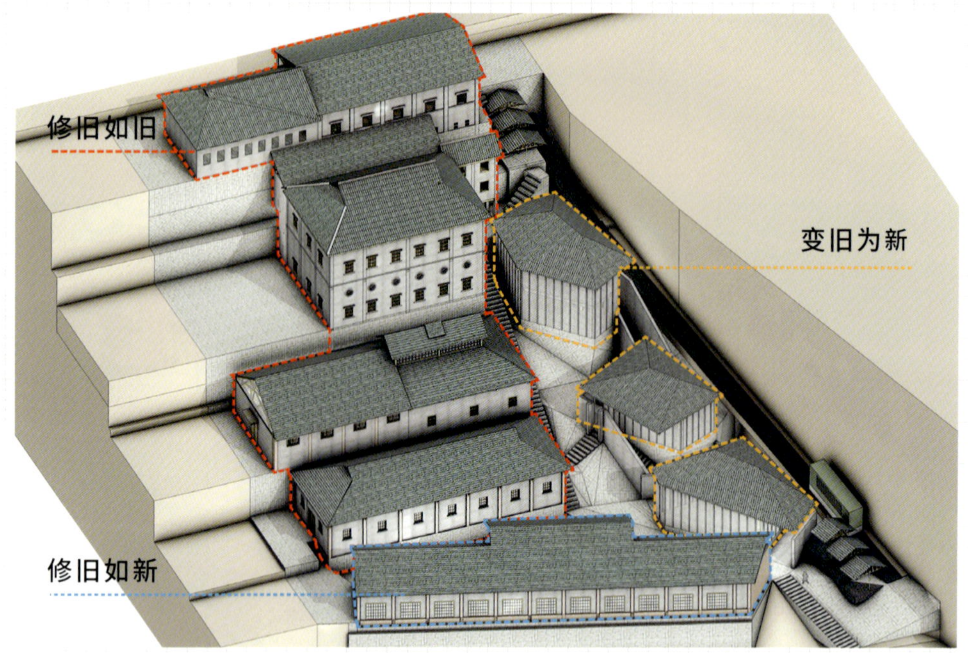

根据文保级别不同，建筑修复改造的方式也不同。非常建筑事务所 供图

Q：安达森洋行修缮后是作为一个文化项目，现在很多建筑也开始强调其所具有的文化属性，您认为这种文化属性会怎样影响建筑师的工作？

A：我认为，今天很多人强调“文化属性”，可能是基于极其发达的媒体。这使得很多人的思维方式首先想到是如何宣传，也就是如何打广告，最后才是如何做这个产品。如果这样去考虑“文化属性”，那么可能就会对要做的事情本身造成影响或束缚。

好比安达森洋行，由于有故宫的品牌在后面，文化属性其实就赋予这个建筑本身一个光环。但如果只是为了承载故宫的内容，只用一个广告牌，或者修建一栋新的建筑也能成立，也能起到一个宣传的作用。

为什么还是需要修缮安达森洋行呢？我相信很多人都不了解故宫文物南迁这件事，而它通过这栋曾经存放过故宫文物的仓库建筑呈现出来，更能带人回到当时的情景。如果说建筑本身是历史的一种见证，它就是一种文化现象，从这个层面上谈文化属性，其实并不会束缚建筑师的工作。

建筑本身也是一种文化，但它的文化表达相对现下光怪陆离的广告宣传更含蓄一些，尽管不是说所有的东西都应该含蓄，但我总觉得那种“啪啪啪”打出来的东西，有它的局限性。

Q：既然您谈到建筑有一定的人文属性，您怎样看待建筑与城市之间的关系呢？

A：建筑跟城市关系问题的上游首先是人和城市的关系。在这里我想谈谈成都的发展，大家都知道成都人所谓的安逸。在老成都走的感觉是街道窄窄的，葱茏的树木笼罩，阳光充足却不晒人，总之非常舒适、非常亲切的一个城市空间；而现在的成都尽是极宽的大马路。我作为一个建筑师，最不接受的不是因为这种宽阔失去了老成都味道，而是因为它宽了，还

安达森洋行旧址修旧如旧的几栋建筑。 张坤琨 摄

是没解决交通问题，堵车还堵得特别厉害，多冤哪！在重庆也是一样，原来的重庆那真的是一个山城，因为山城的基础是山，现在可能叫城山可能比较合适，建筑越来越多、越来越密、越来越高，反倒将山淹没了，我觉得真遗憾。

我觉得中国过去 40 年里面，对城市的认识、规划还是存在一些比较本质的问题。最直接的就是比方说考虑人不够，但考虑汽车太多了，考虑到新的具有消费力的中产阶级想拥有汽车这个现象，但人的本质存在就被弱化了，这属于想得不够远。

Q：您曾经说过“我不擅长创造夸张的形式。那不是我，但我可以做不同的建筑，并仍然有探索感”。您在安达森项目上的探索感是什么？

A：在文保项目中，对于建筑永远有一个问题，就是总想把时间锁定在一点，比如明代、清代或者民国时代，然后又用一种很固定的形式语言来表述这个时代。这在有些项目上可能是合适的，但在安达森洋行项目上不合适。

对安达森洋行而言，我觉得更重要的是要在现代与历史之间寻找一个平衡点，让它既承前又启后。我们从建筑材料、结构、空间和建造本身去思考，进行了不同程度的改造，让它们在历史与现代之间，各自彰显不同。

这个沟通现代与历史之间的桥梁，我认为我们是搭建成功了。在尊重建筑本身时代语言的基础上，有所修复，有所调整，并最终呈现出大家今天看到的效果。

故宫博物院文物南迁研究所所长

徐婉玲

Director of the Institute for Relocation of Cultural Relics to the South of The Palace Museum

WANLING XU

故宫文物南迁本身是个重大的历史事件，有很多社会团体和人士参与其中，所以更应该关注『南迁』这一事件，而不是『故宫』这一概念。

故宫博物院文物南迁研究所所长。长期以来致力于故宫文物南迁档案文献资料的整理与研究，探讨故宫文物南迁史迹保护与利用的科学模式，探索故宫文物南迁历史再现和艺术创作的发展路径。

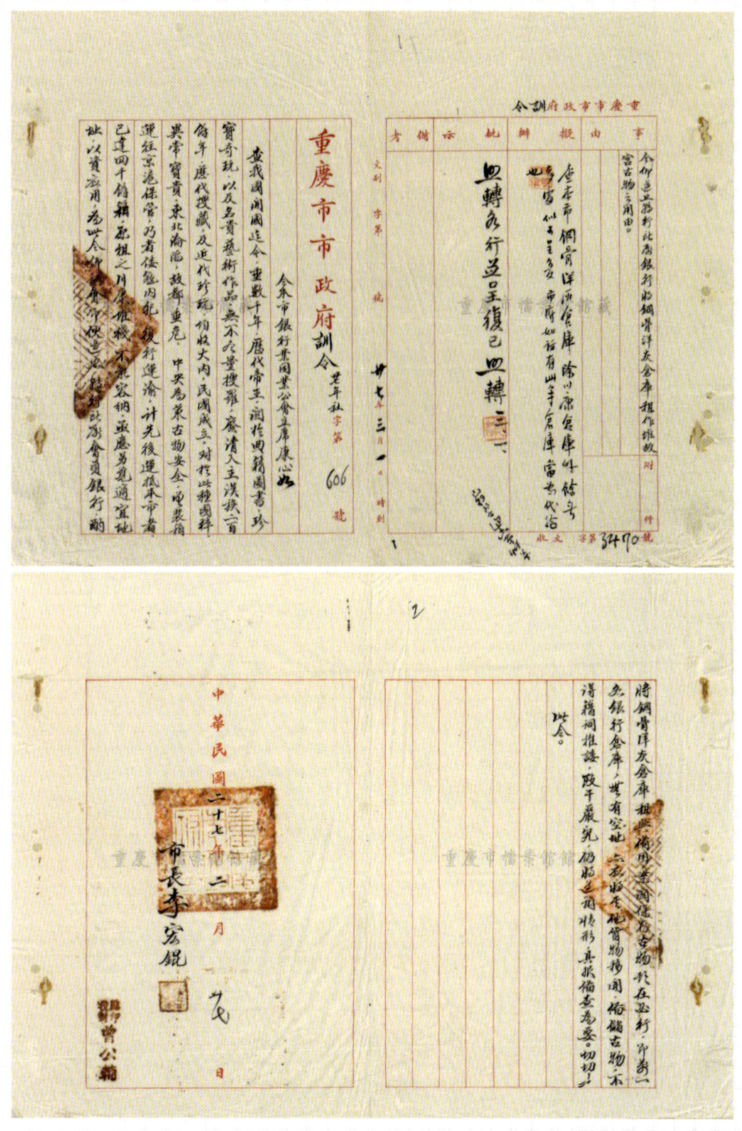
重慶市政府訓令
中華民國二十七年二月 日
市長李宏鋕

重庆市银行同业公会文稿：自 1938 年 1 月 9 日至 5 月 22 日，经停宜昌的文物再由民生公司、怡和及太古洋行船只载运，分 19 批陆续转运入渝，首批迁渝文物存储于重庆朝天门附近的川康银行仓库。重庆市档案馆 供图

Q：故宫文物南迁纪念馆，是全国首个以故宫文物南迁为主题、由故宫博物院授权的纪念馆，已经于 2021 年 6 月正式在安达森洋行向公众开放。您能详细讲讲北京故宫博物院是如何和重庆结缘的吗？

A：故宫文物到重庆最主要的原因就是抗日战争。1931 年“九一八”事变爆发后，故宫博物院就在考虑如何更安全地保护这批文物。当时大家最先想到的方法并不是转移，而是防卫。所以在 1931 年 12 月就成立了一个临时警卫处，由故宫博物院和古物陈列所、历史博物馆一起实施联合防卫。

1932 年，“一·二八”事变爆发。一个很严重的后果是上海的文教机构遭到日军轰炸，东方图书馆和商务印书馆都在其中，古籍损失难以计数。在这样的情况下，故宫博物院决定把重要文物从展厅中撤下来打包装箱，编号造册，以防万一。当时故宫博物院还给行政院上文，表示想把部分重要文物存放到租界的银行库房里。同时也有部分民众写信给故宫博物院，说希望故宫能够妥善保护这些国宝，未雨绸缪。当然也有部分北平的民众对故宫文物外迁持反对意见，因为他们觉得如果故宫的文物也迁出去，那北平就空留一个文化城的壳子，没有什么文化内涵可言了。不过在这种争论意见还没统一的时候，日军进犯山海关了。山海关沦陷后，故宫博物院理事会紧急召开会议，决定文物南迁。

1933 年 2 月至 5 月，前后有 13427 箱又 64 包故宫文物通过铁路经平汉、转陇海、回津浦线南下运往上海。到达上海后，因为文物存放地是上海黄浦江畔的简陋堆栈，所以故宫博物院理事会又选定将南京朝天宫作为故宫博物院分院及建筑保存库地点。1936 年 9 月，南京朝天宫保存库落成。1937 年元旦，故宫博物院南京分院成立，故宫文物也全部南迁至南京。但就在大家安排文物点收、筹划展览的时候，“七七”事变爆发，随即淞沪会战打响。这种情况之下，文物又不得不再次决定迁移。

当时没想到战局变化那么快，持续时间那么长，所以故宫博物院理事会最初决定将 80 箱文物精华先迁移到长沙的湖南大学图书馆。到了 1937 年的 11 月，因为淞沪会战的战局发生了极大的变化，我们处在不利状态，所以又立即决定故宫文物紧急向西疏散。北路 7200 余箱运至陇海铁路最西端——宝鸡县城保存，中路 9300 余箱沿着长江水路运到汉口暂存。

1937年12月南京沦陷后，中国的第一道军事防线被攻破，武汉和长沙也变得岌岌可危，这个时候南京国民政府作出迁都重庆的决定。所以暂存汉口的文物继续往西迁移。因为长江水运有涨水期和枯水期，所以文物要等涨水期才能运往重庆。所以，故宫博物院决定先将文物从汉口运到宜昌，等到水涨起来后，再从宜昌运往重庆。

文物西迁整个运输过程处于紧急状态，因为它是随战局变化而变化。当时，故宫博物院在重庆找库房时，主要依靠重庆政府和当地行业机构以及社会人士。当时，重庆政府很快就给重庆市银行业同业公会发了函，说要为故宫文物找寻库房，希望银行腾出坚固的库房。

文物在重庆的存放地，最先寻到的是川康平民商业银行，在今天的渝中区打铜街那里，因库房空间有限，总共只存放了3830箱。故宫博物院继续找寻库房，最终，租借安达森洋行，在那里存放了 3694 箱。还有王家沱吉时洋行仓库，那里存放了 1814 箱。等到 1938 年 5 月，全部文物迁移到重庆保管，故宫博物院总办事处也转移到了重庆。

到了 1939 年 3 月，日军准备对重庆实施疯狂大轰炸的计划被军方获悉。故宫博物院理事会决议将重庆、成都文物紧急转迁。最后，存长沙文物转迁贵阳、安顺和巴县，存重庆文物全部迁移乐山安谷乡，存成都文物迁存峨眉。这样，三路文物 16600 余箱在安顺、乐山与峨眉度过了相对稳定的几年岁月。

Q：在抗战结束后不久，故宫文物又重新集中到重庆准备东归，这次东归和南迁相比又有哪些不同？

A：1945 年 8 月，抗战胜利，故宫文物开始筹划东归。先将巴县、乐山和峨眉的三路文

1932 年，故宫南迁文物箱件自延禧宫提出。
故宫博物院文物南迁研究所 供图

1933 年，故宫南迁文物箱件集中于太和门广场准备迁移。
故宫博物院文物南迁研究所 供图

1933 年，故宫南迁文物箱件自太和门广场起运。
故宫博物院文物南迁研究所 供图

故宫西迁文物箱件在川陕公路转迁途中。故宫博物院文物南迁研究所 供图

故宫西迁文物箱件在安顺装车转移。故宫博物院文物南迁研究所 供图

物先集中到重庆，然后分批运回南京。当时，存巴县之文物因数量少距离近，相对容易，只用了半月的时间就全部安全运到了重庆，而乐山和峨眉的两批就比较困难了。

峨眉文物集中重庆，先由那志良先生押运第一批文物——大概有十六车，先运送到重庆。路上遇到什么状况或困难，那先生一一报告给马衡院长，马衡院长再向行政院报告，协调地方公路局修路。就这样，边修路边运输。乐山文物的运输就更复杂了。因为文物散存在安谷乡大大小小的村庄当中，而这些村庄处于岷江和大渡河交汇的地方。所以需要先用竹筏或小船把文物运送出来，转到马鞍山临时库房，再通过陆运交通抵达重庆。前后大概运送30多批，共300多车次。

1947年的春天，全部文物集中到重庆，前后经过了一年多时间。到重庆后马上就筹划东归。只是那个时期不像当时文物西迁，必须急着一两个月就把它运完，更多考虑的是安全性和有序性，所以它是缓而不慢的一个过程。

Q：故宫博物院文物东归以后，故宫和重庆的联系就自然地淡化了很长一段时间。是从什么时候开始，决定建立故宫文物南迁纪念馆的？又是怎样选到了重庆安达森洋行的？

A：2010 年我们重走故宫文物南迁路的时候，重庆中国三峡博物馆的研究馆员胡昌健先生帮助了我们，他从 20 世纪 90 年代就开始挖掘故宫文物南迁这段历史，也是故宫南迁文化研究者，安达森洋行就是胡昌健老师带领我们去的。

当时看到的景象和现在有很大不同，并没想过能建今天这样一个馆，只是想找到曾经的史迹。走过几个城市以后，当时的故宫博物院院长郑欣淼先生就提出整体性保护这些史迹的设想，希望将来能够形成点、线、面的结合，让我们更好地看清文物南迁的历史与意义。所以 2010 年重走故宫文物南迁路考察活动活动以后，故宫博物院就非常主动地和地方文物保护部门建立了联系，重庆的文物保护部门和博物馆单位也都很重视。

等到单霁翔院长来到故宫博物院，他也感受到了这段历史的特殊和其中的艰辛，也来到西南地区寻找当初的史迹。在西南地区调研了一圈后，2017 年春天单霁翔先生就给全国政协会议上了关于保护故宫文物南迁史迹的提案，同时他也着手成立故宫文物南迁研究所。2018 年，我们故宫博物院和重庆市政府签订了战略合作框架协议，框架协议中很重要的一条就是安达森洋行旧址的保护利用问题。

等到 2019 年，王旭东先生就任故宫博物院院长，就把这个战略合作继续推进。他在 2020 年 9 月专门抽时间到西南地区调研，也就是在这个调研当中，发现安达森洋行已经都修缮好了，面临怎么利用的问题。后来经过无数次的办公会以及与重庆方面商议，大家一致觉得应该用“故宫文物南迁纪念馆”这个概念来统领遗址场所的发展，于是确定了“重庆故宫文物南迁纪念馆”的命名。

Q：单霁翔先生在走访南迁史迹的过程中，也考察了很多的地点，但最后首馆还是落在了重庆安达森洋行旧址，这中间有什么特别的原因吗？

A：我认为一个是历史的原因，一个是现实的原因。当时单院长最早去的是乐山，乐山曾经存放过一万多箱故宫文物，所以我们对那个地方是很有感情的，也很希望能够通过故宫博物院和地方政府的共同努力，让这些遗址重新焕发出新的活力。

但因为城市化进程和乡村更新，乐山的好多遗址已经消失了，留下的一些也没有保护得很好。当时单院长就提出可以做一个遗址公园，利用周边的自然环境让它呈现出一个新的面貌和状态。来到重庆后，他看到安达森洋行后很有感触，因为他本身是学建筑设计和城市规划的，可能是他自身的专业性让他做出了判断。还有就是，重庆本身是西南地区的中心城市，它的城市发展节奏和民众文化需求，都决定了这里具备更大的发展潜力，可以构成建筑修缮和活化的理由。

在敲定安达森洋行以后，重庆方面就把建筑修缮设计交给了张永和先生，由非常建筑事务所来主持。2018 年 5 月，在故宫博物院召开的“场所精神：故宫文物南迁史迹保护与活化的实践之道”会议上，张永和先生应邀参会，把他修缮过程中的思考和设计理念进行了介绍和分享。

Q：故宫文物南迁纪念馆开馆后，很多人都在关注这是首个文物南迁纪念馆，那未来会不会有更多南迁线路上的纪念馆出现？故宫博物院在这方面又有怎样的打算？

A：如何将学术研究和地方文化发展大局相结合确实是故宫文物南迁课题研究比较关心的问题。比如重庆的史料充分挖掘展示后，那乐山是不是也要跟上。这需要从学术和实践两个层面去解决的问题。而且，如果乐山也要建一个纪念馆的话，它应该如何建设规划，又如何与重庆形成呼应，这都是我们需要解决的。

当然目前我们还没有遇到这些问题，但是我觉得未来一定会有这方面的问题出来。重庆首个南迁纪念馆相当于是一次探索，无论它的经验成功与否，都将会对未来的故宫文物南迁史迹场馆建设和交流合作产生深远的影响。

Q：因为冠上“故宫”二字，所以很多观众都会好奇故宫文物南迁纪念馆和故宫之间到底是怎样的关系？你们又是如何定位这种关系的？

A：因为故宫文物南迁本身是个重大的历史事件，它是由很多部门、机构和人员参与其中的。无论是从历史还是当下来看，都是合作、互助、共赢的一个事件，所以我们觉得不要过度关注“故宫”这一概念，而是“文物南迁”这一事件。

Q：您是纪念馆展览的策展人，可以说是安达森洋行空间修缮后的第一个使用者，您可以谈谈布展和使用时的感受吗？

A：这正好问到了我们最近思考的一些问题。在做南迁纪念馆展陈时，首先需要对空间环境进行考量。我们希望能够尽可能地保留空间的客观性，让它和周边环境融为一体，而不是简单地把它封闭起来就挂几块展板。所以我们的展陈没有选择四四方方、工工整整的常规陈列方式，而是让它呈现出自然的变化。

另外我们考虑到沉浸式的参观，展厅中布置了一个大的丝网屏幕，播放我们最近的一些影像资料。希望，观众身处这个空间，可以静心去看这些史料和老照片，也希望观众能够真正聆听到来自于历史的声音和影像。

展览主题布置上，我们把它分为三个单元。第一个单元是“不屈不挠的古物”，讲述文物是怎么一路迁徙到西南的；第二单元是“生生不息的文化”，讲述文物迁徙过程中的展览和学术考察；第三单元是“延绵不绝的精神”，选取了马衡先生和主持三路文物西迁的先生们的手迹，有信札、书法和绘画。通过它们与第一单元形成对话，让我们真正地去领会前辈们带给我们的精神遗产到底是什么。另外，纪念馆还展示了最近十几年来在故宫博物院三任院长的组织和领导下，我们在文物南迁研究上所做的具体工作。希望观众更深入地了解故宫的历史和当下，了解典守精神在故宫人中的传承和弘扬。

当然，现在想来也有一些缺憾。张永和先生把这个空间修缮改造好交接给产权方后，我们没有和他直接进行对话。在使用空间布展时，可能存在着对建筑本身的尊重和理解的部分缺失。未来，建议重庆方面组织召开安达森洋行修缮、改造、活化工程的各个团队主创人员的座谈会，对这个项目进行全面深入的回顾，以便更深刻地理解和阐释这个空间的意义和价值。

Q：您觉得故宫文物南迁纪念馆落地重庆，对重庆来说会有怎样的价值和意义？

A：我觉得它的价值和意义还是比较立体、丰富的。首先从地方角度来说，安达森洋行这个空间我们保存下来了，它本身就构成了重庆城市记忆的一部分。其次从现实意义而言，抗战时期，这里发挥过保护故宫文物的作用，所以它就在抗日战争的历史中形成了中华民族的文化基因，构成了中国抗日战争和世界反法西斯战争历史记忆的重要组成部分。

安达森洋行旧影。故宫博物院文物南迁研究所 供图

因此安达森洋行的保留、活化和使用不仅跟当下社会经济、文化发展有关，对于我们在全球化语境中建构自己的历史记忆来说更是不可或缺的。未来，如果条件比较合适，我们现在整理收集的文物南迁档案可能会申请《世界记忆名录》，我相信这份名录会是相当独特的。等到那个时候，故宫文物南迁纪念馆的价值将会走出重庆，同时也将更深刻地影响这片土地与中国乃至世界历史的关系。

文史专家

胡昌健

History Scholar

CHANGJIAN HU

故宫文物南迁纪念馆的出现未来可能会让重庆更多的文化事件被以类似的方式发掘或展现，同时也庆幸它既没有倒掉也没有被拆除，这样我们才保留了一段历史的据点与史迹。

祖籍湖北枝江董市镇，农历己丑年（1949 年）冬月生于重庆江北五里店。2010 年退休前供职于重庆中国三峡博物馆，2016 年被聘为重庆市政府文史研究馆馆员。

Q：1997 年您是如何找到安达森洋行旧址的？当时寻找它的理由是什么？

A：这件事要从 1992 年说起，作为一名博物馆工作人员，我日常除了从事重庆本地文物研究工作外，也很关心其他地方的文物现状。

最早获知故宫文物南迁的消息是在 90 年代初的《参考消息》报。报上转载了台湾媒体关于文物南迁事件的报道。我看后很感兴趣，就赶紧给《参考消息》编辑部打电话，接通后一位姓王的女孩子很热情地回答了我的问题，还给我寄来了几份其他有关故宫文物南迁的报纸复印件。

后来我看到一本关于台湾“故宫”的日文版书籍，书中记录了故宫文物南迁所走的线路，除了西安、长沙、贵阳等停留点，还提到了重庆。当时我最先感兴趣的是故宫文物这么多，会不会有留在重庆的？但想想不太可能，因为它属于绝对机密，不可能像民间收藏那样四处漂泊，最后流落民间。

这本书里就谈到了文物到了重庆以后，一处是放在嘉陵江边的临江门码头，一处是放在渝中区打铜街川康平民银行，还有一处就是南岸区的安达森洋行。我决定先去打铜街找找川康平民银行。书中说，川康平民银行是一幢钢筋水泥非常结实的建筑。我通过当时重庆文史研究馆副馆长彭伯通、重庆金融研究所所长陈代宗，最终把川康平民银行找到了，就是现在邮局所在的那栋房子。

重庆晚报 专刊 1997年8月11日 星期一 第11版

史林

故宫国宝流离重庆的前前后后

胡昌健

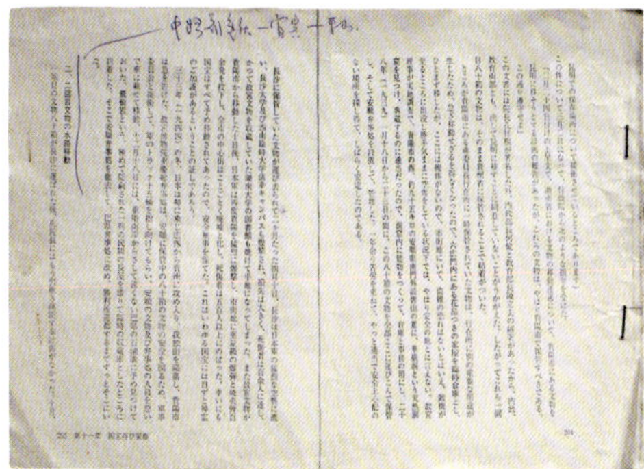

关于发现安达森洋行及故宫文物南迁历史的文献资料和媒体报道。胡昌健 供图

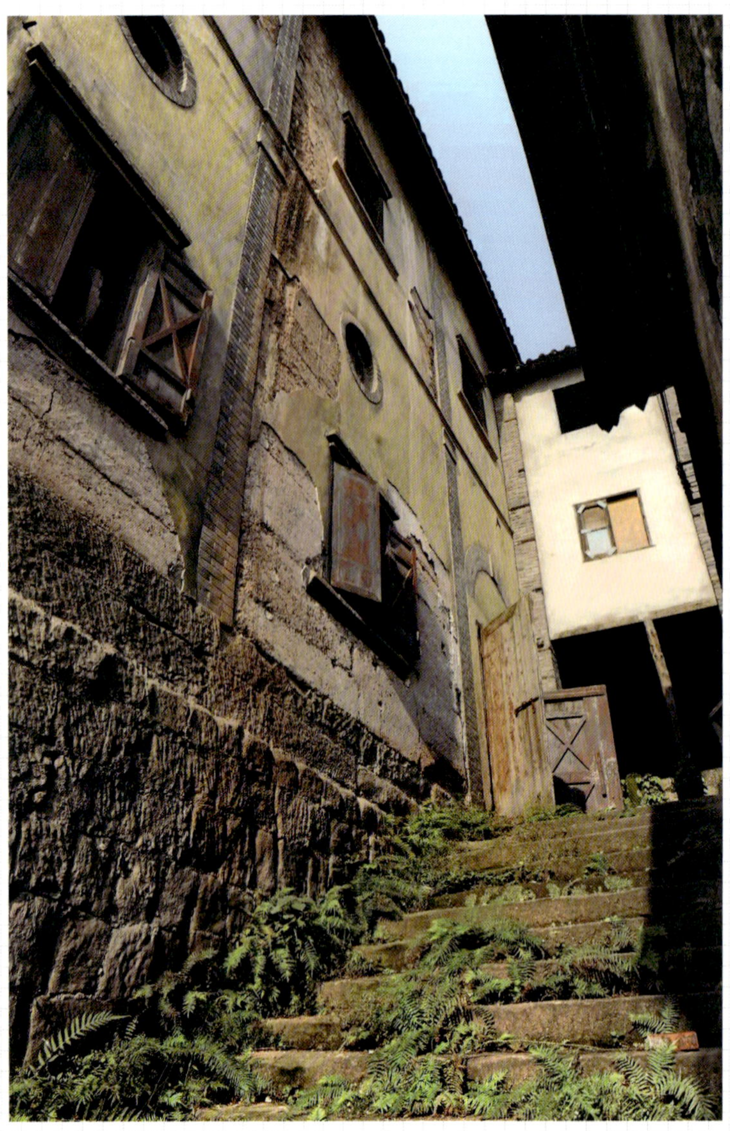

安达森洋行仓库高耸的夯土墙留下了时光的印记。何智亚 摄

上午找到川康平民银行后，下午我就去南岸区找安达森洋行。那是1997年6月，天气已经有点热了。我事先联系了南岸区文管所所长戴月英，因为我对那块不熟悉，只能请她帮忙带着找。那时又没有手机地图，南岸区又那么大，你总不能随便在路上见人就问“你知道安达森洋行在哪里吗”。所以我们只能根据书里的提示来寻找，书中说在海狮路玄坛庙旁有一个一层一层沿着山坡建的四栋仓库，那里就是安达森洋行。

我和戴月英就到了那附近后，问了很多人，最后得到的信息是“顺着这里往河边走”。那时不像现在还没有南滨路，下面就是一个河滩。我们就从海狮路下到河滩，又从河滩往右，拐上有一个石梯坎，再顺着那里往上走，最终看到一个小门，有一个老人和一条拴着的大狗在看门。

安达森洋行修复前的景象。何智亚 摄

我们表明来意后，门卫让我们进去了。我们顺着一层一层的石梯坎开始往上走，看到左边全是仓库。我当时就觉得这个情形和书中所说一模一样。但肯定还需要核实。回到博物馆办公室后，我给重庆市商业储运公司刘革志打了个电话，从他那里确认了我们下午去的地方就是储运公司南岸分公司的仓库，那几栋仓库就是安达森洋行。

Q：您当时看到的安达森洋行是什么样子？

A：它最下头的一层仓库是青砖做的，再往上走那些仓库的墙壁都是夯土墙。我下过农村，也住过土墙房子，可从没见过这么高大的夯土墙，并且很垂直。我当时感到非常震撼。因为夯土墙不像砖墙是一层层砌砖上去，那需要工人填土、夯土，做得这么高又这么平直，所以它是非常了不起的。

而且到1997年安达森洋行也近百年了，这些土房子风吹雨打那么长时间，竟然没垮。日本飞机轰炸重庆的时候，它竟然能够安然无恙。当然，这只是外墙。推门进去，仓库里面根本没有存放东西，因为上面的瓦都漏雨了，地板也有些腐烂。

可一切说来道去，最万幸的还是它既没有倒掉，也没有被拆除，这样我们才保留了一段历史的据点与史迹。

修旧如新的老仓库如今已成人们热衷打卡的咖啡馆。 张坤琨 摄

Q：发现安达森洋行这一故宫文物南迁旧址后，有形成过讨论热潮吗？

A：1997 年我发现安达森洋行后，查找史料，撰写文章，投稿给了《重庆晚报》。当时，晚报全文刊发了，在重庆本地还是引发了一些关注。

两年后，1999 年，《东方时空》节目组来了，他们想做一期关于故宫文物南迁历史的节目。那时也是我带他们去的朝天门码头、川康平民银行还有安达森洋行。接着东方时空节目组还去重庆档案馆等地方查了资料，这样一些很珍贵的资料又被发现了。

可以说，安达森洋行的发现是一步步推进的，从我找到它，到大家关心它，对它进行研究，这样才慢慢地挖掘出了它的全貌。

Q：故宫开始研究文物南迁后，他们是什么时候来到的安达森洋行旧址，又做了哪些工作？

A：2010 年故宫博物院建院 85 周年，也是世界反法西斯战争胜利 65 周年。当时故宫博物院郑欣淼院长提出了重走南迁路的想法，这样台北“故宫博物院”也响应了。两岸故宫博物院一起重走了包括“南迁”“西进”“东归”“北返”数条路线。

当时故宫博物院的学者们走访重庆时，也是我陪同去的现场。一路过来，李文儒副院长还感叹重庆到宜宾的运送路线“任何人不走这条路都想不到有多难”。因为这个我还写了一篇《故宫南迁文物在渝存放遗址寻访记》，希望有更多的人能够了解这段历史，了解其中的曲折与幸运。

Q：故宫文物南迁纪念馆开馆后您一定也去了，您现在看到它和您最初找到它时的那种感受，有什么不同？

A：那变化真的很大。我这次去就发现很多石梯坎的石头都是新的，然后周边也修了很多新的道路。现在的纪念馆有展览，有咖啡馆，有文创，外面还有滨江路和停车场等，面貌完全变了，和百年前最原始的安达森洋行肯定是不一样的。

如果完全还原以前的景象也不可能，因为要考虑到观众的参观路线以及建筑安全的问题。而且我看那个土墙房子上还做了一些斜的支架，应该是为了让这个房子更结实坚固不垮塌。这也是好的。

Q：您作为一名文物研究者，您认为像安达森洋行现在这种外观和功能性的转变，对文物来说是一件好事吗？

A：现在的建筑师们做纪念馆、做展陈都有一套自己的理念，这当然是从它的功能性出发的。所有旧址的修复都不可能百分百原貌恢复，这是肯定的。就像当时重庆作为战时陪都时，很多先生、学者都住在农民的草棚里看书做学问，但你不可能把当年的猪圈和草房都一一还原。

因为时代变了，环境也变了，这我们都能理解。尤其是文物的修复与保护其实是需要让更多的人来了解它或喜欢它，不然它就是死物一件。所以安达森洋行旧址的修缮也是一样，必须有所取舍，作出调整，这才是真正的与时俱进的创新思维。

Q：您觉得像安达森洋行经历了由故宫文物南迁存放点到故宫文物南迁纪念馆这一转变，对重庆来说有什么特别的意义吗？

A：我觉得这是故宫博物院和重庆市政府、南岸区政府做的一件好事。当然对重庆来说，其中也有幸运的成分，因为在经历了城市化进程中的拆迁与改造，这栋房子竟然还能完整地保留着，而且保存得还比乐山、峨眉等地方的故宫文物存放点要好得多，这是非常难得的。

说实话，我没想到安达森洋行最终能修建成这样一个针对特定历史事件的纪念馆。不过，它的出现可能会激发重庆更多的文化事件以类似的方式被发掘或展现。而且它还提醒了我们去尝试更多独立主题的展览馆或展厅修建，而不是采用通用的综合展览的模式。这样只要一个金子般的故事讲好了，它的影响力也是非凡的，会远超出我们的想象。

南岸区

文管所所长

叶璐莎

Nanan Director

Cultural Management Institute

LUSHA YE

文物工作首要目的是把文物保护下来，然后才是管理和利用。安达森洋行比较幸运，它既有良好的建筑形态，也有突出的文物价值，既便于保护与修缮，又便于管理和利用。

重庆市历史文化名城专委会委员，南岸区文物管理所所长。任所长以来，全面主持全国重点文物保护单位法国水师兵营旧址修缮工程、中庭考古发掘及活化利用工作；全面主持完成川渝石窟示范项目——全国重点文物保护单位弹子石摩崖造像修缮工程；主持或指导完成南岸区30余处文物建筑修缮工程，如黄山抗战遗址群、中央工业试验所旧址、广阳岛机场抗战遗址群、觉林寺报恩塔、王陵基别墅旧址、聚福洋行旧址等。编撰《南岸人文历史》《寻迹——南岸不可移动文物图谱》《存念·下浩》《南岸掌故》等著作。

建成后的重庆故宫文物南迁纪念馆航拍图。 张坤琨 摄

Q：在确定重庆故宫文物南迁纪念馆项目之前，南岸区对安达森洋行旧址做过哪些保护工作？

A：1997 年，重庆中国三峡博物馆研究员胡昌健老师确认了安达森洋行曾存放过故宫南迁文物后，我们就在第三次全国文物普查中把它纳入了南岸区不可移动文物名录里。南岸区政府也正式发文，公布它为第二批南岸区区级文物保护单位。

2013 年，南岸区南滨路片区拆迁改造，我们和房管部门一起到现场指认了安达森洋行所在位置，并在外墙上写了“不拆”二字，防止现场工人因为不了解文物价值而误拆了。写了“不拆”后，也有专门做区域划定的标志，表示这里是不可动的。

“不拆”二字承载了对安达森洋行保护的故事。马力 摄

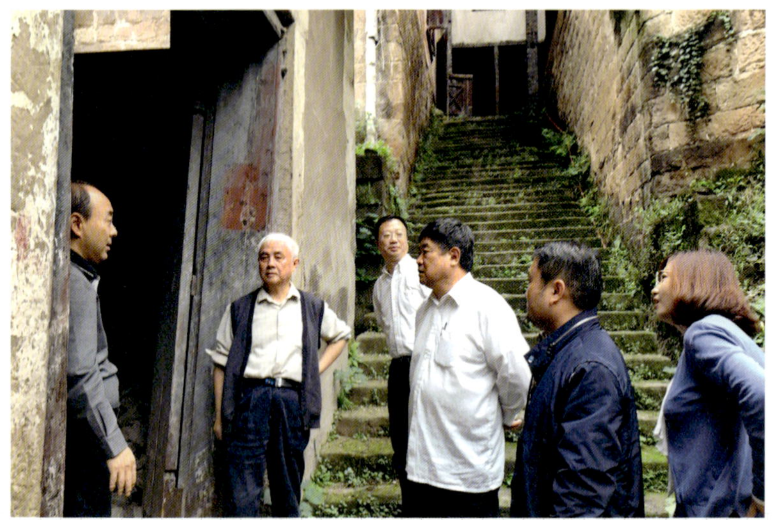

2016 年，单霁翔院长一行前往安达森洋行旧址调研（从左到右，程武彦，胡昌健，幸军，单霁翔，雷旺，石丽敏）。重庆市南岸区文物管理所 供图

长江

后来随着片区建设，那些标志已经被拆除了，但留在墙上的“不拆”二字，我们觉得很有意义，可以继续保留，所以现在大家在故宫文物南迁纪念馆外墙仍能看到这两个字。因为它不但是我们对安达森洋行保护工作的一个见证，更是文物自身故事的一部分。所有过来现场调研的领导以及参观的群众也都比较认可墙上的这个“不拆”，尤其是前故宫博物院院长单霁翔先生。

Q：单霁翔先生为考察故宫文物南迁史迹曾多次来到重庆，您能讲讲他在重庆安达森洋行调研期间的经过吗？

A：2016 年 10 月，重庆中国三峡博物馆前藏品部主任胡昌健老师陪同单霁翔院长来现场调研，我有幸参加了接待。那时的安达森洋行和现在看到的还很不一样，因为长期没有使

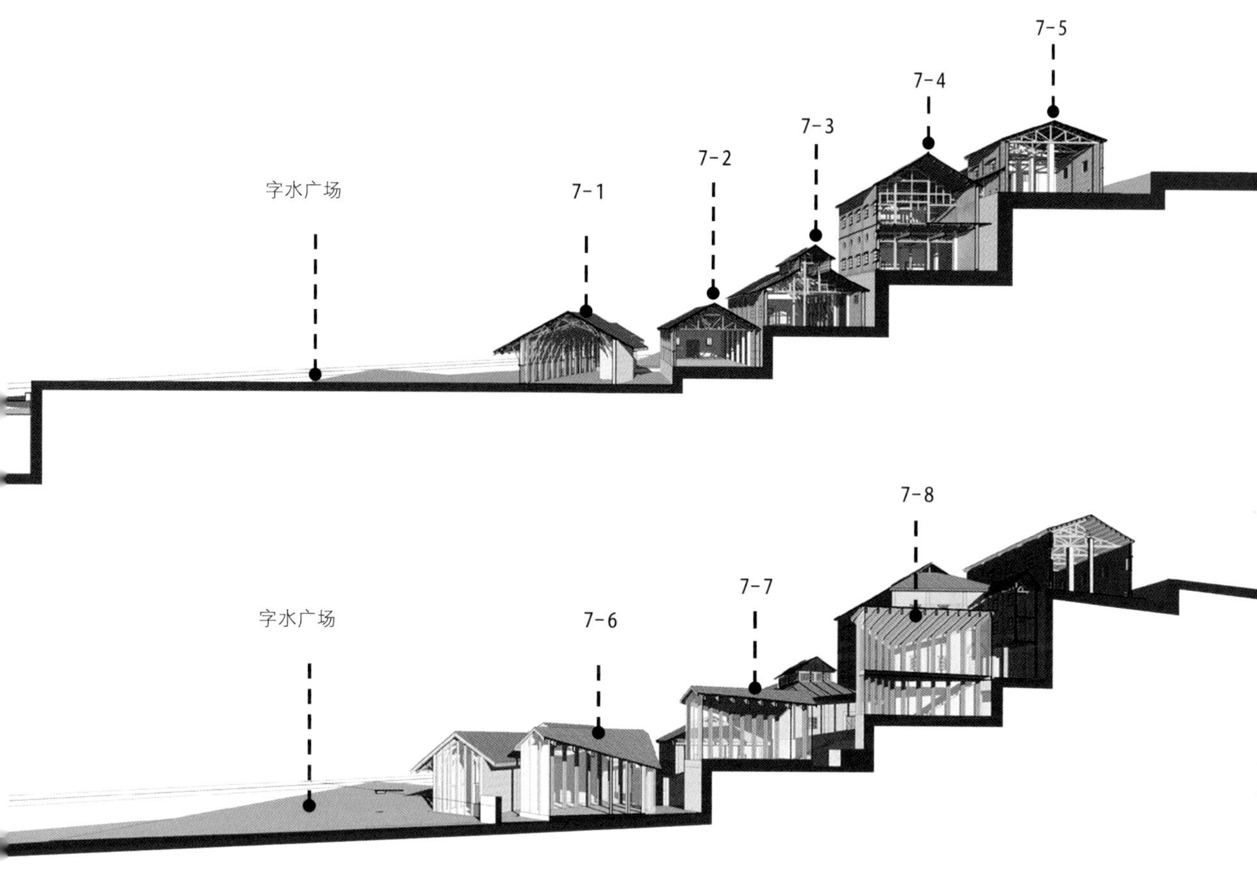

安达森洋行的八栋建筑沿江岸顺山势由低至高的排列。非常建筑事务所 供图

用已经废弃了，入口是个破旧的木门，上面挂着把锁。

大门进去后，左手边是一个仓库，右手边的台阶上去就是我们现在看到的 2 号楼。上台阶之前，单院长还长长地看了一眼，然后边上台阶边说："这里有重庆的样子，也有重庆的味道。"

走到 2 号楼看到墙上的"不拆"两个字时，单院长询问了原因，我们就把经过讲给他听。他听后觉得很感动，当即对着"不拆"二字深深地鞠了一躬。当时在场所有人都被单院长这个举动感动了。

走到 4 号楼，也就是我们现在紫禁书院所在的那一栋楼后。看着那些高大的梁架、厚厚高高的夯土墙，以及外圆内方钱币一样的窗户，单院长就表示他想借着这个地方把故宫文化传播出去，尤其是故宫文物南迁这段历史，一定要展示出来。新建重庆故宫文物南迁纪念馆就是由此萌芽的。

Q：故宫文物南迁纪念馆从 2016 年单霁翔先生的一个想法到 2021 年 6 月落成开馆，中间经历了 5 年时间，您能说说这段经过吗？

A：单院长提出这个想法之后，我们都很兴奋。因为故宫文物南迁历史不仅仅是故宫的历史，也是重庆和中国文化遗产保护中的一段重要历史。而安达森洋行正好见证了这段历史。所以南岸区区级领导多次带队前往故宫博物院进行方案对接，希望把重庆特色融入项目中。后来，故宫博物院和重庆市文旅委、南岸区政府达成了“重庆故宫文物南迁纪念馆”合作协议。

建筑大师张永和先生是由单院长邀请来的。他在现场听过项目介绍后，表示很感兴趣。他的设计构想，让我们对项目更加有信心。张永和先生的构想不仅有创新性，有高度，更把安达森洋行周边的整个片区都极大地协调了起来。

因为安达森洋行属于私营企业，先后经历过美心集团和融创集团的产权流转。按照文物法来说，私有产权的文物修缮必须由私营业主出面，所以我们马上积极促成了融创集团和张永和先生的深度对接，融创也很认可他的业态规划和设计。

等到方案提交一切准备就绪后，我们就开始推进安达森洋行的整个工程修缮和环境治理工作。并根据张永和先生的意见，对文物建筑进行保留，同时后期织补的部分也要让大家看得出来，这样才会有各自的可识别性。

在修缮过程中，因为施工单位对夯土工艺不是特别熟悉，我们还邀请了很多重庆的专家进行现场指导，并在工程进场前反复打样。砖、瓦、夯土，每件样品都不少于三个，这也为后续建设奠定了很好的基础。

环境治理也是为故宫文物南迁纪念馆配套服务的。因为当时安达森洋行只能从南滨路旁的一条小路进去，进出很不方便。而我们想要打造的是一个重庆或西南片区文化高地，所以周边道路修缮、环境治理也很重要。市区两级政府对此都很支持。

道路修好后，1 号楼下来的广场直接和南滨路连平。因为背靠狮子山又与朝天门码头隔江相望，所以广场就取名“字水广场”。在“字水广场”大家既能浏览两江交汇的风貌，也能把它作为公共区域进行休憩和文化活动表演。

Q：业态规划也是文物活化利用与开发很重要的一环，您能谈下重庆故宫南迁纪念馆的业态规划吗？

A：在重庆故宫文物南迁纪念馆的业态规划上，故宫博物院给了很多指导和帮助。我们去北京调研学习，故宫博物院也召集了多个部门，包括文创、出版、展览等，和我们一起讨论怎么结合项目本身的文化气质来规划业态，让更多人感受到这里的场域精神，并喜欢上这里。

故宫文创近年来突飞猛进，深受全国人民喜爱，所以我们首先确定了引入故宫文创品，好让没有去过故宫的人在这里也能够更直观地看到故宫的精神衍生。然后就是传统文化教育。故宫的传统文化教育一直做得比较好，我们希望重庆的孩子也能有机会接触这样的课程，了解传统文化，建立民族自信。

故宫文物南迁主题邮局是邮政公司做的。纪念馆还在装修布置时，他们过来实地考察，就表示故宫文物南迁和邮政联系紧密，想结合起来做主题邮局。在此之前，邮政公司已经有

夜色中的角楼咖啡静谧而美丽。张坤琨 摄

很成熟的模式，我们积极协调配合，很快这个主题邮局就落地了。这样整个故宫文物南迁纪念馆的业态就可以覆盖不同群体的需求，不管休息阅读、喝茶交流、购买文创还是寄送明信片，都能在这里得到满足。

不过，也有没能实现的。比如数字故宫，因为资源、设备等原因未能达成。但我们未来还是会考虑把它加入进来。

Q：您经历了故宫文物南迁纪念馆规划建设的全过程，对这里的一切都非常熟悉。您能否以一个导览者的身份为我们讲解下观览路线？

A：我们比较建议从字水广场开始。字水广场可以看到长嘉汇大景区。由字水广场进入1号楼。1号楼有角楼咖啡和文创两个部分，很多人来到这里都会有进入故宫博物院的感觉。

以这样一种休闲舒适的状态走进来后，大家可以去游客服务中心先了解8栋楼的分布

重庆故宫文物南迁纪念馆八栋建筑内的不同业态规划构想。非常建筑事务所 供图

与业态。然后，拾级而上进入2号楼。2号楼内目前布置的是重庆历史文化图片展，通过建筑照片、影像资料，展示了近现代重庆各区政治、商业、文化的发展。

再往上走是3号楼，功能更偏向教育和文化交流。故宫学院会在这里开课，孩子们可以来参加传统文化的体验培训。这里也会开展历史文化或文物文博等学术交流活动。未来还会融入故宫文物南迁等历史文化课题的调研或研讨活动。还有故宫书店，引入了故宫出版书籍与文创产品，在这里大家可以很直观地了解到故宫与民族传统文化。

再往上的4号楼目前非常受欢迎，因为它的展览格调和文物建筑的场景风貌是非常契合的。4号楼有两层，第二楼空间留给会议或雅集等小型文化活动，更静谧，更小众。墙上我们还布置了故宫文物南迁时期重庆的生活场景与名人纪要，一进去就会有穿越回过去的感

觉。这个空间是半公开的，要开展活动都得提前审批，以确保活动的内容和形式与场所精神相吻合，同时，也出于文物保护的考虑。

5 号楼是主展馆。我们把主展馆设在最高的 5 号楼，就是希望通过它能带动人流，让大家在进入核心主题前，先浏览前面几栋楼的功能与不同。主展馆用大量图片、文字和文物重现了故宫文物南迁整个历史事件。

沿着这条线路走下来，大家不但可以感受故宫文化、巴渝文化、开埠文化、抗战文化的人文生态聚落景观，也能满足多层次的文化和消费需求。

Q：从开馆到现在，故宫文物南迁纪念馆的观览数据与群众反应都比较可观，能说说它对重庆文化界与官方的影响吗？

A：故宫文物南迁纪念馆开馆不到一个月，我们接到来电和函件联系五十多次，包括外

省市与本地区文旅委、街道办、文化机构等。通过对接来参观的人数超过 3000 人。很多同行在参观后，都表示这里给他们带来了不一样的感受和体会，觉得重庆能有这样一个地方很棒。

故宫文物南迁纪念馆也受到大众的广泛关注，根据我们馆的宣传报道统计，目前，仅纪念馆开馆的信息点击浏览量已有近 1000 万人次。整体开馆的效果远超我们的预期，相信未来还会更好。

Q：故宫文物南迁纪念馆的开馆非常成功，那么未来的运营是怎么考虑的呢？

A：从后续运营方面来说，我们首先就是要严格按照项目定位，包括故宫博物院给出的指导来进行。

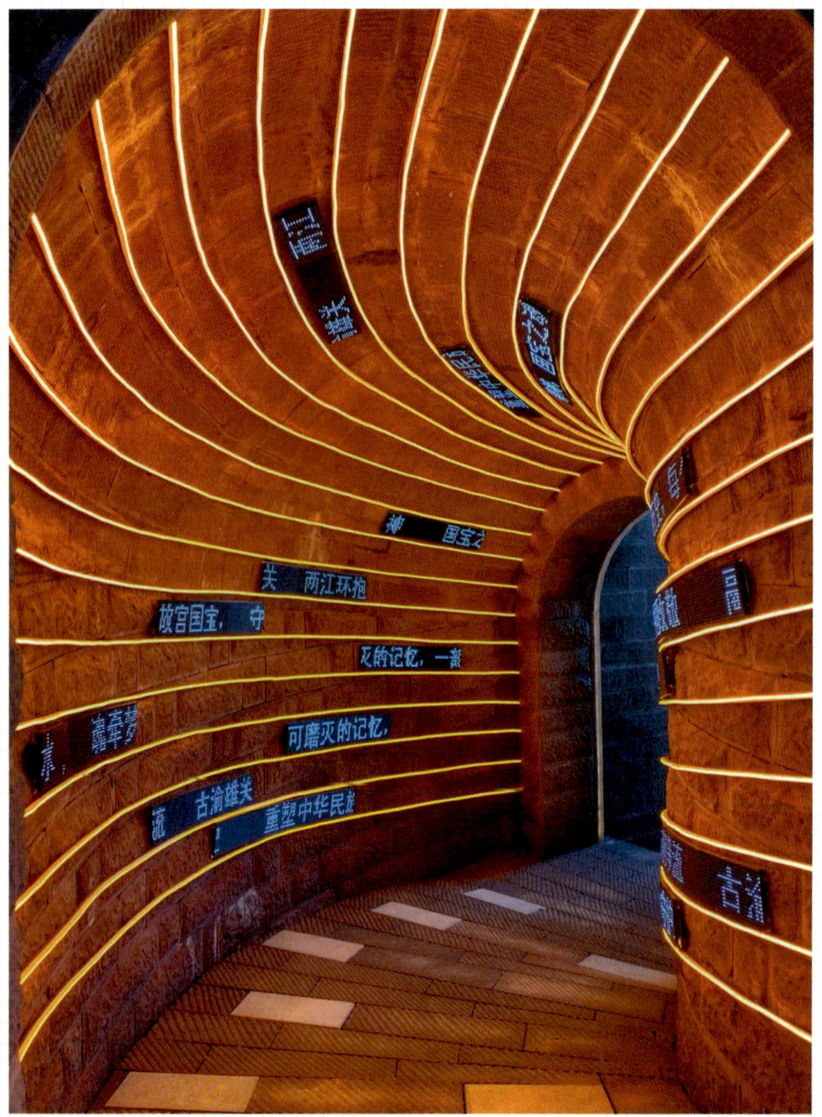

故宫文物南迁历史“时空隧道”。马力 摄

就目前来说，这几栋楼的业态都不会有太多改变，只会在具体内容中去更新和优化，包括 5 号楼的展览，如果未来故宫博物院文物南迁研究所有更多、更丰富的研究成果，我们也会及时地放进展览里面。3 号楼的故宫学院未来可能会更系统地引入故宫开展的一些青少年文化教育课程，甚至请故宫的老师过来帮助我们培训一批本地的传统文化课程讲师。

Q：重庆故宫文物南迁纪念馆既是一个文化项目，也同时是文物保护单位，您怎样看待故宫文物南迁纪念馆在文物活化保护中扮演的角色呢？

A：单霁翔院长曾说过，把文物保护好，不是锁在库房里面严看死守，而是要让它们重回生活中，“活”起来。

故宫文物南迁展厅用现代化的展示手法再现了南迁历史。马力 摄

对于文物来说，保护肯定是第一位的，但管理和运用也非常重要。因为只有运用好了保护的价值才能得到体现。安达森洋行旧址比较幸运，它既有建筑的一面，也有文物的一面。它的建筑便于保护与修缮，而它的文物属性又便于管理和运用。所以才有了现在的重庆故宫文物南迁纪念馆。

随着城市精神建设的加快，从中央到地方都越来越重视历史文化保护怎样融入人们的生活中，我认为故宫文物南迁纪念馆就是一个很好的示范。

目前来说我们当初发愿做这个项目的初心已经实现了，未来还会继续优化。相信在重庆市文旅委与故宫博物院等领导、专家支持下，重庆故宫文物南迁纪念馆未来会散发出更强的生命力，影响更多的人。

参考文献

REFERENCES

从“近现代中国建筑第一人”杨廷宝开始，我们尝试通过建筑师的代际与师承、建筑思想的继承与发展，以及城市建筑本身的迭代，来寻找和触摸近现代城市的发展脉络。于是，我们走进了中共重庆市委会办公大楼枇杷山旧址，它是第一代建筑大师梁思成学生陈明达的作品；探寻了抗战陪都时期留下的名人名居公馆，尽管设计者已难以查证，但它们丰富的建筑样式和结构形式，却述说着每个时代建筑思想的融合与发展；眼见了嘉陵江索道的消失，与同为传统立体交通的凯旋路电梯、长江索道的转型新生；见证了百年安达森洋行旧址，在第四代建筑大师张永和的设计之下，蝶变为重庆故宫南迁纪念馆……

这个过程中，我们接触到了太多的建筑师、设计师及专家学者，以及更多与建筑相关的机构。他们没有因为我们是建筑门外汉而有丝毫轻怠，反而在得知我们一直以来用口述历史的方式去关注城市与建筑的发展后，给予充分认可，并倾囊相助。东南大学为我们提供了大量杨廷宝的珍贵资料，在董卫教授的引荐下，我们拜访了黎志涛、单踊、周琦和汪晓茜教授，他（她）们排除南京疫情的干扰，深入参与到话题的撰写编排，令人感动；为让国泰艺术中心话题展现得更加丰富饱满，中国建筑设计研究院拿出了崔愷院士的手绘草稿；故宫博物院提供了一大批文献、影像资料，以还原安达森洋行旧址在故宫文物南迁历史中的重要作用。

与此同时，中国建筑西南设计研究院重庆市设计院、重庆大学建筑城规学院、重庆市档案馆、重庆市城市建设档案馆、重庆市美术公司、重庆市地方史研究会等机构也一如既往地给予了大力支持，并且基于上一次的采访接触，不少机构还为我们的采集编撰工作开通绿色通道。

一路走来，想感谢和致敬的人很多，包括每一位接受我们采访的口述者、每一位帮助和指导我们的专家学者、每一个支持认可我们的机构和企业，其间，也包括阅读过《经典越千年——重庆地标的诉说》，并持续关注“重庆母城建筑口述丛书”的每一位读者。正是因为你们，我们的工作才更有意义和价值。

《名城有遗韵》即将付印之前，忍不住回望这两年走过的编撰探索之路，我们莽撞前行，焦虑过，遗憾过，有感动、有成长，也有些许满足。各种情绪交织，唯有继续前行的决心和动力在倔强地滋长。

原来，一切都是最好的安排，终将生生不息。

戴伶

辛丑年丙申月丙申日

建筑温度

The Temperature of Architecture

六月的南京正是赏花的好时节，无心观赏。一头扎进了身处六朝古都享誉国内外著名的高等学府的东南大学校园里。在返渝的飞机上，我很兴奋。即便连轴转了三天，却全无一丝倦意。

一张张已泛黄的照片、一幅幅有温度的图纸、一段段温情的讲述，在脑海里不停回放，逐渐串联起建筑大师杨廷宝的传奇人生，也勾勒出近现代中国建筑发展的图景。我思绪万千，回过神来，飞机已开始下降。一转头，透过舷窗，灯火阑珊的重庆城在眼前慢慢放大。看着熟悉的城市与建筑，那一刻，我觉得它们格外美。那一刻，我觉得它们格外迷人。

南京之行，是为《名城有遗韵——重庆建筑的迭代》开篇，亦是为“重庆母城建筑口述丛书”第一辑拾遗。去年，我们编撰第一辑《经典越千年——重庆地标的诉说》时，就将杨廷宝在渝建筑梳理在内，何奈受新冠疫情影响，未能付诸实现。这让我及整个编辑团队如鲠在喉。今年，书籍编撰工作再起，一切尚未明晰之前，我们就决定，这次无论如何都要将杨廷宝大师在渝期间设计建造的八栋建筑逐一呈现出来。

“拾遗”可以说是推动我们再出发，最原始的一个动力。不仅仅是杨廷宝及其在渝建筑，重庆的每一个历史时期都有众多优秀的建筑师和建筑值得被记录和述说。城市发展延续着文脉的传承，也伴随着建筑的迭代。这是我一头懵懂闯入建筑领域，在各方支持帮助下，幸运地完成“重庆母城建筑口述丛书”第一辑编撰出版后，最深刻的感受。

后记

POSTSCRIPT

国泰艺术中心参考文献

重庆市政设计院有限公司 . 重庆国泰艺术中心 [J]. 重庆建筑 ,2021，20 (4) .
张洁，景泉，施泓 . 在城市的历史记忆中寻找场所精神——国泰艺术中心访谈 [J]. 建筑技艺，2014(8).
崔愷，秦莹，景泉，张广源，夏至 . 品格 从传统到现代——重庆国泰艺术中心建造纪 [J]. 城市环境设计，2013 (12) .
张小雷 . 从“草船借箭”到“黄肠题凑”：国泰艺术中心 [J]. 建筑创作 ,2007 (8) .
毛海芳 . “社会乌托邦”与“建筑乌托邦”的空间关联性研究 [D]. 昆明理工大学 ,2020.
蒋丹 . 新时期川渝地区文化类建筑设计方法研究 [D]. 大连理工大学 ,2017.

安达森洋行旧址参考文献

Atelier FCJZ. 重庆故宫学院——安达森洋行改造 [J]. 建筑学报 ,2020 (12) .
林文修，袁兵，哈志强 . 品读安达森洋行的库房建筑 [J]. 重庆建筑 ,2019，18 (5) .
余洪泽，安达森洋行旧址修缮及故宫文化项目 [J]. 南岸年鉴 ,2020，226.
杨艳，杨滨瑞 . 安达森洋行旧址 战火中曾存放故宫国宝 [J]. 重庆与世界，2021(3).
祝勇 . 故宫文物南迁 [J]. 当代 ,2021 (4) .
张敏 . 故宫文物“三路西迁”往事 [J]. 艺术品鉴 ,2019 (13) .
郑欣淼 . 故宫文物南迁及其意义 [J]. 华中师范大学学报 ,2010，49 (5) .
胡媛 . 历史建筑档案的管理与开发利用，城建档案，2010(2).